国 家 级 职 业 教 育 规 划 教 材
人力资源和社会保障部职业能力建设司推荐
高等职业技术院校机电一体化技术专业任务驱动型教材

传感器应用技术

主 编 王健婷

中国劳动社会保障出版社

简介

本书主要内容包括传感器的基本知识、温度测量、位移测量、位置测量、压力测量、振动测量、速度测量、流量测量及现代检测技术。

本书由王倢婷主编，王鹏、王益任副主编，张伟国参加编写，李亚平审稿。

图书在版编目(CIP)数据

传感器应用技术/王倢婷主编. —北京：中国劳动社会保障出版社，2012
高等职业技术院校机电一体化技术专业任务驱动型教材
ISBN 978-7-5167-0065-5

Ⅰ.①传… Ⅱ.①王… Ⅲ.①传感器-高等职业教育-教材 Ⅳ.①TP212

中国版本图书馆 CIP 数据核字(2012)第 315310 号

中国劳动社会保障出版社出版发行
（北京市惠新东街 1 号 邮政编码：100029）
出 版 人：张梦欣
*
三河市华骏印务包装有限公司印刷装订 新华书店经销
787 毫米×1092 毫米 16 开本 15 印张 345 千字
2012 年 12 月第 1 版 2019 年 4 月第 5 次印刷
定价：28.00 元

读者服务部电话：(010) 64929211/84209101/64921644
营销中心电话：(010) 64962347
出版社网址：http://www.class.com.cn
http://zyjy.class.com.cn

前言

为了更好地满足企业对机电一体化技术专业高技能人才的需求，全面提升教学质量，人力资源和社会保障部教材办公室组织全国有关院校的一线教学专家、企业技术专家，在充分调研企业生产实际和学校教学需求的基础上，精心编写了高等职业技术院校机电一体化技术专业教材。本套教材紧紧围绕机电产品装调、机电产品维护、机电产品技改等岗位的要求，参照《国家职业标准·维修电工》《国家职业标准·装配钳工》《国家职业标准·数控机床装调维修工》等国家职业标准，以及企业机电一体化设备装调、维护、技改的基本工作流程，确定以机电产品装调能力、机电产品维护能力、机电产品技改能力培养为主要教学目标。

本套教材选用数控机床设备及自动化生产线设备这两类常用的机电一体化设备作为主要教学载体，并通过三个阶段实现对机电一体化产品的装调、维护、技改能力的培养。

第一阶段为基础通用能力培养。主要通过《机械制图与 AutoCAD 绘图》《机电电路制图与 CAD 绘图》《机械基础》《装配钳工技术》《电工电子技术》《机械制造技术》的教学，使学生能读懂机电一体化设备的机械机构图样、电气与电子电路图样并具备一定的图样绘制能力，能进行常用机械机构、电气与电子电路的装调、维护、技改工作，以及掌握检验机床设备加工精度的基本机械加工技术。

第二阶段为分系统装调、维护、技改能力培养。主要通过《气动液压传动技术》（机械运动系统），《电机控制技术》（伺服拖动系统），《传感器应用技术》（信号检测系统），《PLC 应用技术》《单片机应用技术》（电气控制系统）的教学，使学生能够熟练地进行对应分系统的装调、维护、技改工作。

第三阶段为全系统装调、维护、技改能力培养。在具备基础通用能力以及分系统装调、维护、技改能力的基础上，主要通过《数控设备装调诊断技术》《自动化生产线设备装调诊断技术》的教学，使学生能熟练地进行机电一体化设备的全系统装调、维护、技改工作。

在教材内容的组织上，采用任务驱动的编写思路。在教材的每一单元，首先提出具体的学习任务，使学生明确目标，产生学习的积极性；然后结合具体实例，讲解完成任务所需要的相关知识，使学生的认识由感性上升到理性；在任务实施环节，详细介绍完成任务的步骤和注意事项，使学生能够顺利完成任务，增强学习的成就感。

为方便教学，本套教材均配有免费电子课件，可在中国人力资源和社会保障出版集团网站（www.class.com.cn）下载。其中《机械制图与 AutoCAD 绘图》《机械基础》《电工电子技术》《机械制造技术》《气动液压传动技术》等专业基础课还配有习题册。

在本套教材的编写过程中，得到了有关省市人力资源和社会保障部门、高等职业技术院校和相关企业的大力支持，教材的编审人员做了大量的工作，在此表示衷心的感谢！同时，恳切希望广大读者对教材提出宝贵的意见和建议。

人力资源和社会保障部教材办公室

2012 年 6 月

目录

模块一 传感器的基本知识

传感器是能感受规定的被测量并将其按一定规律转换成可用输出信号的器件或装置，主要用于检测机电一体化系统自身与操作对象、作业环境状态，为有效控制机电一体化系统的运作提供必须的相关信息。随着人类探知领域和空间的拓展，电子信息种类日益繁多，信息传递速度日益加快，信息处理能力日益增强，相应的信息采集技术——传感技术也将日益发展。在机电一体化系统中，传感器处于系统之首，其作用相当于系统感受器官，能快速、精确地获取信息并能经受严酷的环境考验，是机电一体化系统达到高水平的保证。如缺少这些传感器对系统状态和对信息精确而可靠的自动检测，系统的信息处理、控制决策等功能就无法谈及和实现。

从 20 世纪 80 年代起，世界范围内掀起了一股“传感器热”，各先进工业国都极为重视传感技术和传感器的研究、开发和生产。传感技术领域已成为重要的现代科技领域，传感器及其系统生产已成为重要的新兴行业。传感器是左右机电一体化系统（或产品）发展的重要技术之一，广泛应用于各种自动化产品之中。

课题一 传感器的认识

◆ **教学目标**

¤ 掌握传感器的作用、组成与应用

¤ 了解传感器的主要测量方法

任务提出

随着社会经济的迅猛发展，大厦越建越高，高科技化工产品越来越多，导致火灾、化学危险品燃烧、爆炸、坍塌等事故隐患增加。面对灾难事故，百姓、消防人员的生命受到威胁，为此国内外研制出一种消防机器人，如图 1—1 所示。该机器人能够自己按动电梯的开关，到大楼各层巡视。发现火苗时，能立刻使用灭火器灭火。这台机器人身上的各种传感器能够感知烟、热以及可疑人员等异常情况，并能够使用内置的通信装置把异常情况报告给保安公司。一旦发生火情，保安公司在接到信息后就可转换遥控系统，指挥机器人使用安装在其身上的灭火器灭火。目前各国还在研制医疗护理机器人、清洁机器人、在原子能发电站等高危环境下工作的安全作业机器人以及机器狗、机器猫等。

图 1—1　消防机器人

这些自动化的设备都离不开传感器。那么什么是传感器？它能够起什么作用？本课题任务就是认识传感器，了解传感器在人们生活以及自动化生产中的作用，通过对实物或资料的研究，分析如图 1—1 所示的消防机器人需要测量哪些外部数据并通过什么传感器完成相关动作。

任务分析

想要了解机器人需要测量哪些外部数据并通过什么传感器完成，首先要了解传感器的基本类型、功能和基本的工作过程。然后再结合设备需求进行分析。本任务将首先学习传感器的概念、分类、测量方法等基本知识，然后对消防机器人的需求进行分析。

相关知识

一、传感器的概念

现代信息产业的三大支柱是传感器技术、通信技术和计算机技术，它们分别构成了信息系统的“感官”“神经”和“大脑”。对于机电一体化产品来说，三者都是不可或缺的。自动化程度越高，系统对传感器的依赖性就越大，传感器对系统功能的决定性作用就越明显。

传感器是一种检测装置，能感受到被测量的非电量信息，如温度、压力、流量、位移等，并将检测到的信息按一定规律转换成电信号或其他所需形式的信息输出，用以满足信息的传输、处理、存储、显示、记录或控制等要求，如图 1—2 所示的是几种常见类型的传感器。传感器是自动化系统和机器人技术中的关键部件，它是实现自动检测的首要环节，为自动控制提供控制依据。传感器在机械电子、测量、控制、计量等领域应用广泛。

图 1—2　几种常见类型的传感器

二、传感器的定义及组成

电量一般指电压、电流、电阻、电容、电感等电学相关的物理量；非电量则是指除电量之外的一些参数，如压力、流量、距离、位移量、重量、力、速度、加速度、转速、温度、浓度、酸碱度等。在众多的实际检测中，大多数是对非电量的测量。

国家标准 GB/T 7665—2005 对传感器下的定义是："能感受规定的被测量并按照一定的规律转换成可用信号的器件或装置，通常由敏感元件和转换元件组成。"广义地说，传感器就是一种能把物理量或化学量转换成便于测量、便于利用的电信号的器件，可以用如图1—3所示的框图简单表示。

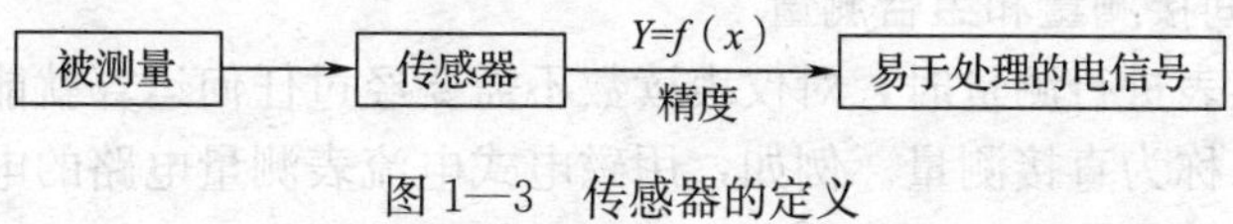

图 1—3　传感器的定义

传感器一般由敏感元件、传感元件和测量转换电路组成，如图 1—4 所示。敏感元件直接与被测物接触，并将采集到的被测量转换成与其有确定关系、更易于转换的非电量；传感元件再将这一非电量转换成电量。传感元件输出的信号幅度很小，而且混杂有干扰信号和噪声，为了方便后续设备的处理，要通过测量转换电路将信号整理成具有最佳特性的波形（最好能够线性化），并放大成易于测量、处理的电信号，如电压、电流、频率等。

被测量 →(非电量)→ 敏感元件 →(非电量)→ 传感元件 →(电参量)→ 测量转换电路 →(电量)

图 1—4　传感器的组成

应该指出，不是所有传感器都有敏感元件和传感元件之分。有些传感器的敏感元件可以直接将非电量转化成电信号，比如铂电阻温度传感器，当所测温度变化时，其敏感元件的电阻变化值经测量电路直接转化成电压信号或电流信号。也不是所有传感器都包含测量电路。有些传感器因测量环境恶劣，测量转换电路不能正常工作或误差较大，这样传感器就不能包含测量转换电路，比如温度传感器，转换电路的电子元器件的工作温度最高为 125℃，当所测温度较高时，温度传感器就不能包含测量转换电路。

三、传感器的分类

传感器是利用各种物理效应和工作机理来实现测量目的的。它既可以直接接触被测量对象，也可以不接触。传感器的种类多种多样。目前对传感器尚无一个统一的分类方法，但比较常用的有如下三种：

1. 按传感器所测的物理量分类，可分为温度、压力、流量、速度、位移、力等传感器。

2. 按传感器的工作原理分类，可分为电阻、电容、电感、霍尔、光电、热电偶等传感器。

3. 按传感器输出信号的性质分类，可分为输出为开关量（"1"和"0"或"开"和"关"）的开关型传感器；输出为模拟量的模拟型传感器；输出为脉冲或代码的数字型传感器。

本教材采用的是第一种分类方法，与工程实际应用相结合，根据所需要测量的物理参数进行分类，包含了各种量程的不同测量方法，同时覆盖了传感器的各种测量原理。

四、传感器的测量方法

传感器的测量方法对检测系统是十分重要的，它直接关系到检测任务是否能够顺利完成。因此需针对不同的检测目的和具体情况进行分析，然后找出切实可行的测量方法，再根据测量方法选择合适的检测技术工具，组成一个完整的检测系统进行实际测量。

对于测量方法，从不同的角度出发，可有不同的分类方法。如根据测量手段分类，分直接测量、间接测量和组合测量；根据被测量变化情况分类，分为静态测量和动态测量；根据敏感元件是否与被测介质接触分类，分为接触测量和非接触测量等。

1. 直接测量、间接测量和组合测量

在使用传感器仪表进行测量时，对仪表读数不需要经过任何运算就能直接表示测量所需要的结果，这种方法称为直接测量。例如，用磁电式电流表测量电路的电流，用弹簧管式压力表测量锅炉的压力等就是直接测量。直接测量的优点是测量过程简单而快速，缺点是测量精度不容易做到很高。这种测量方法在工程上被广泛采用。

有的被测量无法或不便于直接测量，这就要求在使用仪表进行测量时，首先对与被测物理量有确定函数关系的几个量进行测量，然后将测量值代入函数关系式，经过计算得到所需的结果，这种方法称为间接测量。例如，要测量某齿轮的转速，可以先对齿轮上某一点在单位时间内通过固定点的次数进行测量，同时进行时间测量，然后计算出每分钟转的次数，即为转速。

间接测量比直接测量所需要测量的量要多，而且计算过程复杂，引起误差的因素也较多。但如果对误差进行分析并选择和确定优化的测量方法，在比较理想的条件下进行间接测量，测量结果的精度不一定低，有时还可得到较高的测量精度。间接测量一般用于不方便直接测量或者缺乏直接测量手段的场合。

组合测量又称联立测量，在使用传感器仪表进行测量时，若被测物理量必须经过求解联立方程组才能得到最后结果，则称这样的测量为组合测量。在进行组合测量时，一般需要改变测试条件，才能获得一组联立方程所需要的数据。组合测量是一种特殊的精密测量方法，操作手续较复杂，花费时间较长，一般适用于科学实验或特殊场合。

2. 静态测量与动态测量

若被测量在测量过程中是固定不变的，这种测量称为静态测量。静态测量不需要考虑时间因素对测量的影响。若被测量在测量过程中是随时间不断变化的，这种测量称为动态测量。如环境温度的测量，环境温度短时间内随时间没有变化，或缓慢变化，这时的测量称为静态测量；如果遇到爆炸，环境温度迅速变化，这时的测量称为动态测量。

3. 接触测量和非接触测量

传感器安装在被测物体上，与被测物体一同感受物理参数的变化，这种测量称为接触测量。如体温测量，需要将体温计接触身体。在不接触被测物体表面的情况下，得到物体参数信息的测量方法称为非接触测量。典型的非接触测量方法如机器视觉测量等。

在实际测量过程中，一定要从测量任务的具体情况出发，经过认真的分析后，再决定选用哪种测量方法。

任务实施

一、消防机器人的功能需求

消防机器人用于消防安全的自动巡视，发现火灾及时报警，并可自动进行灭火操作，因此，该机器人应具有以下基本功能：

（1）在楼道内看清障碍，自主行走；

（2）侦察火灾，及时报警和处理火情；

（3）控制行走速度，防止倾覆；

（4）将观察到复杂的火灾现场信息传输到中央控制室。

二、消防机器人的传感器类型

为满足上述各种功能，消防机器人上需要使用多种传感器。为使机器人能在楼道内看清障碍，能将采集到的火灾现场信息传输到中央控制室，就需要安装图像传感器；为使机器人能检测到火灾的发生，需要安装烟雾传感器、温度传感器等；为使机器人能按规定路线行走，需要安装位移传感器，而倾角传感器可以预防机器人倾覆，速度传感器可以控制机器人的行走速度。各种传感器的信号传输到计算机中，经分析发出信号控制机器人的各种动作、行为。

通过以上的分析可以发现，在检测和自动控制系统中，传感器的作用与人的五官很相似，不同类型的传感器用于对不同形式的信号检测。如图像传感器、光敏传感器类似于视觉，声敏传感器类似于听觉，气敏传感器类似于嗅觉，化学传感器类似于味觉，压敏、温敏、流体传感器则类似于触觉等。

知识链接

汽车传感器作为典型的机电一体化产品，各种各样的传感器成为汽车电控系统的关键部件，它直接影响了汽车的各种技术性能。传感器在汽车电控系统中起着重要作用，如图1—5所示。

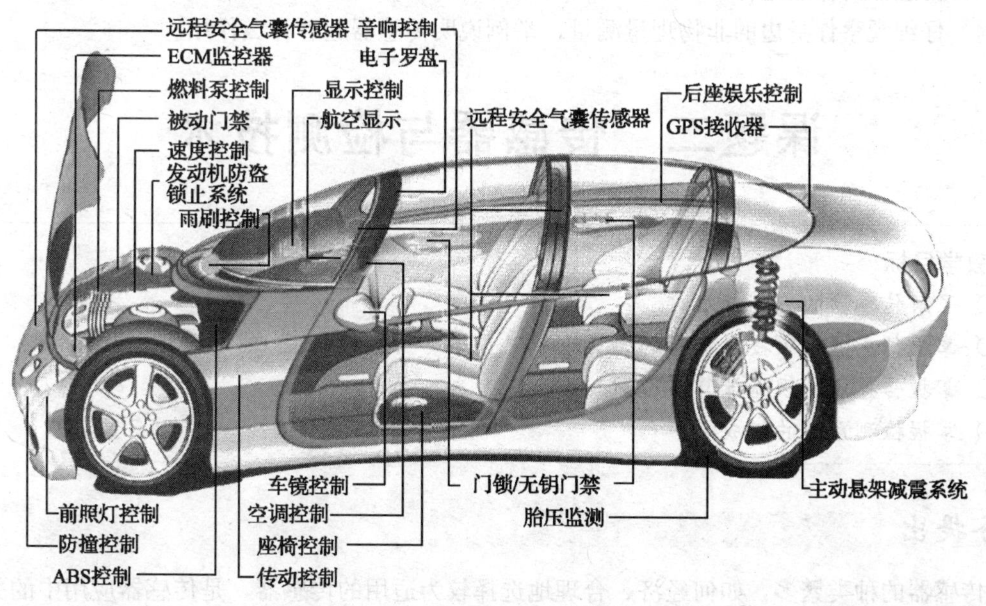

图1—5　汽车上的传感器

目前，普通汽车上大约装有几十到近百只传感器，高级豪华轿车多达300多个，这些传感器主要分布在发动机控制系统、底盘控制系统和车身控制系统中。

发动机控制用传感器有许多种。温度传感器主要检测发动机温度、吸入气体温度、冷却水温度、燃油温度、机油温度、催化温度等。压力传感器主要检测进气压力、发动机油压、制动器油压、轮胎压力等。流量传感器测定进气量和燃油流量以控制空燃比，主要有空气流量传感器和燃料流量传感器。转速、角度和车速传感器主要用于检测曲轴转角、发动机转速、车速等。这类传感器是整个发动机的核心，利用它们可提高发动机的动力性、降低油耗、减少废气、反映故障等。

底盘控制用传感器分布在变速器控制系统、悬架控制系统、动力转向系统中。变速器控制传感器多用于自动变速器的控制。悬架系统控制传感器用于抑制车辆姿势的变化，实现对车辆舒适性、操纵稳定性和行车稳定性的控制。

在车身控制系统中，主要有自动空调系统中的多种温度传感器、风量传感器、日照传感器；安全气囊系统中的加速度传感器；亮度自动控制中的光传感器；死角报警系统中的超声波传感器；图像传感器等。采用这类传感器的主要目的是提高汽车的安全性、可靠性、舒适性等。

信息处理技术取得的进展以及微处理器和计算机技术的高速发展，都需要在传感器的开发方面有相应的进展。微处理器现在已经在测量和控制系统中得到了广泛的应用。随着这些系统能力的增强，作为信息采集系统的前端单元，传感器的作用将越来越重要。

思考与练习

1. 传感器的定义是什么？
2. 传感器是由哪几部分组成的？
3. 传感器的作用是什么？
4. 仔细观察你身边的非物理量测量，举例说明传感器起着什么作用。

课题二　传感器与检测技术

◆ **教学目标**

- 了解传感器的判别标准
- 掌握传感器各项技术指标的含义
- 掌握传感器的误差计算与选用
- 掌握检测系统的组成

任务提出

传感器的种类繁多，如何经济、合理地选择较为适用的传感器，是传感器应用中的关键环节。以电子秤为例，如图1—6所示，电子秤的种类五花八门，结构多种多样。如家用的小量程电子秤、健康秤；适合便利店和超市等场所使用的条码秤、计价秤、收银秤；广泛应用于仓库、车间、工地等场所的电子平台秤；适用于吊装物料称量的吊钩秤；应用于港口、仓储、货场的电子汽车衡；应用于生产线在线测量的给料秤、灌装秤、包装秤等。电子秤之所以能进行重量的测量，正是因为其中装有对重量进行检测的传感器。因此选择电子秤的性能，关键在于选择其中传感器的性能。在应用选型时，要根据任务要求合理选择传感器的量程与精度。

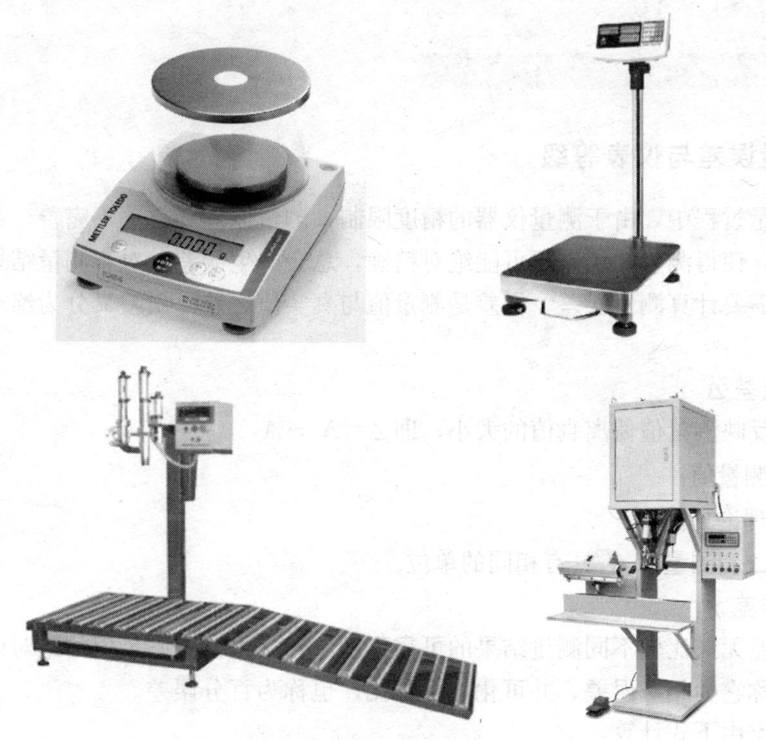

图 1—6　各种各样的电子秤

某化工厂采购员要为检验室购买一台电子秤，为了产品质量他花了较高的价钱买了一台高精度电子秤，但检验员却仍然认为精度不够，不能满足工作需求，需要重新购置一台电子秤，并传真来了一份报价单（见表 1—1）。本课题的任务就是分析检验室需要电子秤的量程、精度范围，看应该选择什么样的电子秤，才能够满足化工厂检验员的需求。

表 1—1　　**报价单**

型号	量程	精度	分辨力	价格
ML802	820 g	0.1%	10 mg	8 860
ML1502E	1 500 g	0.1%	10 mg	9 870
XS4001SX	4 000 g	0.05%	100 mg	39 980
XS6000LX	6 000 g	0.05%	100 mg	79 800

任务分析

电子秤是用于测量物体重量（质量）的电子装置。与机械秤相比，它不仅可以测量物体重量，还可以将采集的数据传送到数据处理中心，作为在线测量或自动控制的依据。化工厂检验室一般要求电子秤量程比较小，但分辨力要求高，精度要求高。要完成以上任务，首先应学习测量系统误差、传感器的技术指标等知识，还要了解传感器的判别标准。

相关知识

一、测量误差与仪表等级

在实际测量过程中，由于测量仪器的精度限制，测量原理和方法不完善，或者测量者感官能力的限制，使得测量的结果不可能绝对精确，总会产生误差。对于测量结果，可以信任到何种程度，需要计算测量误差。误差是测量值与真实值之差。误差又分为绝对误差和相对误差。

1. 绝对误差 Δ

绝对误差反映测量值偏离真值的大小，即 $\Delta=A_x-A_0$

式中 A_x——测量值；

A_0——理论真值。

绝对误差 Δ 和测量值 A_x 具有相同的单位。

2. 相对误差 γ

用绝对误差无法比较不同测量结果的可靠程度，于是人们用测量值的绝对误差与测量值之比来评价，称它为相对误差，并可化成百分比，也称为百分误差。

相对误差 γ 由下式计算：

$$\gamma=\frac{\Delta}{A_0}\times100\%=\frac{A_x-A_0}{A_0}\times100\%$$

式中 A_x——测量值；

A_0——理论真值。

例如，用天平测得两个物体的重量分别是 100.0 g 和 1.0 g，两次测量的绝对误差都是 0.1 g。从绝对误差来看，对两次测量的评价是相同的，但是前者的相对误差为 0.1%，后者则为 10%，后者的相对误差是前者的一百倍。

3. 仪表的准确度 S

在正常的使用条件下，仪表测量结果的准确程度称为仪表的准确度。

$$S=\frac{\Delta_m}{A_m}\times100\%$$

式中 Δ_m——最大绝对误差；

A_m——仪表的满量程。

误差越小，仪表的准确度越高，而误差与仪表的量程范围有关。所以在使用同一准确度的仪表时，往往采取压缩量程范围以减小测量误差的方法。根据仪表的等级 S 可以确定测量系统的最大绝对误差 Δ_m。

准确度等级是衡量仪表质量优劣的重要指标之一。我国模拟量工业仪表等级分为 0.1、0.2、0.5、1.0、1.5、2.5、5.0 七个等级，对应基本误差为±0.1%、±0.2%、±0.5%、±1.0%、±1.5%、±2.5%、±5.0%。仪表准确度习惯上称为精度，准确度等级习惯上称为精度等级。应该指出，误差与错误不能相提并论：误差不可避免，而错误则可以避免。

二、检测系统的组成

检测是指用指定的方法获得被测、被控对象的有关信息，对一些参量进行定性或定量测量的一系列完整的操作过程。在工业生产中，为了保证生产过程能正常、高效、经济地运行，必须对生产过程的某些重要工艺参数（如温度、压力、流量等）进行实时检测与优化控制。例如，化工原料合成条件的控制过程，数控机床的加工工作过程等。

检测系统通常由各种传感器将非电被测物理或化学成分参量转换成电信号，然后经信号调理（信号转换、信号检波、信号滤波、信号放大等）、数据采集、信号处理后显示并输出（通常有 4～20 mA、经 D/A 转换和放大后的模拟电压、开关量、脉宽调制 PWM、串行数字通信和并行数字输出等）。由以上设备以及系统所需的交、直流稳压电源和必要的输入设备（如拨动开关、按钮、数字拨码盘、数字键盘等）便组成了一个完整的检测（仪器）系统，其各部分关系如图 1—7 所示。

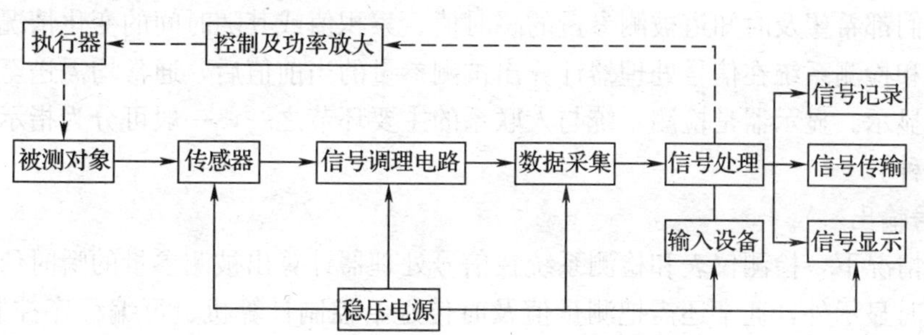

图 1—7　检测系统一般组成框图

1. 传感器

传感器是检测系统与被测对象直接发生联系的器件或装置。传感器作为检测系统的信号源，其性能的好坏将直接影响检测系统的精度和其他指标，是检测系统中十分重要的环节。

2. 信号调理

信号调理在检测系统中的作用是对传感器输出的微弱信号进行检波、转换、滤波、放大等，以方便检测系统的后续环节进行处理或显示。例如，工程上常见的热电阻型数字温度检测（控制）仪表，其传感器 Pt100 的输出信号为热电阻值的变化量。为便于处理，通常需设计一个四臂电桥电路，把随被测温度变化的热电阻阻值转换成电压信号；由于信号中往往夹杂着 50 Hz 工频等噪声电压，故其信号调理电路通常包括滤波、放大、线性化等环节。如需要远距离传送，通常先采用 A/D 电路将获得的电压信号转换成数字，或用 V/I 电路将电压信号转换成标准的 2～4 mA 电流信号，再进行远距离传送。检测系统种类繁多，复杂程度差异很大，信号的形式也多种多样，各系统的精度、性能指标要求各不相同，因此它们所配置的信号调理电路的多寡也不尽一致。

3. 数据采集

数据采集（系统）在检测系统中的作用是对信号调理后的连续模拟信号进行离散化，并将其转换成与模拟信号电压幅度相对应的一系列数值信息，同时以一定的方式把这些转换数据及时传递给微处理器或依次自动存储。数据采集系统通常以各类模/数（A/D）转换器为核心，辅以模拟多路开关、采样/保持器、输入缓冲器、输出锁存器等。

4. 信号处理

信号处理模块是现代检测仪表、检测系统进行数据处理和各种控制的中枢环节，其作用和人的大脑类似。现代检测仪表、检测系统中的信号处理模块通常以各种型号的单片机、微处理器为核心来构建，对高频信号和复杂信号的处理有时需增加数据传输和运算速度快、处理精度高的专用高速数据处理器（DSP）或直接采用工业控制计算机。

由于微处理器、单片机和大规模集成电路技术的迅速发展和这类芯片价格的不断降低，对稍复杂一点的检测系统（仪器），其信号处理环节都应考虑选用合适型号的单片机、微处理器、DSP 或新近开始推广的嵌入式模块为核心来设计和构建（或者由工控机兼任），从而使所设计的检测系统获得更高的性能价格比。

5. 信号显示

通常人们都希望及时知道被测参量的瞬时值、累积值或其随时间的变化情况，因此，各类检测仪表和检测系统在信号处理器计算出被测参量的当前值后，通常均需送至各自的显示器进行实时显示。显示器是检测系统与人联系的主要环节之一，一般可分为指示式、数字式和屏幕式三种。

6. 信号输出

在许多情况下，检测仪表和检测系统在信号处理器计算出被测参量的瞬时值后，除送显示器进行实时显示外，通常还需把测量值及时传送给控制计算机、可编程序控制器（PLC）或其他执行器、打印机、记录仪等，从而构成闭环控制系统或实现打印（记录）输出。检测仪表和检测系统的信号输出通常为 4～20 mA 的电流信号，或者是经 D/A 转换和放大后的模拟电压、开关量、脉宽调制 PWM、串行数字通信和并行数字输出等多种形式，需根据测控系统的具体要求确定。

7. 输入设备

输入设备是操作人员与检测仪表或检测系统联系的另一主要环节，用于输入设置参数，下达有关命令等。最常用的输入设备是各种键盘、拨码盘、条码阅读器等。近年来，随着工业自动化、办公自动化和信息化程度的不断提高，通过网络或各种通信总线，利用其他计算机或数字化智能终端实现远程信息和数据输入的方式愈来愈普遍。最简单的输入设备是各种开关、按钮，模拟量的输入、设置往往借助电位器进行。

8. 稳压电源

一个检测仪表或检测系统往往既有模拟电路部分，又有数字电路部分。通常需要为每部分提供多组幅值大小要求各异但稳定的电源，但在检测系统使用现场一般无法直接提供这类电源，通常只能提供交流 220 V 工频电源或＋24 V 直流电源。检测系统的设计者需要根据使用现场的供电电源情况及检测系统内部电路的实际需要，统一设计各组稳压电源，给系统各部分电路和器件分别提供它们所需的稳压电源。

检测系统（仪表）不是都具备以上所有单元，对有些简单的检测系统，其各环节之间的界线也不是十分清楚，需根据具体情况进行分析。由于检测仪表、检测系统种类和型号繁多，被测参量不同，检测对象和应用场合各异，用户对各检测仪表的测量范围、测量精度、功能的要求差别也很大。对检测仪表、检测系统的信号处理环节来说，只要能满足用户对信号处理的要求，则是越简单越可靠，成本越低越好。对一些容易实现且传感器输出信号大，或者用户对检测精度要求不高，只要求被测量不要超过某一上限值，一旦越限，送出声（扬声器或蜂鸣器）、光（指示灯）信号即可的检测仪表的信号处理模块，往往只需设计一个可靠的比较电路。该电路的一端为被测信号，另一端为表示上限值的固定电平。当被测信号电平小于设定的固定电平值，比较器输出为低电平，声、光报警器不动作；一旦被测信号电平大于固定电平值，比较器翻转，经功率放大驱动扬声器、指示灯动作。这种系统的信号处理电路就很简单，只要一片集成比较器芯片和几个分立元件即可。但对于热处理和炉温检测、控制系统来说，其信号处理电路将大大复杂化。因为对热处理和炉温测控系统，用户不仅要求系统高精度地实时测量炉温，而且需要系统根据热处理工件的热处理工艺制定的时间—温度曲线进行实时控制（调节）。如果采用通用的中小规模集成电路来构建这一类较复杂的检测系统的信号处理模块，则不仅构建技术难度很大，而且所设计的信号处理模块必然结构复杂，调试困难，性能和可靠性差。

三、传感器的技术指标

传感器能否将被测非电量不失真地转换成相应的电量，取决于传感器的输入—输出特性。传感器这一基本特性可用其静态特性和动态特性来描述。

1. 传感器的静态特性

传感器的静态特性是指当传感器的输入信号不随时间变化时，传感器的输入与输出之间所对应的关系。表征传感器的静态技术指标主要有：线性度、迟滞、重复性、灵敏度和分辨力等。

(1) 传感器的灵敏度

灵敏度是指传感器在稳态工作情况下输出变化量 Δy 对输入变化量 Δx 的比值，它是输出—输入特性曲线的斜率。如果传感器的输出和输入之间呈线性关系，则灵敏度 S 是一个常数；否则，它将随输入量的变化而变化。

灵敏度的量纲是输出、输入量的量纲之比。例如，某温度传感器，在温度变化 1℃时，输出电压变化为 20 mV，则其灵敏度应表示为 20 mV/℃。当传感器的输出、输入量的量纲相同时，灵敏度可理解为放大倍数。

(2) 传感器的分辨力

分辨力是指传感器可能感受到的被测量最小变化的能力。也就是说，如果输入量小于分辨力时，传感器的输出不会发生变化，即传感器对此输入量的变化是分辨不出来的；只有当输入量的变化超过分辨力时，其输出才会发生变化。通常传感器在满量程范围内各点的分辨力是不相同的。

在选用传感器时应特别关注该项指标，特别是在要求测量精度较高的时候，传感器的精度虽然较高，但如果分辨力低，仍不能满足测量要求。

(3) 传感器的线性度

人们总希望传感器的输入与输出成唯一的对应关系，而且最好呈线性关系。但一般情况下，受外界环境的各种影响，传感器输入输出不会完全符合线性关系。线性度（非线性误差）就表示传感器的输入—输出特性近似于一条直线的程度，如图 1—8 所示。计算公式如下：

$$\delta_L = \pm \frac{\Delta_{Lmax}}{Y_{max} - Y_{min}} \times 100\%$$

式中 Δ_{Lmax}——实际测量曲线与理论直线（拟和直线）间的最大差值；

$Y_{max} - Y_{min}$——传感器最大输出范围。

理论直线（拟合直线）的获得方法有多种。如将传感器特性曲线的零点和满量程点相连所成的直线作为的理论直线；或用最小二乘法拟合直线作为理论直线。

(4) 传感器的迟滞

传感器正行程（输入量增大）和反行程（输入量减小）的输入—输出特性曲线不能完全重合。迟滞是指传感器在相同工作条件下全测量范围校准时，正、反行程校准曲线间的最大差值，在数值上用此最大差值对满量程输出的百分比来表示，如图 1—9 所示。计算公式如下：

$$\delta_H = \pm \frac{\Delta_{Hmax}}{Y_{max} - Y_{min}} \times 100\%$$

式中 Δ_{Hmax}——正、反行程校准曲线间的最大差值。

迟滞会导致传感器的分辨力变差，或造成测量盲区。

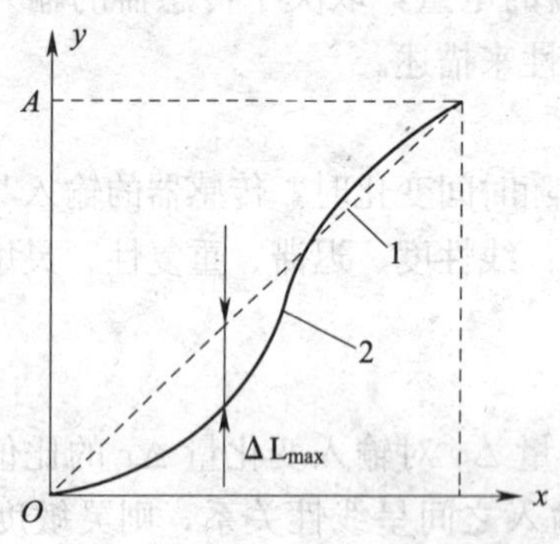

图 1—8 传感器线性度示意图

1—理论直线 2—实际特性曲线

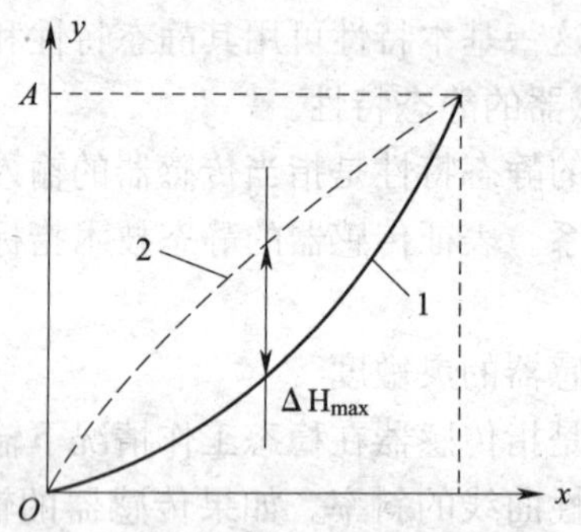

图 1—9 传感器迟滞示意图

1—正向特性 2—反向特性

(5) 重复性

重复性是指传感器在相同的工作条件下，输入按同一方向作全测量范围连续变动多次时(一般为 3 次)，特性曲线的不一致性。在数值上用各校准点上正、反行程的平均值与测量数据的最大差值对满量程输出的百分比来表示，计算公式如下：

$$\delta_R = \pm \frac{\Delta_{Rmax}}{Y_{max} - Y_{min}} \times 100\%$$

式中　Δ_{Rmax}——正、反行程校准点测量平均值与测量数据间的最大差值。

通常传感器的静态测量精度包含线性度、迟滞、重复性。

2. 传感器的动态特性

所谓动态特性，是指在输入随时间变化时，传感器的输出的特性。在实际测量中，主要考虑两项指标：动态响应时间和频率响应范围。

实际上传感器在响应动态信号时总有一定的延迟，即动态响应时间。在测量时总希望延迟时间越短越好。

传感器的频率响应范围是指传感器能够保持输出信号不失真的频率范围。传感器的频率响应特性决定了被测量的频率范围，传感器的频率响应高，可测的信号频率范围就宽。传感器的频率响应范围主要受传感器结构特性的影响，固有频率低的传感器，其频率响应也较低。

在校验传感器的动态特性时，常用一些标准输入信号的响应来表示，如阶跃信号、正弦信号等。向传感器输入标准动态信号，即可求得动态响应时间和频率响应范围。

四、传感器的一般选择原则

现代传感器在原理与结构上千差万别，如何根据具体的测量目的、测量对象以及测量环境合理地选用传感器，是在组成测量系统时首先要解决的问题。当传感器确定之后，与之相配套的测量方法和测量设备也就可以确定了。测量结果的成败，在很大程度上取决于传感器的选用是否合理。

要进行一个具体的测量工作，如何选择合适的传感器，这需要分析多方面的因素之后才能确定。因为，即使是测量同一物理量，也有多种原理的传感器可供选用，哪一种原理的传感器更为合适，则需要根据被测量的特点和传感器的使用条件具体分析：量程的大小；被测位置对传感器体积的要求；测量方式为接触式还是非接触式；信号的引出方法，有线还是遥测测量；传感器的来源，国产还是进口，价格能否承受，还是自行研制等。概括起来，我们应从以下几方面因素进行考虑：

1. 与测量条件有关的因素

(1) 测量的目的。

(2) 被测量的选择。

(3) 测量范围。

(4) 输入信号的幅值，频带宽度。

(5) 精度要求。

(6) 测量所需要的时间。

2. 与传感器有关的技术指标

(1) 精度。

(2) 稳定度。

(3) 响应特性。

(4) 模拟量与数字量。

(5) 输出幅值。

(6) 对被测物体产生的负载效应。

(7) 校正周期。

(8) 超标准过大的输入信号保护。

3. 与使用环境条件有关的因素

(1) 安装现场的条件及情况。

(2) 环境条件（湿度、温度、振动等）。

(3) 信号传输距离。

(4) 所需现场提供的功率容量。

(5) 安装现场的电磁环境。

4. 与购买和维修有关的因素

(1) 价格。

(2) 零配件的储备。

(3) 服务与维修制度，保修时间。

(4) 交货日期。

任务实施

化工厂检验室一般要求电子秤量程比较小，称量化学药品不超过 500 g，通常在 100 g 左右，精度要求在 0.1%，但分辨力要求很高，为 10 mg，显示单位为 g，能够显示小数点后 2 位。

从量程看，四个型号的电子秤都能够满足要求，测量精度非常高，通过计算可以算出最大绝对误差：

1＃　$\Delta=820\times0.1\%=0.82$ g

2＃　$\Delta=1\,500\times0.1\%=1.5$ g

3＃　$\Delta=4\,000\times0.05\%=2$ g

4＃　$\Delta=6\,000\times0.05\%=3$ g

计算结果表明，4＃电子秤的量程大，可能的误差较大，1＃电子秤的量程小，可能的误差小。关键问题是化工厂的检验室一般要求显示结果的单位为 g，能够显示小数点后 2 位，即能够显示 10 mg，所以应该选择 1＃、2＃电子秤，考虑到价格因素，选择 1＃电子秤比较好。

以上对电子秤的选择，实际上就是对电子秤中传感器的选择。与上面的分析过程相似，一般在选用传感器时，都应兼顾精度、等级和量程，通常应用满量程的 2/3 左右，以获得最大灵敏度。

思考与练习

1. 什么是仪表的准确度？分为哪几个等级？
2. 传感器的静态技术指标包含哪些？
3. 传感器的一般选择原则是什么？
4. 压力传感器校准数据见表 1—2，传感器的正反行程没有重合，试解释这是一种什么误差，并计算该误差。

表 1—2　　压力传感器校准数据

压力（MPa）	0	1	2	3	4	5
正行程（V）	0.095	1.502	1.980	2.495	3.000	3.510
反行程（V）	0.201	1.750	2.055	2.510	3.010	3.510

温度测量

温度是一个最基本的物理量，温度传感器是开发最早，应用最广的一类传感器。温度传感器广泛应用于日常生活与工业生产的温度控制中，如大家熟知的饮水机、冰箱、冷柜、空调、微波炉等制冷、制热产品都需要进行温度测量进而实现温度控制；汽车发动机、油箱、水箱的温度控制，化纤厂、化肥厂、炼油厂生产过程的温度控制，冶炼厂、发电厂锅炉温度的控制等也需要通过温度传感器提供控制依据。

课题一　热敏电阻温度传感器

◆ **教学目标**

- 掌握温度的基本概念
- 掌握热敏电阻的测量温度方法及其适用场所
- 掌握热敏电阻温度传感器的使用及测量方法

任务提出

在现代机加工过程中常常使用数控机床（见图 2—1），机床中电动机的旋转、移动部件的移动、切削等都会产生热量（见图 2—2），且温度分布不均匀，造成温差，使机床产生热变形，

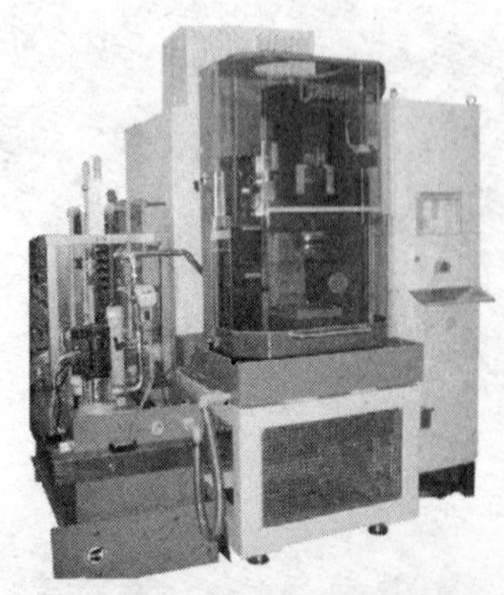

图 2—1　数控机床

图 2—2　机加工使工件温度升高

影响零件加工精度。为了避免温度产生的影响，可在机床上某些部位装设温度传感器，感受温度信号并将其转换成电信号送给控制系统，控制冷却液流量，以便控制温度。

某加工厂接到一批零件的加工任务，要求精度高，但材料硬度大，维修员想在现有机床上加装温度控制系统，通过对温度的测量控制冷却液流量，以达到维护机床、提高加工精度的目的。本课题的任务就是要设计一个温度控制系统。当温度高于 65℃时，自动开启备用冷却液喷嘴，增加冷却液流量。

任务分析

温度传感器是温度控制器的主要组成部分，它可以将温度这一物理量转换成电信号，并提供给控制器（一般为比较放大器），实现温度的自动控制。要完成以上温度的测量、控制任务，应首先学习温度传感器的基本知识，了解温度的一般测量方法，学会如何用温度传感器组成温度测量系统。

相关知识

一、温度的基本概念

1. 温度

众所周知，当两个冷热不同的物体相互接触时，热量会从热物体传向冷物体，使热物体变冷，冷物体变热，最后使两物体的冷热程度相同，此时称该两物体达到热平衡。因此，从宏观性质讲，温度表示了物体的冷热程度，物体温度的高低确定了热量传递的方向：热量总是从温度高的物体传递给温度低的物体。

工程上用于测量物体温度的温度计或温度传感器，就是依据处于热平衡的物体都具有相同的温度这一事实。当温度计与被测物体达到热平衡时，温度计指示的温度就等于被测物体的温度。

2. 温标

为了进行温度测量，需建立温度的标尺，即温标。它规定了温度读数的起点（零点）以及温度的单位。国际上规定的温标有：摄氏温标、华氏温标、热力学温标、国际实用温标。

（1）摄氏温标

摄氏温标把在标准大气压下冰的熔点定为零度（0℃），把水的沸点定为 100 度（100℃），在这两个温度点间划分 100 等份，每一等份为 1 摄氏度。国际摄氏温标的符号为 t，国际摄氏温标的温度单位符号为℃。

（2）华氏温标

华氏温标把一定浓度的盐水凝固时的温度定为 0 ℉，把标准大气压下纯水凝固时的温度定为 32 ℉，把标准大气压下水沸腾的温度定为 212 ℉，把这两个温度点之间划分 180 等份，每一等份为 1 华氏度，用℉代表华氏温度。华氏温标与摄氏温标的关系式为：

$$[\theta]_F = 1.8\,(t)℃ + 32$$

（3）热力学温标

国际单位制（即 SI 制）中，以热力学温标作为基本温标。它所定义的温度称为热力学温度 T，单位为开尔文，符号为 K。热力学温标以水的三相点，即水的固、液、气三态平衡共存时的温度为基本定点，并规定其温度为 273.15 K。热力学温度也常沿用“绝对温度”的名称。热力学温标与摄氏温标的关系式为：

$$[t]_{℃}=[T]_{K}-273.15$$

(4) 国际实用温标

国际实用温标是一个国际协议性温标，它与热力学温标基本吻合。它不仅定义了一系列温度的固定点，而且规定了不同温度段的标准测量仪器，因此复现精度高（全世界用相同的方法测量温度，可以得到相同的温度值），使用方便。

国际计量委员会于 1990 年开始贯彻实施国际温标 ITS－90。我国自 1994 年 1 月 1 日起全面实施 ITS－90 国际温标。

二、温度传感器

温度传感器的核心是温度敏感元件，它能将温度这一物理量转换成电信号，经放大电路变成易于测量的电压、电流或频率等电信号。最典型、应用最广泛的敏感元件是热敏电阻，它具有体积小、价格低的显著特点。本节以热敏电阻为例，探究温度传感器的应用方法。

1. 热敏电阻

常见热敏电阻元件的外形如图 2—3 所示，将热敏电阻元件进行封装后，即可成为温度传感器，如图 2—4 所示。

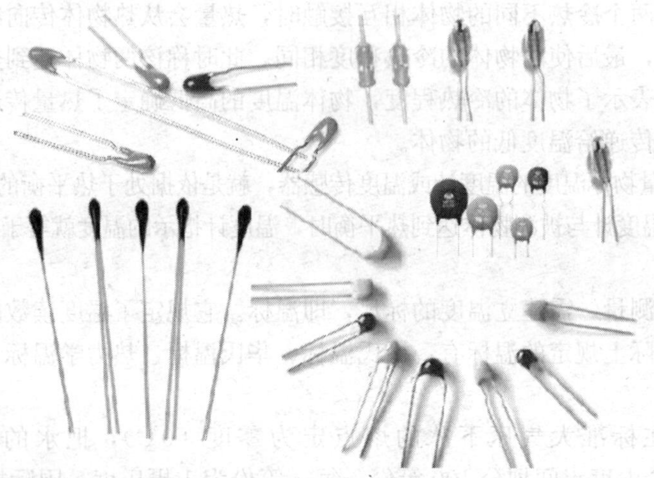

图 2—3　热敏电阻

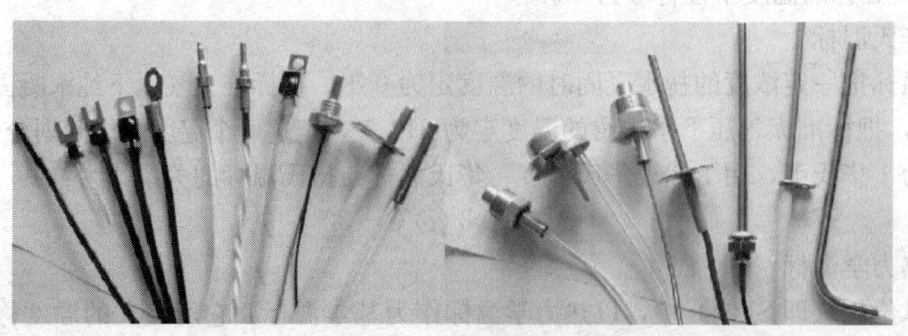

图 2—4　温度传感器

热敏电阻是利用某种半导体材料的电阻率随温度变化而变化的性质制成的。它的电阻值随温度的变化而剧烈地变化，可以提供较高的灵敏度。

热敏电阻可按其温度特性分成三类，适用于不同的使用场合，应根据实际需要进行选用。电阻值随温度的升高而升高的，称正温度系数热敏电阻（PTC）；电阻值随温度的升高而降低的，称负温度系数热敏电阻（NTC）；电阻值在某一温度范围发生巨大变化的，称突变型温度系数热敏电阻（CTR）。热敏电阻的电阻—温度特性曲线如图 2—5 所示。

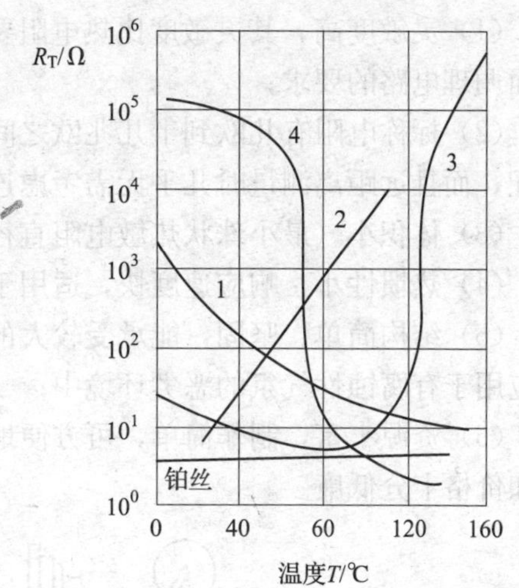

图 2—5 热敏电阻的电阻—温度特性曲线

1—NTC 2—PTC 3、4—CTR

正、负温度系数热敏电阻的温度特性曲线为非线性，当测量范围较小时，在某一温度范围内可近似为线性，也可以通过串、并联电阻进行非线性修正，常用于温度测量、温度补偿、温度控制。突变型热敏电阻的电阻值在某特定温度范围内随温度升高可升高或降低 3～4 个数量级，即具有很大的温度系数，一般在电子线路中用于抑制浪涌电流，起限流、保护作用。例如，在大功率的白炽灯的灯丝回路中串联一只负温度系数的突变型热敏电阻（如图 2—5 中的曲线 4），加电瞬间，温度较低，突变型热敏电阻的阻值较大，可减小加电瞬间的冲击电流。温度升高后，突变型热敏电阻的阻值迅速减小，消耗在该电阻上的功耗很小，不影响白炽灯的正常工作。

2. 热敏电阻的主要技术指标

在选用热敏电阻时，要根据使用要求，向供货商或生产厂家提出满足相应技术指标的热敏电阻。热敏电阻主要有以下五个参数：

（1）标称电阻值（R25）

标称电阻值（R25）即热敏电阻在 25℃时的电阻值。多数厂商在热敏电阻出厂时会给出热敏电阻在 25℃时的电阻值。

（2）温度系数

温度系数即温度变化导致的电阻的相对变化。温度系数越大，热敏电阻对温度变化的反应越灵敏。

（3）时间常数

时间常数即温度变化时，热敏电阻阻值变化到最终值的 63.2%时所需的时间。

（4）额定功率

额定功率即允许热敏电阻正常工作的最大功率。

（5）温度范围

温度范围即在热敏电阻正常工作的情况下，输出特性没有变化时所对应的温度范围。

热敏电阻的缺点主要是特性分散性很大，即使同一型号的产品，其特性参数也有较大差别，互换性差，热电特性的非线性也很严重，电阻与温度的关系不稳定，因而测量误差较大。尽管如此，热敏电阻灵敏度高、便于远距离控制、成本低、适合批量生产等突出的优点使得它的应用范围越来越广泛。

热敏电阻突出的优点在于：

（1）灵敏度高，其灵敏度比热电阻要大1～2个数量级。由于灵敏度高，可大大降低对后面调理电路的要求；

（2）标称电阻有几欧到十几兆欧之间的不同型号、规格，因而不仅能很好地与各种电路匹配，而且远距离测量时几乎无需考虑连线电阻的影响；

（3）体积小（最小珠状热敏电阻直径仅0.1～0.2 mm），可用来测量“点温”；

（4）热惯性小，响应速度快，适用于快速变化的测量场合；

（5）结构简单、坚固，能承受较大的冲击、振动，采用玻璃、陶瓷等材料密封包装后，可应用于有腐蚀性气氛的恶劣环境中；

（6）资源丰富，制作简单，可方便地制成各种形状（见图2—6），易于大批量生产，成本和价格十分低廉。

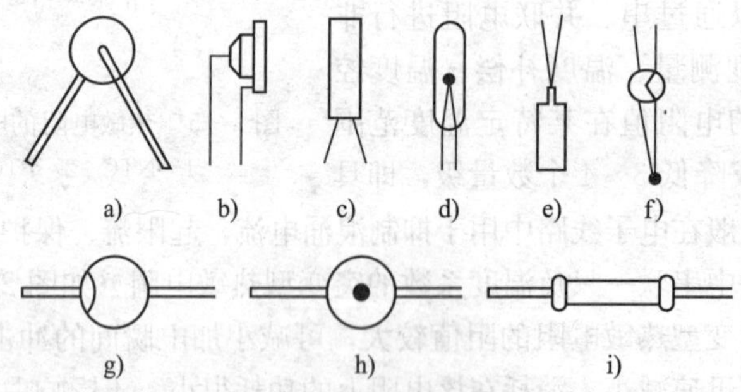

图2—6　多种多样的热敏电阻外形

a）圆片形　b）薄膜形　c）杆形　d）管形　e）平板形

f）珠形　g）扁圆形　h）垫圆形　i）杆形（金属帽引出）

在选择热敏电阻时，一般根据测温控温的对象，从结构、特性、稳定性、互换性来选择适用不同场合不同类型的热敏电阻。在选择使用时必须注意：除特殊高温热敏电阻外，绝大多数热敏电阻仅适合用于0～150℃的范围。

随着科学技术的发展和生产工艺的成熟，热敏电阻的缺点正在逐渐得到改进，在温度传感器中热敏电阻的使用占显著优势。目前在一般温度控制器、家用电器、烘干机以及中低温干燥箱、恒温箱等场合的温度测量与控制中所使用的温度传感器几乎都是采用热敏电阻作为测温元件。

三、温度的测量方法

温度的测量方法分为接触式和非接触式。接触式是将温度传感器与被测物体接触，或将温度传感器置入被测物体中，当两个冷热不同的物体相互接触时，热量会从热物体传向冷物体，使热物体变冷，冷物体变热，最后两物体达到热平衡，此时温度传感器显示的温度就是被测物体的温度。非接触式是将被测物体作为热源，采用辐射式温度传感器接收被测物体辐射出的能量，根据接收能量的大小，即可测出被测物体的温度，如红外式温度传感器。

在接触式测量时，一般温度敏感元件与测量电路要分别安装。温度敏感元件安装在被测物体上或被测环境中，感受温度的变化；测量电路因电子元器件耐温的限制安装在远离温度现场的常温环境中。温度敏感元件与测量电路一体化的产品测温范围仅为－40～125℃，因为电子元器件最高工作温度为125℃，最高存储温度为150℃。

四、温度控制器测量电路

当温度变化时，热敏电阻的阻值随温度而产生非线性变化，一般可以通过串并联固定电阻的方法进行修正。用于温度控制测量时，在温度控制点 t 附近，一般近似认为是线性变化，可以不用修正，如图2—7所示为几种热敏电阻的阻值—温度曲线。

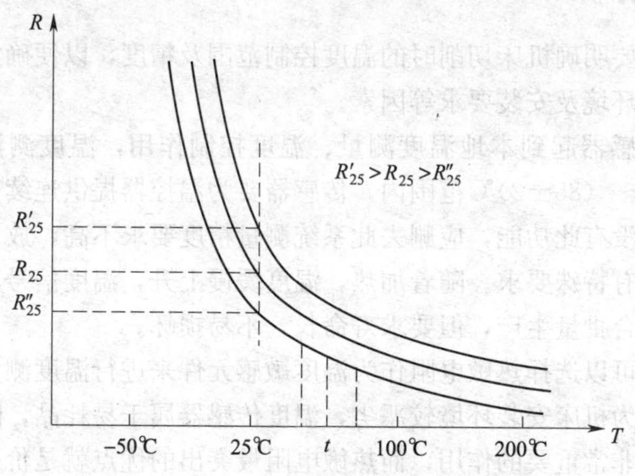

图2—7　几种热敏电阻的阻值—温度曲线

温度控制器测量电路包括稳压电源、放大电路、比较器和驱动电路。首先要将温度信号转换成电信号，如图2—8所示。R_t 为热敏电阻；R1为固定电阻（即阻值不随温度变化而变化）；E_s为稳压源，要求输出稳定，温度系数小，一般为5～12 V。当温度变化时，输出电压U_o为R1与 R_t 的分压电压，会随温度变化而变化。如果U_o较小，要用放大电路进行放大，输出与温度呈线性关系。经过比较器后成为开关信号，当温度高于某一设定值时，输出为高电平；当温度低于某一设定值时，输出为低电平。通过调节 U_{ref}，可以调节控制的温度值。运放、比较器输出电流较小，无法驱动电流较大的负载，可以通过中功率三极管起到电流放大作用，驱动负载。

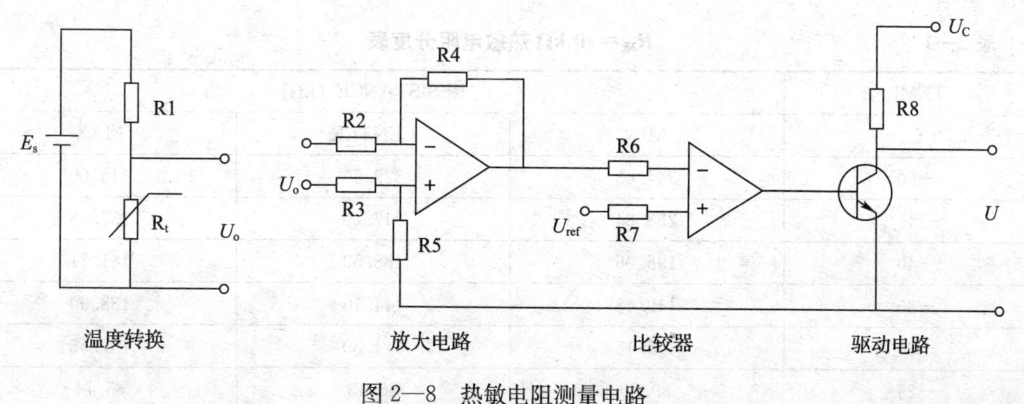

图2—8　热敏电阻测量电路

温度控制测量方法简单，测量精度较高，成本低，应用范围广。在设计使用时，可以根据不同需求增加或减少某些环节。

任务实施

在进行温度控制、组成温度测量系统之前，首要任务是根据所测介质的温度范围、要求的精度及安装形式、价格来选择温度传感器的种类及结构。

一、工作条件分析

在本课题中，先要明确机床切削时的温度控制范围及精度，以便确定温度传感器工作范围、测量精度、工作环境及安装要求等因素。

机床切削温度传感器起到本地温度测量、温度控制作用，温度测温范围为 0～100℃。当温度在 (55±2)℃～ (85±2)℃范围内，传感器要为温控器提供连续变化的信号，控制冷却液流量。设计调试没有此功能，应删去此系统测量精度要求不高，放置空间较大，对温度传感器的大小尺寸没有特殊要求。随着加热，温度缓慢上升，温度信号属于缓变信号。产品的价格要求低，能适合批量生产，但要求寿命长，不易损坏。

从以上分析看，可以选择热敏电阻作为温度敏感元件来进行温度测量。在本课题中，价格因素至关重要，因为机床安装环境较恶劣，温度传感器属于易耗品，除了质量以外，价格的高低在竞争中起到非常重要的作用，而热敏电阻最突出的优点就是价格便宜，适合批量生产。

二、温度控制系统设计

温度控制系统设计首要环节是选择热敏电阻，为了测量简单、功耗小，可以选择电阻值较大的热敏电阻，如可以选择 NTC R25＝10 kΩ 的热敏电阻，其分度表见表 2—1。25℃时电阻值为 10 kΩ，65℃时约为 2.5 kΩ。如果选 R1 为 10 kΩ，E_s为 10 V，由图 2—8 可以算出：25℃时，U_o＝5 V，65℃时，U_o＝2 V，输出灵敏度较高，可以不需要放大电路。流经热敏电阻的电流为：

$$I=\frac{E_s}{R_1+R_t}=\frac{10}{10+10}=0.5\ \text{mA}$$

表 2—1　　R_{25}＝10 kΩ 热敏电阻分度表

TEMP	RESISTANCE (kΩ)		
(℃)	MIN	CENTER	MAX
−50	344.63	329.50	315.00
−45	258.34	247.70	237.48
−40	196.06	188.50	181.21
−35	149.48	144.10	138.90
−30	115.15	111.30	107.56
−25	89.20	86.43	83.74

续表

TEMP	RESISTANCE（kΩ）		
(℃)	MIN	CENTER	MAX
−20	69.77	67.77	65.82
−15	54.86	53.41	52.00
−10	43.52	42.47	41.44
−5	34.66	33.90	33.15
0	27.83	27.28	26.74
5	22.45	22.05	21.66
10	18.25	17.96	17.68
15	14.89	14.69	14.49
20	12.23	12.09	11.95
25	10.10	10.00	9.90
30	8.411 7	8.313 0	8.214 7
35	7.035 1	6.940 0	6.845 5
40	5.917 1	5.827 0	5.737 7
45	4.995 5	4.911 0	4.827 4
50	4.238 6	4.160 0	4.082 4
55	3.608 7	3.536 0	3.464 4
60	3.086 9	3.020 0	2.954 2
65	2.649 5	2.588 0	2.527 7
70	2.284 3	2.228 0	2.172 8
75	1.975 5	1.924 0	1.873 6

本测温控温电路由温度检测、比较器及驱动电路部分组成。根据任务要求，当温度高于65℃时，自动开启备用冷却液喷嘴，增加冷却液流量，输出应为高电压；当温度低于65℃时，输出应为低电压。设计电路图如图 2—9 所示。R_t 是热敏电阻，R1、R2 是固定电阻，Rp 是可调电位器。通过调节 Rp，可以调节参考电压，设置温度控制点。A1 为电压比较器，V1 为中功率三极管，K 为继电器。继电器得电，备用冷却液喷嘴回路开关闭合，启动备用冷却液喷嘴。

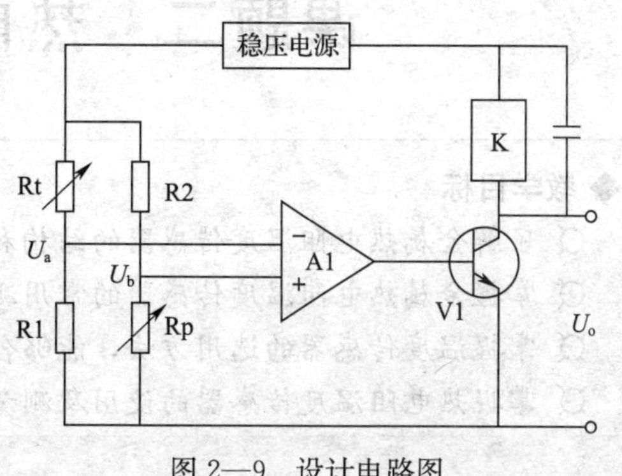

图 2—9 设计电路图

三、温度控制系统调试

根据车床安装条件，我们可以选择外形为珠形热敏电阻或膜式热敏电阻的温度传感器，如图

2—10 所示，其热惯性小，响应速度快，安装方便。如果测量导电液体，可装在不锈钢管中加以保护，便于测量液体。

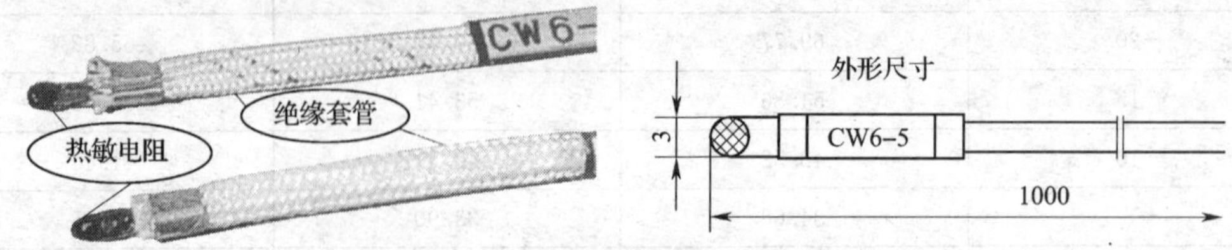

图 2—10 热敏电阻温度传感器

根据设计的电路图焊接电路，然后进行电路调试、测量。将稳压电源输出调为 10 V。经计算：25℃时，$U_a=5$ V；65℃时，$U_a=8$ V。当 $U_a>U_b$ 时，A1 输出为高电平；当 $U_a<U_b$ 时，A1 输出为低电平。因此要将 U_b 调整到 8 V，将 R2 设置为 2 kΩ，调整 $R_p=7.9$ kΩ，即 $U_b=7.9$ V。

当温度低于 65℃时，如 $t=25$℃，$U_a=5$ V，$U_b=7.9$ V，$U_a<U_b$，A1 输出为低电平，V1 截止，继电器不得电，备用冷却液喷嘴不启动。

当温度高于 65℃，如 $t=65$℃，$U_a=8$ V，$U_b=7.9$ V，$U_a>U_b$，A1 输出为高电平，V1 导通，继电器得电，备用冷却液喷嘴启动。

在温度控制系统装调时要注意传感器接线与壳体的绝缘，保证传感器接线不能与机床相碰，否则会影响温度测量。

思考与练习

1. 什么是温标？国际上规定的温标有哪几种？
2. 热敏电阻可分为哪几类？
3. 热敏电阻的优点、缺点是什么？
4. 温度的测量方法有哪些？
5. 在空调的出风口有一温控器，控制出口温度，你认为选用哪一种测温敏感元件比较好？

课题二 热电阻温度传感器

◆ **教学目标**

- 了解金属热电阻温度传感器的结构和工作原理
- 掌握金属热电阻温度传感器的常用测量电路
- 掌握温度传感器的选用方法，能够合理选用
- 掌握热电阻温度传感器的使用及测量方法

任务提出

图 2—11 所示为炼油、化工行业常用的气化炉。它是以煤为原料的巨大的压力容器，炉内正常温度在 1 300℃左右，甚至高达 1 500℃以上。炉内所衬炉砖在高温时会熔蚀，经过受热气体和融渣的冲刷，耐火砖不断变薄。炉内耐火砖减薄甚至脱落，会使炽热气体通过砖缝侵入到气化炉炉壁，使其表面温度升高，气化炉金属外壳强度降低，造成设备不安全。因此要对气化炉炉壁温度进行监控。

图 2—11　气化炉

本课题的任务是设计一个温度报警系统，检测气化炉表面温度，如果温度过高给予报警，以便及时确定更换耐火砖的时间。图中所示气化炉的耐压压力为 6.5 MPa（G），炉表面温度在 400～450℃之间，正常值为 425℃左右。

任务分析

分析以上应用要求可知，温度报警系统的核心是温度传感器，测温范围为 400～450℃。使用上一节所讲的热敏电阻进行温度测量在这里不能满足要求，一般可以选择金属热电阻温度传感器为测温元件，组成温度报警系统。本任务将学习热电阻温度传感器是如何测量温度的，并学习温度报警系统的构成，进而完成以上设计任务。

相关知识

热电阻温度传感器以一定方式将温度变化转化为敏感元件的电阻变化，进而通过电路变成电压或电流信号输出。它结构简单，性能稳定，成本低廉，在许多行业得到了广泛应用。若按其制造材料来分，有金属热电阻（铂、铜、镍）和半导体热电阻（热敏电阻）。

一、金属热电阻

金属热电阻的阻值随温度的增加而增加，且与温度变化成一定的函数关系，通过检测金属热电阻阻值的变化量，即可测出相应温度。常用的金属热电阻主要有：铂电阻和铜电阻。铂电阻用铂丝绕在云母片制成的片形支架上，绕组的两面用云母片夹住绝缘，外形有片状、圆柱状，如图 2—12 所示。铜电阻由铜漆包线绕在圆形骨架上。为了使热电阻能得到较长的使用寿命，一般铜电阻外加有金属保护套管，如图 2—13 所示。金属热电阻可直接加绝缘套管贴在被测物体表面进行温度测量，也可以外加金属防护套插入各种介质环境进行温度测量，如图 2—14 所示。

金属热电阻是中低温区最常用的一种测温敏感元件。它的主要特点是测量精度高，性能稳定。热电阻大都由纯金属材料制成，目前应用最多的是铂和铜，其中铂热电阻的测量精确度是最高的，它不仅广泛应用于工业测温，而且被制成标准的测温仪。

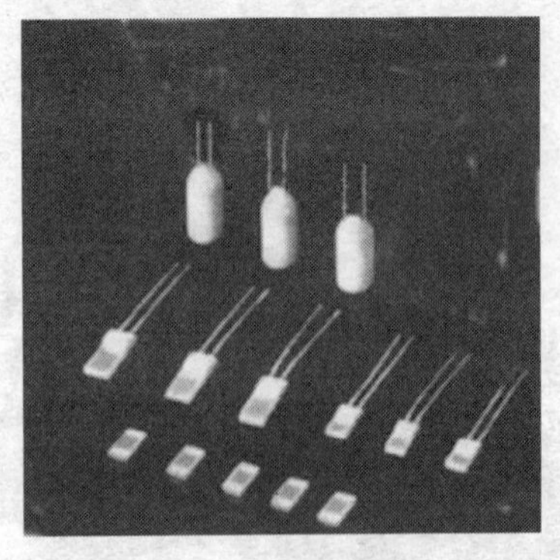
图 2—12　铂电阻

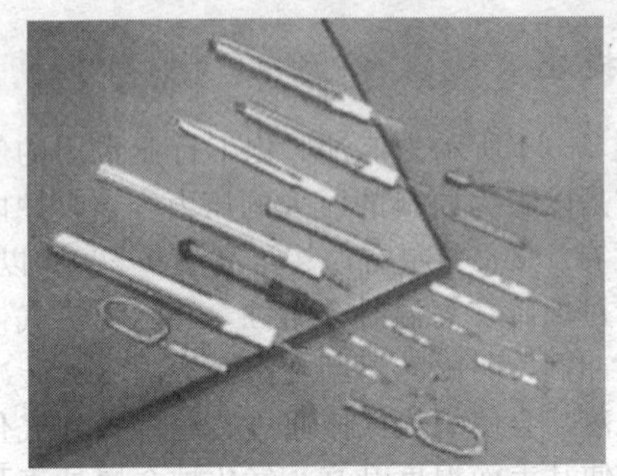
图 2—13　铜电阻

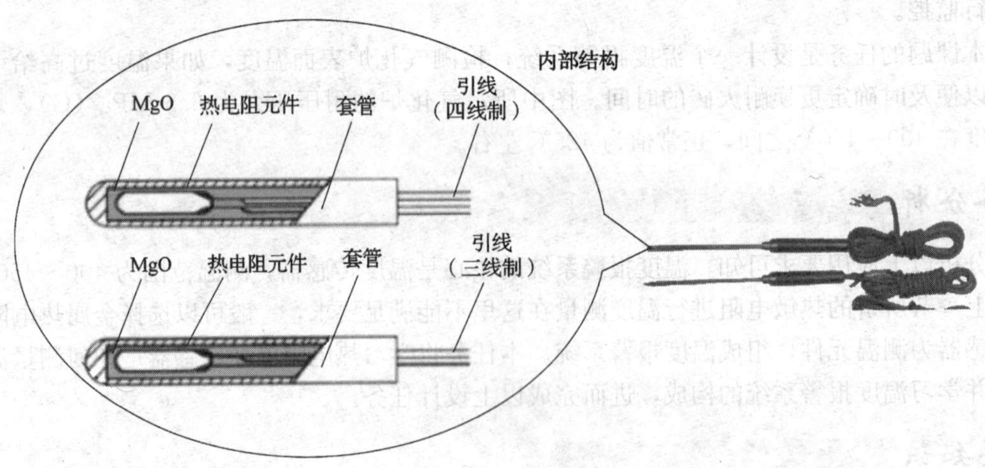

图 2—14　带金属防护套热电阻温度传感器

1. 铂电阻

铂易于提纯，物理、化学性质稳定，电阻率较大，能耐较高的温度，是制造标准热电阻和工业用热电阻的最好材料。但铂是贵重金属，价格较高。

目前我国全面实施“1990 国际温标”。按照 ITS—90 标准，国内统一设计的最常用的工业用铂电阻为 Pt100 和 Pt1000，即在 0℃时铂电阻 R_0阻值为 100 Ω 和 1 000 Ω。铂电阻的电阻值与温度之间的关系可以查热电阻分度表，也可用下式表示：

在－200～0℃的范围内　$R_t=R_0\left[1+At+Bt^2+C(t-100)t^3\right]$

在 0～850℃的范围内　$R_t=R_0(1+At+Bt^2)$

式中，R_t为温度为 t℃时的电阻值；

R_0为温度为 0℃时的电阻值；A、B、C 为常数。

在精度要求不高的场合，可以忽略式中的高次项，近似认为 R_t与 t 成正比例关系，即可以近似记作：每度变化 0.385％。例如，Pt100 在 0℃时 $R_0=100$ Ω，每度变化 0.385 Ω，温度为 100℃时 R_t约为 138.5 Ω。

2. 铜电阻

铜材料容易提纯，具有较大的电阻温度系数，铜电阻的阻值与温度之间接近线性关系，铜的价格比较便宜。铜电阻的缺点是电阻率较小，所以体积较大，稳定性也较差，容易氧化。在一些测量精度要求不高，测温范围较小（－50～150℃）的情况下，普遍采用铜电阻。

我国常用的铜电阻为Cu50和Cu100，即在0℃时其阻值R_0值为50 Ω和100 Ω，铜电阻阻值与温度之间的关系可以查热电阻分度表Cu50或Cu100，见附表。

二、热电阻温度传感器的结构

在测量环境良好、无腐蚀性的气体或固体表面的温度时，可直接使用热电阻温度敏感元件，但在测量液体或测量环境比较恶劣时无法直接使用热电阻温度敏感元件，需要在其外表加防护罩进行保护。在工业测量过程中，为了防腐蚀，抗冲击，延长使用寿命，便于安装、接线，常采用以下结构形式：

1. 普通型热电阻温度传感器

普通型热电阻温度传感器由热电阻元件、绝缘套管、引出线、保护套管及接线盒等基本部分组成，如图2—15所示。保护套管不仅用来保护热电阻感温元件免受被测介质化学腐蚀和机械损伤，还具有导热功能，将被测介质温度快速传导至热电阻，提高温度响应速度。

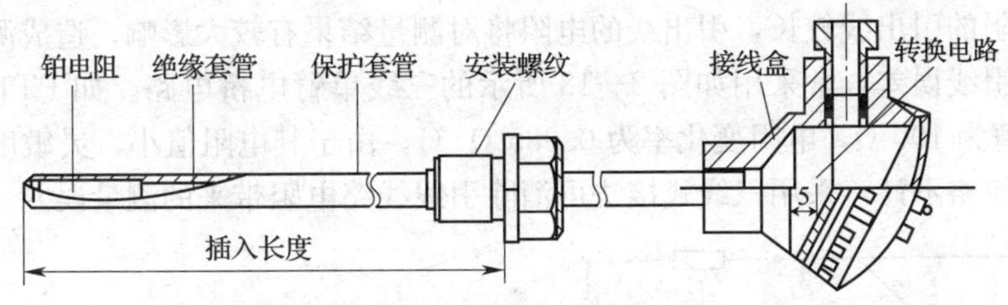

图2—15　普通型热电阻温度传感器

2. 铠装热电阻温度传感器

铠装热电阻温度传感器是由感温元件（电阻体）、引线、高绝缘氧化镁、1Cr18Ni9Ti不锈钢套管经多次一体拉制而成的坚实体，这样在安装、弯曲时，不会损坏热电阻元件。与普通型热电阻相比，它有下列优点：①体积小，内部无空气隙，热惯性小，测量滞后小；②机械性能好、耐振，抗冲击；③能弯曲，便于安装；④耐腐蚀，使用寿命长。适用于安装在空间小、需要弯曲、环境恶劣的测量场所。

3. 端面热电阻温度传感器

端面热电阻感温元件由特殊处理的电阻丝绕制而成，紧贴在温度计端面，其外形如图2—16所示，外形短、粗，敏感元件集中在端面。它与一般轴向热电阻相比，能更正确和快速地反映被测端面的实际温度，适用于测量轴瓦和其他机件的端面温度。

4. 隔爆型热电阻温度传感器

隔爆型热电阻通过具有隔爆外壳的接线盒，把其外壳内部可能产生爆炸的混合气体因受到火花或电弧等影响而发生的爆炸局限在接线盒内，阻止向周围的生产现场传爆，其外形如图2—17所示。隔爆型热电阻一般用于有爆炸危险场所的温度测量。

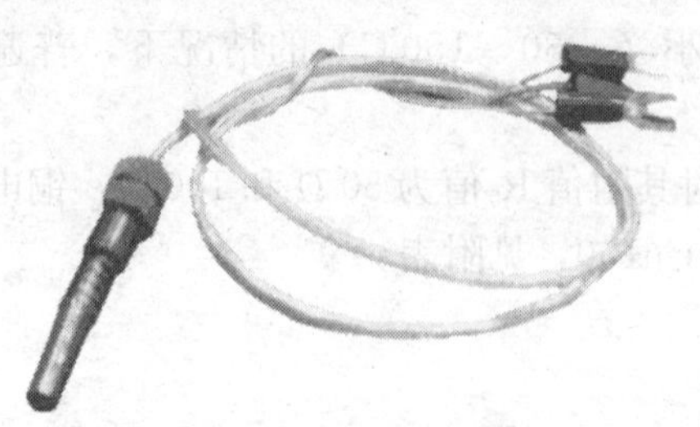

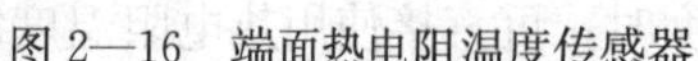

图 2—16　端面热电阻温度传感器

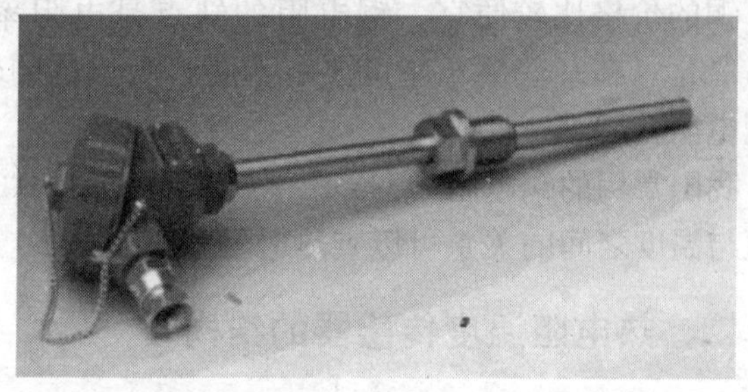

图 2—17　隔爆型热电阻温度传感器

隔爆型热电阻温度传感器一般有两个作用：一是本身安全，传感器本身功耗小，电磁辐射小，不会发生火花或击穿，不会引起外界危险环境爆炸。二是安全防爆，厚重的外壳可以阻断外界危险环境对传感器自身的损坏。防爆型传感器需要国家有关部门进行多项相关试验鉴定后，出具合格证明，才能说明该产品具有防爆功能。

三、热电阻的典型测量电路

热电阻的测量电路常用惠斯通电桥电路。在实际应用中，热电阻敏感元件安装在生产现场，感受被测介质的温度变化，而测量电路则随测量、显示仪表安装在远离现场的控制室内，因此热电阻的引出线较长，引出线的电阻将对测量结果有较大影响，造成测量误差。为了克服传感器引线误差，常采用如图 2—18 所示的三线单臂电桥电路。如 PT100 温度传感器 0℃时电阻值为 100 Ω，电阻变化率为 0.385 Ω/℃。由于其电阻值小，灵敏度高，所以引线的阻值不能忽略不计，采用三线式接法可消除引线线路电阻带来的测量误差。

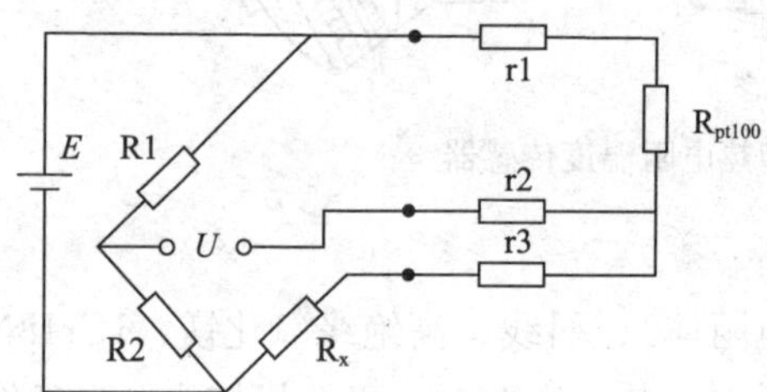

当$R_1\times(R_x+r_2+r_3)=R_2\times(R_{pt100}+r_2+r_1)$
电桥平衡，$U=0$
当R_{pt100}受温变化后，电桥不平衡，$U\neq0$

图 2—18　热电阻的测量电路

在这种电路中，R_{pt100}引出的三根导线截面积和长度均相同（即 $r_1=r_2=r_3$）。测量铂电阻的电路一般是不平衡电桥，铂电阻（R_{pt100}）作为电桥的一个桥臂电阻，将导线一根（r_1）接到电桥的电源端，其余两根（r_2、r_3）分别接到铂电阻所在的桥臂及与其相邻的桥臂上，这样两桥臂都引入了相同阻值的引线电阻，电桥处于平衡状态。由于引线长度的变化以及环境温度变化引起的引线电阻值变化所造成的误差可以相互抵消，引线的线电阻变化对测量结果没有任何影响。购买的热电阻温度传感器常常给出三根线，就是采用了三线制接线方法，如图 2—19 所示。

图 2—19　Pt100 温度传感器

热电阻的典型测量电路如图 2—20 所示。桥路的供电电源可采用恒流源或恒压源，桥路的输出电压较小，一般采用差动放大器进行放大，呈单端输出，供显示、采集或控制用。

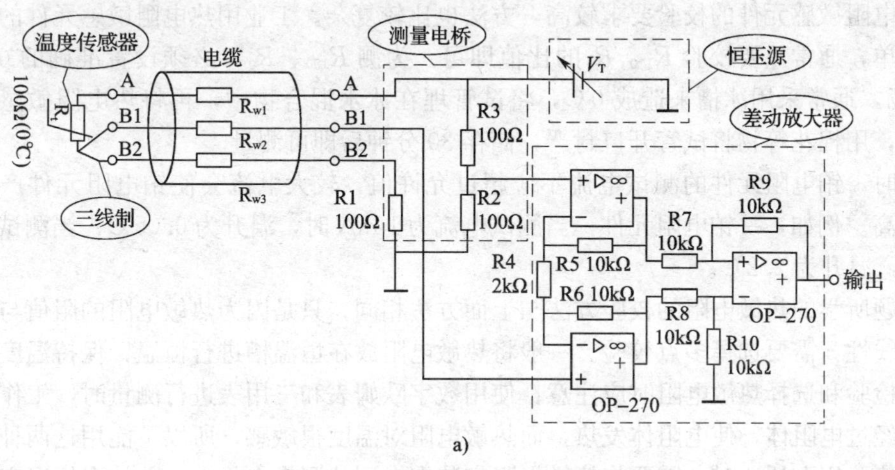

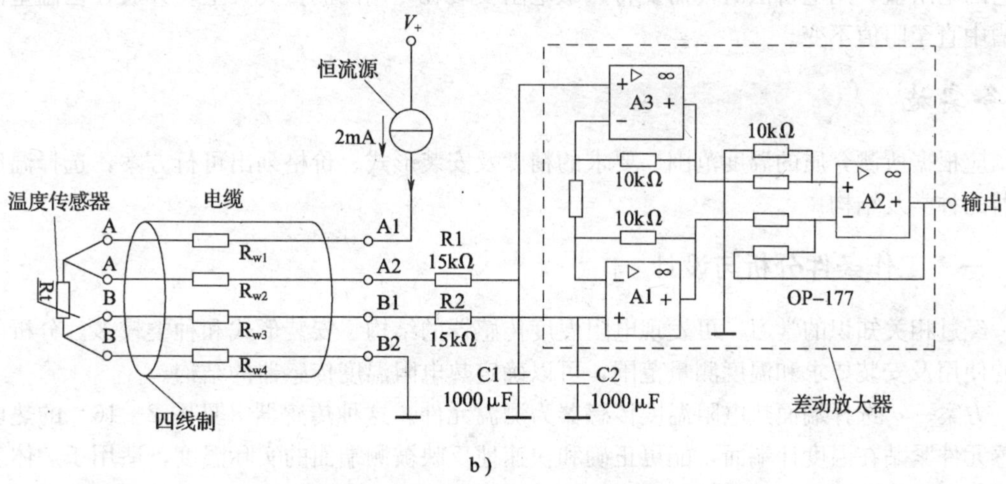

图 2—20　三线制、四线制实际测量接线图

图 2—21 是常见的与热电阻温度传感器配套的仪表外部接线端子。温度敏感元件通过较长引线接到接线端子上。在接线时应注意，采用三线制时，应将另两个接线端子短接。

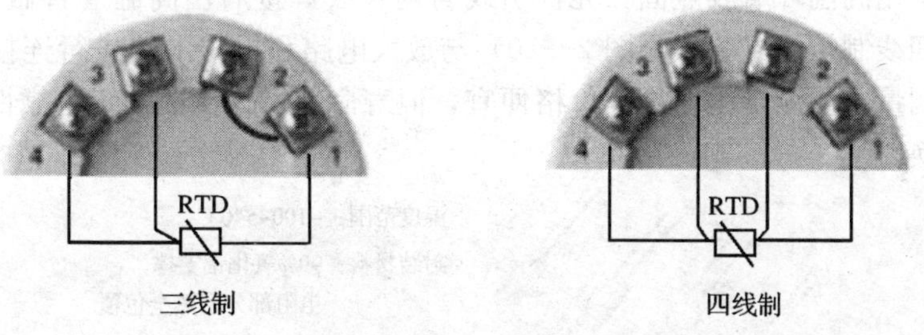

图 2—21　与热电阻温度传感器配套的仪表外部接线端子

四、热电阻敏感元件的校验

热电阻敏感元件在用前、修后和使用过一段时间后，要进行校验，以便保证测量精度。

标准热电阻敏感元件的校验要求较高，方法也比较复杂。工业用热电阻敏感元件的校验方法比较简单，通常只要校验 R_{100}/R_0 的比值即可。为测 R_{100}、R_0，必须设置准确的 0℃和 100℃温度场，通常采用冰槽来造成 0℃，将试管埋在冰水混合物中，再将热电阻敏感元件放入试管中，用棉花等物将试管开口封严，储存 30 分钟后即可测量。

在测试时，铂电阻元件的测试电流不应超过允许值，较大电流会使铂电阻元件产生自热，温度升高。例如，一铂电阻元件，当测试电流为 1 mA 时，温升为 0.05℃；当测试电流为 5 mA 时，温升为 2.2℃。

上一课题所学的热敏电阻的校验方法与上面方法相同，只是因为热敏电阻的阻值与温度的关系为非线性，需要选择多点校验。一般将热敏电阻放在恒温槽进行恒温，保持温度点的准确性。在检验和选择热敏电阻时应注意：使用数字欧姆表和三用表进行测量时，工作电流很大，电流经过电阻体，使电阻体发热，而热敏电阻对温度很敏感，所以不能用这两种表测量它的电阻值。用电桥法时，需要将热敏电阻安装在专用的测量夹具上，并放在恒温室的恒温槽中直至阻值不变。

任务实施

应根据所测介质的温度范围、要求的精度及安装形式、价格列出可行方案，选择温度传感器的种类及结构。

一、工作条件分析与设计

经过相关知识的学习，可发现电阻温度传感器的结构、安装形式和种类较多。分析气化炉的使用及安装要求和温度测量范围，可以确定热电阻温度传感器的结构。

方案一：选择端面热电阻温度传感器为测温元件。这种传感器（见图 2—16）的热电阻敏感元件紧贴在温度计端面，能更正确和快速地反映被测端面的实际温度，适用于炉体表面温度的测量。在炉体表面安装一固定支架，再将传感器安装在支架上，使传感器端面紧贴炉体表面，即可测得炉体表面温度。选择的端面热电阻温度传感器测量精度高，使用寿命长，但价格偏高。

方案二：选择热电阻敏感元件直接贴在炉体表面。将薄膜式铂电阻（见图 2—22）直接贴在炉体表面，用高温环氧胶点固，元件引线与延长线焊接后用高温套管做好绝缘并点固，采用三线制或四线制接线方法（见图 2—20）与放大电路和报警电路进行连接，即可完成所需功能。此种测量方法测量精度高，价格便宜，但寿命短。为保证系统可靠性，热电阻敏感元件需定期更换。

温度范围：-100~540℃
封装材料：99%氧化铝支撑，
电阻部分耐热全包覆
接线端子：径向芯片

图 2—22　薄膜式铂电阻

二、热电阻敏感元件装调

热电阻敏感元件在安装时，会因为安装场所、测量精度、机械强度、密封等因素对安装提出各种具体安装要求，应根据实际情况具体分析，采取相应措施加以解决。热电阻敏感元件的基本安装要求有：

1. 热电阻敏感元件的安装地点应选择在便于安装、维护且不易受到外界损坏的位置。

2. 热电阻敏感元件的插入方向应与被测介质流向相逆，或者垂直，尽量避免与被测介质流向一致，如图 2—23 所示。

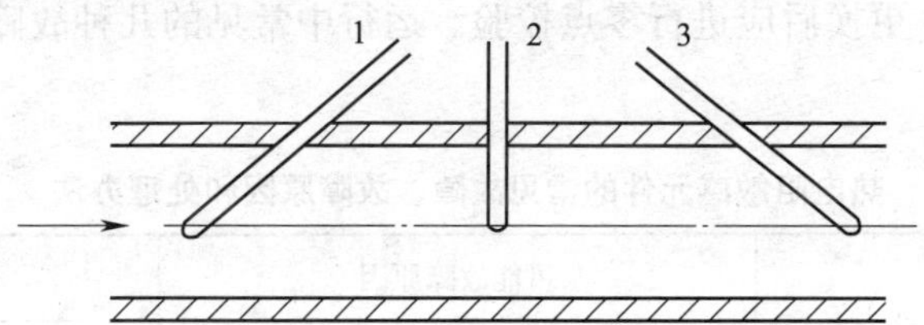

图 2—23 热电阻敏感元件的插入方向

1—与流向相逆 2—与流向垂直 3—与流向一致

3. 在管道上安装热电阻敏感元件时，应使热电阻敏感元件的敏感温度端头处于流速最大的管道中心线，插入深度不小于 300 mm，或应大于管道直径的 1/3。

4. 热电阻敏感元件插入部分越长，测量误差越小。因此在满足前两项要求的基础上，应争取较大的插入深度。一般对于安装在管道弯处的热电阻敏感元件，应增加插入深度。常用增加插入深度的方法，如图 2—24 所示。

5. 为防止热量损耗，感温元件暴露在设备外面的部分要尽量短，而且应该在露出部分加保温层。

6. 热电阻敏感元件安装在负压管道或容器中时，要保证安装的密封性良好。对于密封要求较高的腔体温度的测量，热电阻传感器安装完成后，应进行气密检查。

7. 热电阻敏感元件装在具有固体颗粒和流速很高的介质中时，为防止感温元件因长期受到冲刷而损坏，可在感温元件之前加装保护板，如图 2—25 所示。

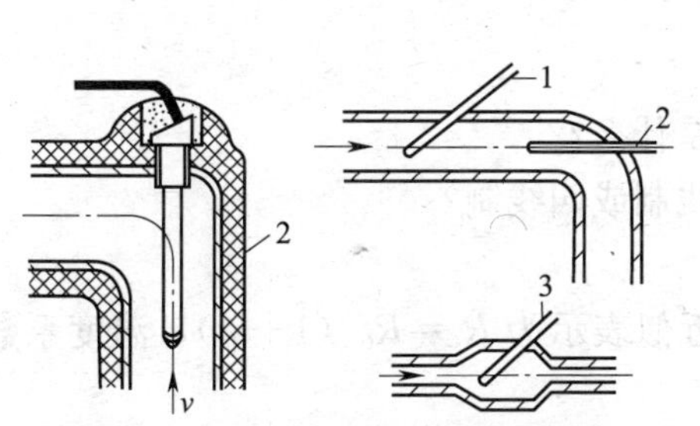

图 2—24 增加插入深度的措施

1—斜向插入 2—弯头插入 3—加装扩容管图

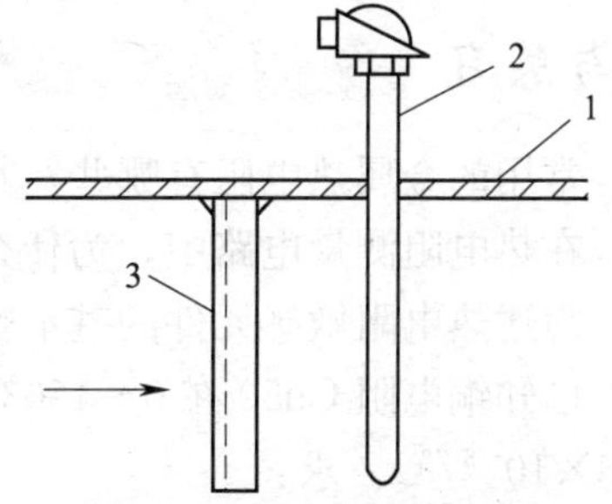

图 2—25 加装保护板

1—壁 2—感温元件 3—三角铁

实际应用中应注意：直接使用敏感元件或制成温度传感器进行测温时，应避免超过测温量程，短时间内虽不会损坏但会影响产品寿命和精度。必须保证点固材料或灌封材料的高度绝缘性能，否则会导致产品的电气绝缘性能降低，并且影响元件的测试数据，一般会导致测试电阻值偏低。

三、热电阻敏感元件常见故障及其处理

热电阻敏感元件常见的故障是电阻断路和短路，其中以断路为多，这是由于电阻丝很细所致。断路和短路都是比较容易判断的，用万用表的×1 欧挡，如测得的电阻值比 R_0 还小，则可能有短路情况；万用表若指向无穷大，则可判断是断路。

通常情况下，热电阻敏感元件无论是短路还是断路，都采取更换相同厂家和相同牌号热电阻的方法进行维修。更换后应进行零点校验。运行中常见的几种故障、故障原因和处理办法见表 2—2。

表 2—2　　热电阻敏感元件的常见故障、故障原因和处理办法

常见故障	可能故障原因	处理方法
测量数据比实际值低，或示值不稳定	保护管内有金属屑、灰尘 接线柱绝缘性能下降 电阻短路	清除金属屑、灰尘 清洗接线柱 去掉短路处，加好绝缘
显示仪表指示无穷大	电阻断路 仪表接线断路	更换电阻感温元件
测试数据指示负值	测试仪表接线错误 电阻短路	改正接线方法 去掉短路处
阻值与温度关系改变	电阻材料受蚀变质	更换电阻感温元件

热电阻敏感元件的优点是信号灵敏度高、易于连续测量、可以远传（与热电偶相比）、无须参比温度；金属热电阻稳定性高、互换性好、准确度高，可以用作基准仪表。热电阻敏感元件的主要缺点是需要电源激励，有自热现象，会影响测量精度，测量温度不能太高。

思考与练习

1. 常用的金属热电阻有哪些？其主要特点是什么？
2. 在热电阻测量电路中，为什么要采用三线制或四线制？
3. 简述热电阻敏感元件的基本安装要求。
4. 已知铜电阻 Cu50 在 0～150℃范围内可近似表示为 $R_t=R_0\ (1+\alpha t)$，温度系数 α 约为 4.28×10^{-3}/℃。求：

（1）当温度为 120℃时的电阻值。

（2）查 Cu50 分度表，记录 Cu50 在 120℃时的电阻值。

（3）计算两种方法的误差有多少欧姆。

课题三 热电偶式温度传感器

◆ 教学目标

☒ 掌握热电偶的工作原理

☒ 了解常用热电极材料的类型、性能特点及其适用场合

☒ 掌握热电偶的使用、测量方法

任务提出

桥梁、高铁、风电的大力兴建，使钢铁行业产量不断增长，必须严格监控钢材质量。在轧钢过程中（见图2—26），钢坯的轧制温度是关键的工艺参数之一，钢坯温度控制的好坏，将直接影响产品的质量，有效控制加热炉内的温度是控制产品质量的措施之一。

图 2—26 轧钢过程

某钢厂近几批钢坯质量均不符合要求，被质量部门要求返工。车间工艺员仔细研究工艺参数，发现本批次钢坯要求温度较高：(950±10)℃。高温下温度传感器外壳容易氧化，传热性差，导致温度测量误差较大。针对轧钢工艺钢坯温度的控制标准，初步认为温度参数控制误差大是出次品的原因之一，应请维修部来检修或更换温度传感器。本课题的任务就是对温度传感器进行检修并更换。

任务分析

一般来说，轧钢温度较高（650～1 000℃），热敏电阻温度传感器无法使用，铂电阻温度传感器亦无法长期使用。在该温度测量范围内，通常使用热电偶温度传感器进行温度测量，而且要根据使用环境定期更换传感器。热电偶温度传感器的种类、结构多种多样，要根据使用环境正确选择。本任务将学习使用热电偶温度传感器测量温度的方法以及判断温度传感器是否出现故障的方法，从而完成以上任务。

相关知识

一、热电偶的工作原理

热电偶是由两种不同材料的金属导体丝或半导体组成。将两根不同材料的金属丝一端焊接在一起，作为热电偶的测量端；另一端与测量仪表相连，通过测量热电偶的输出电势，即可推算出所测温度值。测量原理如图 2—27 所示。图 2—28 所示为一种热电偶温度传感器的实物照片。

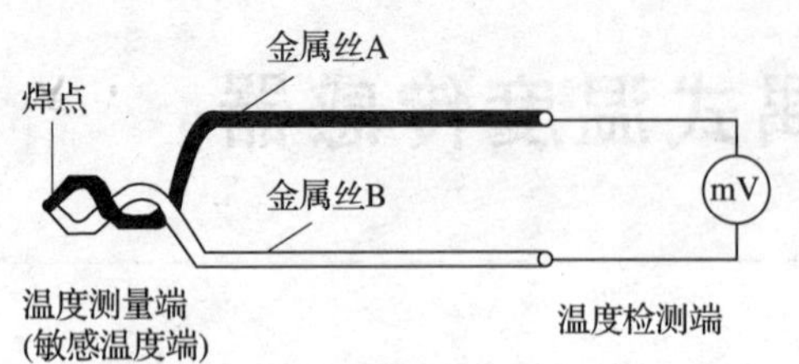

图 2—27　热电偶工作原理

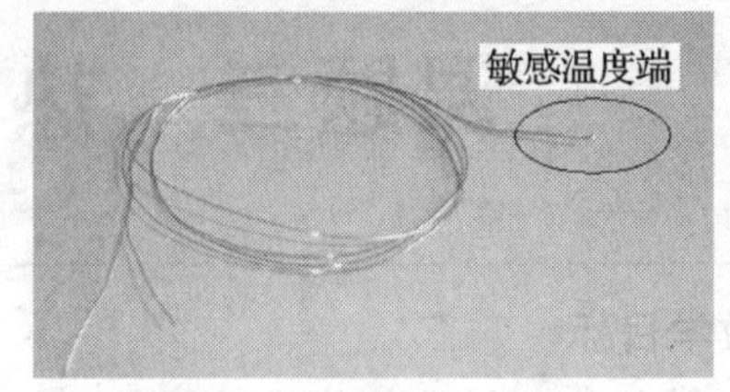

图 2—28　热电偶传感器

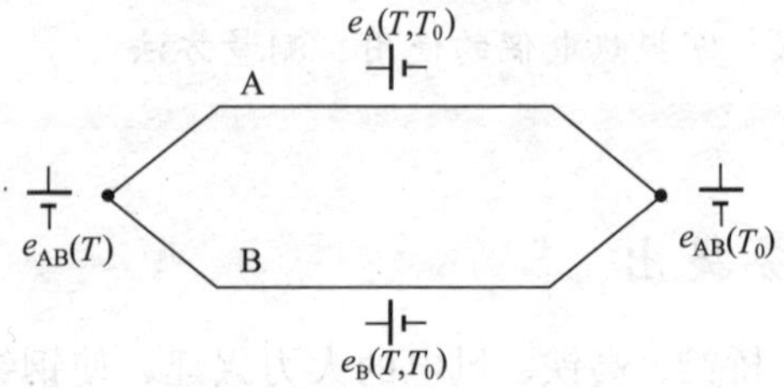

图 2—29　热电偶回路

热电偶的工作原理是建立在导体的热电效应的基础上。当有两种不同的导体或半导体 A 和 B 组成一个回路，其两端相互连接时（见图 2—29），只要两接点处的温度不同，回路中将产生一个电动势，该电动势的方向和大小与导体的材料及两接点的温度有关，这种现象称为“热电效应”。一端温度为 T，称为工作端或热端；另一端温度为 T_0，称为自由端（也称参考端）或冷端。两种导体组成的回路称为“热电偶”，这两种导体称为“热电极”，产生的电动势则称为“热电动势”。

根据理论推导和实践经验，我们可以得出如下结论：

热电偶回路中热电动势的大小，只与组成热电偶的导体材料和两接点的温度有关，而与热电偶的形状、尺寸无关。当热电偶两电极材料固定后，热电动势只与两接点的温度有关。当冷端温度恒定，热电偶产生的热电动势只随热端（测量端）温度的变化而变化，即一定的热电动势对应着一定的温度。因此，我们只要用测量热电动势的方法就可达到测温的目的。

同时，热电偶还遵循以下几个基本定律：

1. 均质导体定律

如果热电偶回路中的两个热电极材料相同，无论两接点的温度如何，热电动势为零。

根据这个定律，可以检验两个热电极材料成分是否相同（称为同名极检验法），也可以检查热电极材料的均匀性。

2. 中间导体定律

在热电偶回路中接入第三种导体，只要第三种导体的两接点温度相同，则回路中总的热电动势不变。

如图 2—30 所示，在热电偶回路中接入第三种导体 C。导体 A 与 B 接点处的温度为 t，A 与 C、B 与 C 两接点处的温度相同，都为 t_0，则回路中的总电动势是不变的。

热电偶的这种性质在实际应用中有着重要的意义，它使我们可以方便地在回路中直接接入各种类型的显示仪表或调节器，也可以将热电偶的两端不焊接而直接插入液态金属中或直接焊在金属表面进行温度测量。

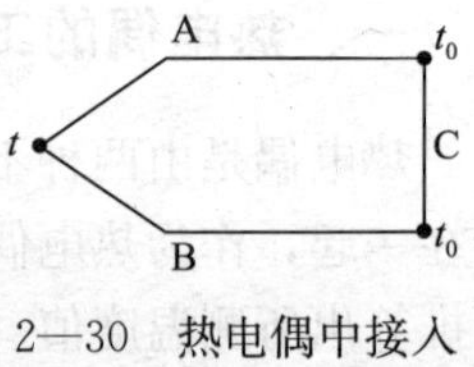

图 2—30　热电偶中接入第三种导体

3. 标准电极定律

如果两种导体分别与第三种导体组成的热电偶所产生的热电

动势已知，则由这两种导体组成的热电偶所产生的热电动势也就已知。

如图 2—31 所示，导体 A、B 分别与标准电极 C 组成热电偶，若它们所产生的热电动势为已知，那么，导体 A 与 B 组成的热电偶，其热电动势可由下式求得：

$$E_{AB}(t, t_0) = E_{AC}(t, t_0) + E_{BC}(t, t_0)$$

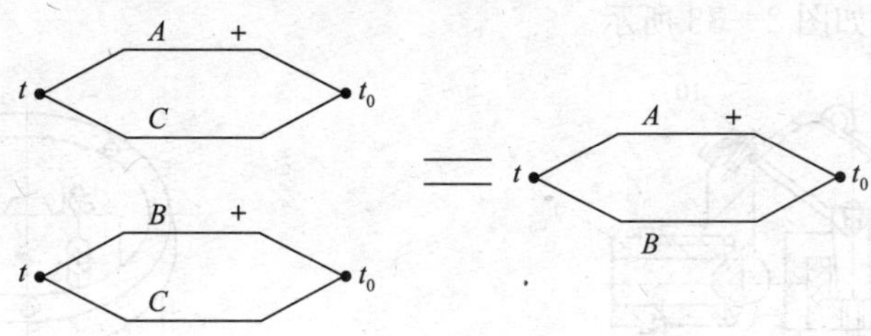

图 2—31 三种导体分别组成热电偶

标准电极定律是一个极为实用的定律。可以想象，纯金属的种类很多，而合金类型更多。因此，要得出这些金属之间组合而成的热电偶的热电动势，其工作量是极大的。由于铂的物理、化学性质稳定，熔点高，易提纯，所以，我们通常选用高纯铂丝作为标准电极。只要测得各种金属与纯铂组成的热电偶的热电动势，则各种金属之间相互组合而成的热电偶的热电动势可直接计算出来。

例如，热端为 100℃，冷端为 0℃时，镍铬合金与纯铂组成的热电偶的热电动势为 2.95 mV，而考铜与纯铂组成的热电偶的热电动势为－4.0 mV，则镍铬和考铜组合而成的热电偶所产生的热电动势应为 2.95 mV－（－4.0 mV）＝6.95 mV

4. 中间温度定律

如图 2—32 所示，热电偶在两接点温度 t、t_0时的热电动势等于该热电偶在接点温度为 t、t_n和 t_n、t_0时的相应热电动势的代数和。

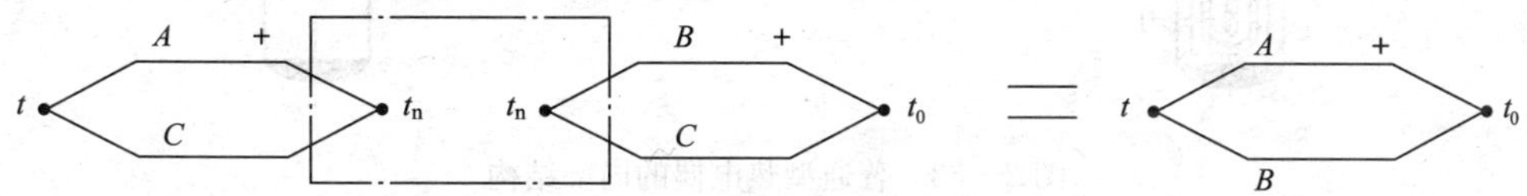

图 2—32 热电偶中间温度定律

中间温度定律可以用下式表示：

$$E_{AB}(t, t_0) = E_{AB}(t, t_n) + E_{AB}(t_n, t_0)$$

中间温度定律为补偿导线的使用提供了理论依据。它表明：若热电偶的热电极被导体延长，只要接入的导体组成热电偶的热电特性与被延长的热电偶的热电特性相同，且它们之间连接的两点温度相同，则总回路的热电动势与连接点温度无关，只与延长以后的热电偶两端的温度有关。

二、热电偶温度传感器的结构

热电偶温度传感器的结构与热电阻温度传感器类似，可以直接使用，也可以外加金属防护层。在工业测量过程中，为了防腐蚀，抗冲击，延长使用寿命，便于安装、接线，常采用以下结构形式：

1. 普通型热电偶的结构

在工业生产控制系统中，普通型热电偶作为测量温度的传感器，通常和显示仪表、记录仪表和一些控制仪表配套使用。热电偶传感器通常由热电极、绝缘管、保护套管和接线盒等几个主要部分组成，如图 2—33 所示。

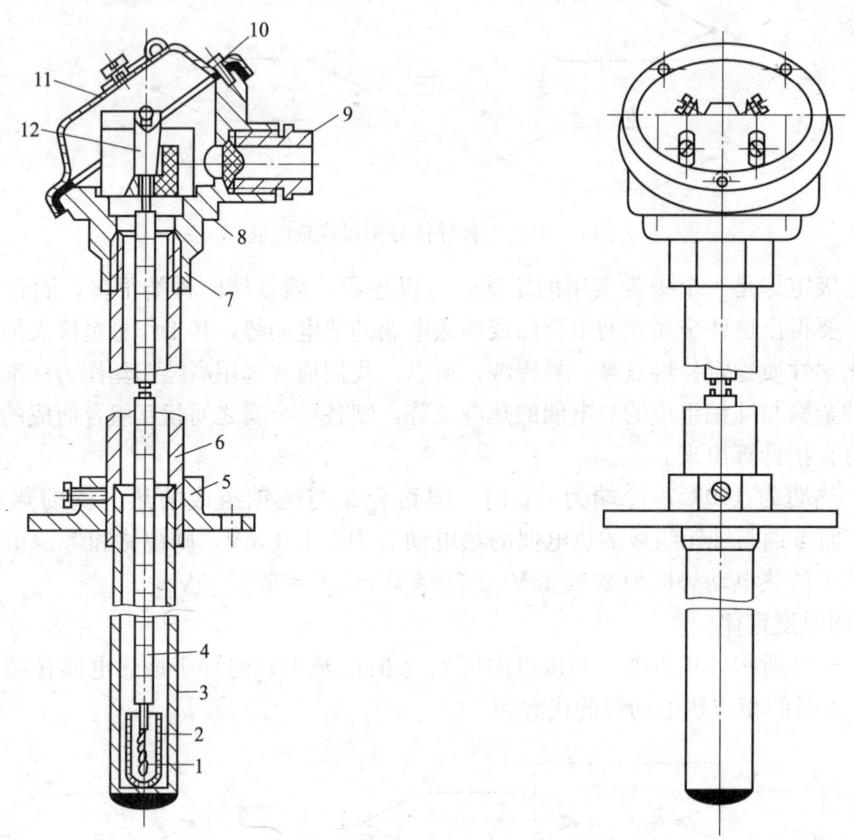

图 2—33 普通型热电偶的内部结构

1—热电偶工作端 2—绝缘套 3—下保护套 4—绝缘珠管 5—固定法兰 6—上保护套
7—接线盒底座 8—接线绝缘座 9—引出线套管 10—固定螺钉 11—接线盒外罩 12—接线柱

热电极偶丝的长度则由使用情况、安装条件，特别是工作端在被测介质中插入的深度来决定，通常为 300～2 000 mm，最长可达 10 m 左右，其价格随长度增加而增加。常用的长度为 350 mm。保护套管一般由不锈钢制成，一方面起到耐高温、耐腐蚀、免受机械损伤的保护作用，另一方面起到热传导作用。

从安装固定方式来看，常见普通型热电偶有固定法兰式、活动法兰式、固定螺纹式、焊接固定式和无专门固定式几种，如图 2—34 所示。

2. 铠装热电偶的结构

铠装热电偶的结构与铠装热电阻的结构基本相同，是由热偶丝、绝缘材料、不锈钢套管经多次一体拉制而成。因使用环境及安装形式不同，铠装热电偶的外形结构多种多样，如图 2—35 所示。

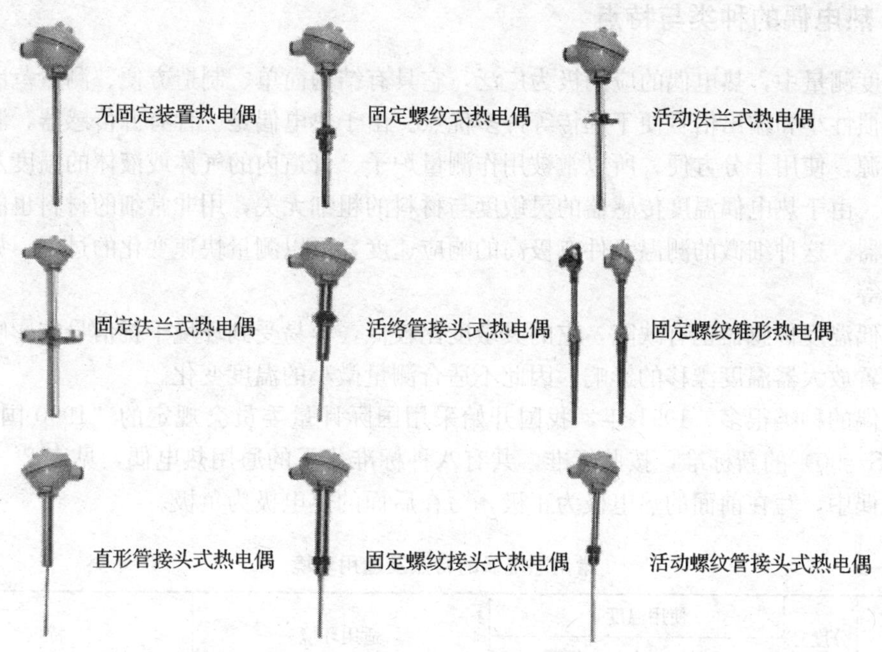

图 2—34　常见普通型热电偶的外形结构

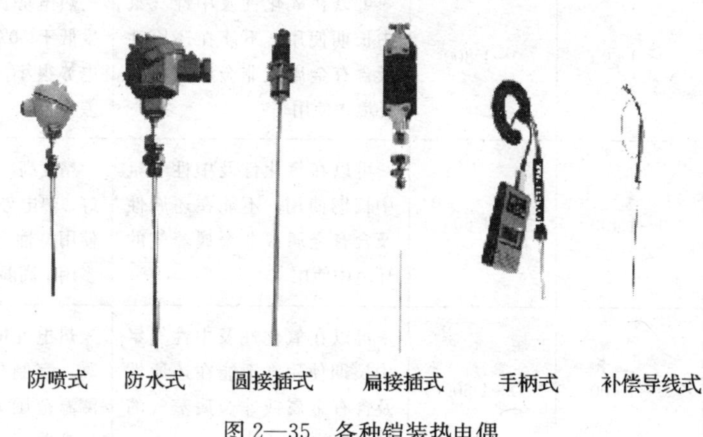

图 2—35　各种铠装热电偶

铠装热电偶具有能弯曲、耐高压、热响应时间快和坚固耐用等优点，尤其适宜安装在管道之间狭窄、弯曲和要求快速反应等特殊测温场合。

3. 薄膜热电偶的结构

薄膜热电偶是由两种薄膜热电极材料，用真空蒸镀、化学涂层等方法蒸镀到绝缘基板上面制成的一种特殊热电偶。薄膜热电偶的热接点可以做得很小（可薄到 0.01～0.1 μm），如图 2—36 所示。薄膜热电偶具有热容量小，反应速度快等特点，热响应时间达到微秒级，适用于对微小面积上的表面温度以及快速变化的动态温度进行测量。

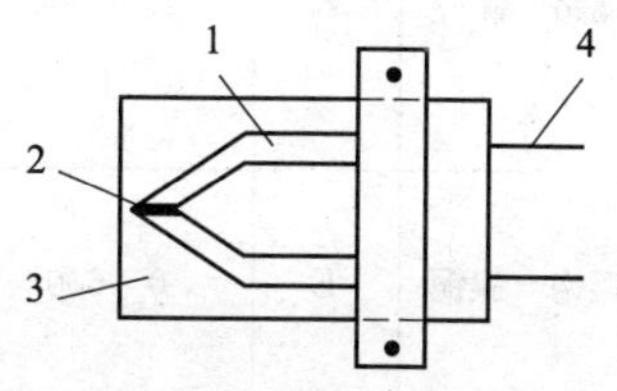

图 2—36　薄膜热电偶的外形

1—热电极　2—热接点

3—绝缘基板　4—引出线

三、热电偶的种类与特点

在温度测量中，热电偶的应用极为广泛，它具有结构简单、制造方便、测量范围广、精度高、热惯性小和输出信号便于远传等许多优点。由于热电偶是一种有源传感器，测量时不需外加电源，使用十分方便，所以常被用作测量炉子、管道内的气体或液体的温度及固体的表面温度。由于热电偶温度传感器的灵敏度与材料的粗细无关，用非常细的材料也能够做成温度传感器。这种细微的测温元件有极高的响应速度，可以测量快速变化的过程，如燃烧和爆炸过程等。

热电偶温度传感器也有缺陷，它的灵敏度比较低，容易受到环境干扰信号的影响，也容易受到前置放大器温度漂移的影响，因此不适合测量微小的温度变化。

热电偶的种类很多。1991 年，我国开始采用国际计量委员会规定的“1990 国际温标”（简称 ITS—90）的新标准，按此标准，共有八种标准化了的通用热电偶，见表 2—3。表中所列热电偶中，写在前面的热电极为正极，写在后面的热电极为负极。

表 2—3　　常用热电偶的特点及适用环境

热电偶名称	分度号	使用温度℃		适用环境	特点
		长期	短期		
铂铑$_{30}$—铂铑$_6$	B	0～1 600	0～1 800	可以在氧化性及中性气氛中长期使用，不能在还原性及含有金属或非金属蒸气的环境中使用	热电势比较小，当冷端温度低于 50℃时，所产生的热电势很小，可不考虑冷端误差
铂铑$_{13}$—铂	R	0～1 400	0～1 600	可以在氧化性及中性气氛中长期使用，不能在还原性及含有金属或非金属蒸气的环境中使用	精度高，性能稳定，复现性好，热电势较小，高温下连续使用特性会变坏，价格昂贵，多用于高温高精度测量
铂铑$_{10}$—铂	S	0～1 400	0～1 600	可以在氧化性及中性气氛中长期使用，不能在还原性及含有金属或非金属蒸气的环境中使用	热电性能稳定，测温精度高，宜制作成标准热电偶。测温范围大，热电势低，价格较贵
镍铬—镍硅	K	0～1 000	0～1 300	适用于氧环境，耐金属蒸气，不耐还原性环境	热电势高，热电特性近于线性，性能稳定、复制性好、价格便宜，精度次于铂铑$_{10}$—铂。作测量和二级标准
镍铬—镍铜	E	0～600	0～800	适用于氧环境，耐金属蒸气，不耐还原性环境	热电势高，特性线性，价格便宜，测温范围较低，作测量用
铁—康铜	J	−200～600	−200～800	适用于还原性气体（对氢、一氧化碳也稳定）	价廉、热电势大、线性好、均匀性差、易生锈，用于测低温

续表

热电偶名称	分度号	使用温度℃		适用环境	特点
		长期	短期		
铜一康铜	T	－200～300	－200～350	适用于还原性气体（对氢、一氧化碳也稳定）	价廉、低温性能好、均匀性好
镍铬硅一镍硅	N	－200～1 300	－200～1 400	适于在氧化性或中性介质中使用，是工业测温中最常用的一种热电偶	高温抗氧化能力强，热电动势的长期稳定性及短期热循环的复现性好，耐核辐射，耐低温性能好，价格便宜

四、热电偶温度传感器的测量与使用方法

热电偶温度传感器的使用方法与一般温度传感器有所不同，在使用热电偶温度传感器时，应特别注意使用方法，否则会带来很大测量误差。

1. 热电偶分度表

热电偶分度表就是温度与电压值的关系对应表，每种材料对应一个分度表。在使用没有温度指示的热电偶温度传感器时，则要根据传感器输出电压值来推算出相应的温度值。首先我们要知道热电偶传感器所使用的热电偶材料，然后根据表 2—3 查出相应分度号，再查相应分度表，即可根据热电偶输出电压值查出温度值。一般厂家也会随产品附给相应的分度表。如镍铬一镍硅是 K 型热电偶，如果电压测量值为 28.7 mV，查 K 型热电偶分度表可得出 $t=690$℃。

2. 热电偶的冷端补偿

根据热电偶输出电压值，可以通过分度表快速查出温度值。但热电偶的分度表都是以 $t_0=0$℃作为基准进行分度的（即热电偶的冷端为 0℃）。在实际使用过程中，热电偶的冷端的温度往往不为 0℃，而为所处环境温度，这样给测量结果带来了较大温度误差。所以在使用热电偶的时候，必须消除环境温度对测量带来的影响，即须进行热电偶冷端补偿。

根据热电偶中间温度定律公式：$E_{AB}(t, t_0)=E_{AB}(t, t_n)+E_{AB}(t_n, t_0)$，我们可以得到以下公式：

$$E_{AB}(t, 0℃)=E_{AB}(t, t_n)+E_{AB}(t_n, 0℃)$$

式中 $E_{AB}(t, t_n)$ 为热电偶在环境温度为 t_n 时的测量值。我们只需测出热电偶冷端所处的环境温度 t_n，然后根据分度表查出 $E_{AB}(t_n, 0℃)$，即可求出 $E_{AB}(t, 0℃)$，查出较精确的温度值。

例：已知用镍铬一镍硅（K）热电偶测炉温时，其冷端温度 $t_0=30$℃，现测得热电动势 $E(t, t_0)=38.505$ mV，求炉内温度 t 为多少？

解：镍铬一镍硅的分度号为 K，查 K 型热电偶分度表，得 $E_{AB}(30℃, 0)=1.203$ mV，则有：

$$E_{AB}(t, 0)=E_{AB}(t, t_0)+E_{AB}(t_0, 0)=38.505+1.203=39.708\ \text{mV}$$

反查 K 型热电偶分度表，求得 $t=960$℃。

热电偶冷端补偿方法很多，常用的补偿方法有以下几种：

（1）冰浴法

将热电偶的冷端置于装有冰水混合物的恒温容器中，使冷端的温度保持在0℃不变。该方法只适用于实验室的温度测量。

（2）计算机修正法

先测出冷端温度 t_0，然后从该热电偶分度表中查出 E_{AB}（t_0，0），由计算机自动与所测得到的 E_{AB}（t，t_0）相加，便可计算出 E_{AB}（t，0），根据此值再在分度表中查出相应的温度值。

（3）补偿电桥法

将带有铜热电阻的补偿电桥与被补偿的热电偶串联，铜与热电偶的冷端置于同一温度场中。0℃时，电桥输出为零，当冷端温度变化时，铜电阻阻值发生变化，造成电桥不平衡输出。此不平衡输出电压对热电偶输出变化起到抵消作用，如图2—37所示。

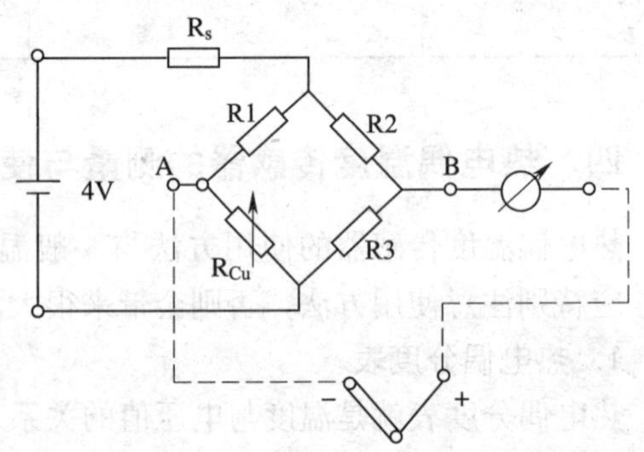

图2—37　热电偶电桥补偿法

（4）选择参考端温度不需要补偿的热电偶

有些热电偶在一定温度范围内，不产生热电势或热电势很小。例如，镍钴－镍铝热电偶在0～200℃时的热电势极小，在300℃时也只有0.38 mV；镍铁－镍铜热电偶在－50℃以下的热电势几乎等于零；铂铑30－铂铑6热电偶在0～50℃，只有－2～3 μV的热电势。如果参考温度在这一温度范围内变化，将不改变热电偶输出的热电势，所以就不需要对冷端进行温度补偿。

3．热电偶的冷端延长

实际测温时，由于热电偶长度有限，冷端温度将直接受到被测物温度和周围环境温度的影响。例如，热电偶安装在炼钢炉壁上，而冷端在接线盒内，接线盒周围的温度不稳定，冷端的温度受之影响，将会造成测量误差。虽然热电偶可以做得很长，但这将增加测量系统的成本，损失经济效益。工业生产中，一般采用补偿导线来延长热电偶的冷端，使之远离高温测量区。

补偿导线（A′、B′）由两种不同的金属材料组成，是相对比较价廉的金属导体，它们的自由电子密度比与所配热电偶的自由电子密度比相等。补偿导线测温电路图如图2—38所示。

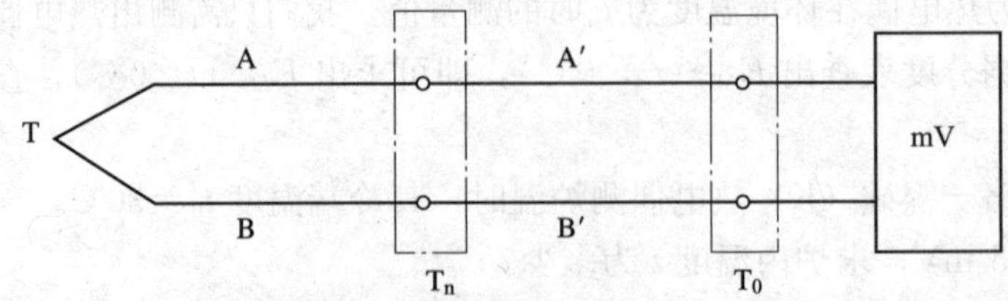

图2—38　补偿导线测温电路图

使用补偿导线时必须注意：

（1）各种补偿导线只能与相应型号的热电偶配用，不能互换。

（2）补偿导线与热电极连接时，正极应当接正极，负极接负极，极性不能反，否则会造成更大的误差。

（3）补偿导线与热电偶连接的两个接点必须靠近，使其温度相同，不会增加温度误差。

（4）补偿导线必须在规定的温度范围内使用。

使用补偿导线不仅可以延长热电偶的参考端，节省大量的贵金属，还可以选用直径粗、导电系数大的金属材料，减小导线单位长度的直流电阻，减小测量误差。

任务实施

在更换系统传感器时，要选择相同或相似的温度传感器进行更换。在更换选型时要根据被测环境的温度范围、测量功能、精度要求及安装接口、安装尺寸进行选择，特别要注意的是安装接口和安装尺寸必须与原系统一致。

一、工作条件分析与故障诊断

经过相关知识的学习，我们发现热电偶温度传感器的结构、安装形式和种类较多，分析轧钢炉的使用及安装要求和温度测量范围可知，原温度测量系统使用镍铬－镍硅（K 型）热电偶作为温度敏感元件。测试装置如图 2—39 所示。

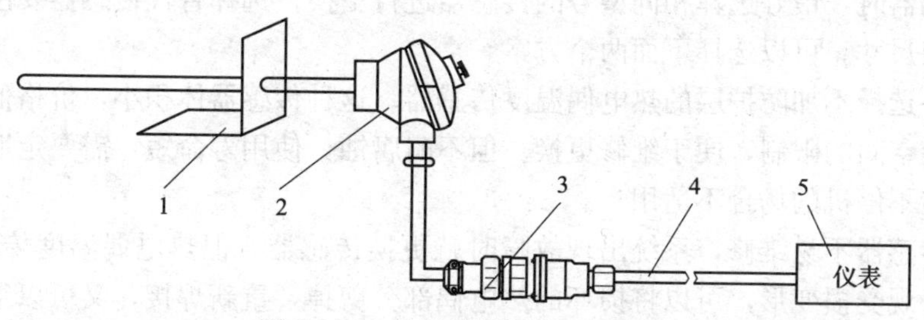

图 2—39　轧钢炉测温装置示意图

1—定位钢板　2—热电偶传感器　3—接插件　4—补偿导线　5—测量显示仪表

热电偶传感器在校验期内，如果测量误差超出允许误差范围，则说明发生了故障。运行中常见的几种故障、故障原因和处理办法见表 2—4。

表 2—4　热电偶传感器的常见故障、故障原因和处理办法

常见故障	可能故障原因	处理方法
热电势比实际值低	1. 热电极短路	1. 检查绝缘性能，若受潮，烘干；若受污，清除灰尘
	2. 热电偶接线柱处短路	2. 清洗接线柱
	3. 补偿导线间短路	3. 加强绝缘，或更换补偿导线
	4. 热电偶电极受损	4. 剪去少许热电极重新焊接或更换热电偶
	5. 补偿导线与热电偶不匹配	5. 更换补偿导线
	6. 补偿导线与热电偶极性接反	6. 重新接线
	7. 安装位置与插入深度不合理	7. 重新按规定安装
	8. 热电偶冷端补偿过度	8. 重新调试冷端补偿
	9. 热电偶与显示仪表不匹配	9. 更换仪表或热电偶

续表

常见故障	可能故障原因	处理方法
热电势比实际值高	1. 热电偶与显示仪表不匹配 2. 补偿导线与热电偶不匹配	1. 更换仪表或热电偶 2. 更换补偿导线或热电偶
热电偶的输出误差大	1. 热电偶电极受损 2. 安装位置不当 3. 热电偶保护管受污	1. 更换热电偶 2. 改变安装位置 3. 清洗热电偶保护管
在首次使用时热电势偏低或偏高	热电极焊接后，未热处理	高温老化或使用一段时间可稳定

在检查时，先检查外观。如果保护管受污，则清洗热电偶保护管；如果受损变形，应该更换。

二、更换传感器

更换传感器时，最好选择相同型号的传感器进行更换。选择替代传感器要注意系统的安装接口、安装尺寸。可以选择下面两个方案。

方案一：选择不加防护层的热电偶温度传感器。这种传感器体积小，价格低，响应时间短，不受安装空间的限制，便于维修更换。但不耐腐蚀，使用寿命短，需要定期更换，对于需要长期运转不停机的场合不适用。

一般的传感器不易维修，系统出现故障时就更换传感器。但热电偶温度传感器很特殊，如果是因为外观受损变形，可以将损坏的热电偶部分剪掉，重新焊接，又可以继续使用。因此如果选择该方案，更换简单。

方案二：选择铠装热电偶温度传感器。这种传感器可以根据需要任意弯曲，便于测量炉内的各温度点，测量精度较高，使用寿命长，但价格较高。

此外，随着技术不断进步，可以选择更先进的温度传感器。在本案例中，由于温度较高，可以进行技术改进，选择非接触测量。可选用红外测温仪，具有测量精度较高，使用寿命长等优点。

三、热电偶温度传感器的安装方法

普通型热电偶和铠装热电偶的安装方法与热电阻传感器的安装方法基本相同。当测量金属表面温度时，热电偶丝可以直接固定在被测物表面。根据测量温度范围不同可以采取以下形式安装：

1）在 200～300℃时，可用高温环氧胶将热电偶点固在金属壁面，工艺比较简单。

2）测量温度较高时，为了提高可靠性，常常采用焊接的方法，将热电偶头部焊在金属壁表面。焊接方式有 V 形焊、平行焊和交叉焊，如图 2—40 所示。但需特别注意，此时热电偶的接点被接地，所以在检测电路中必须采用差动放大器。

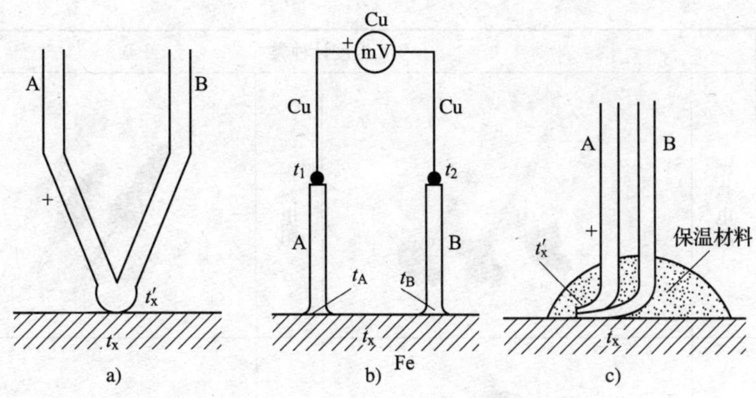

图 2—40 热电偶在金属壁表面的安装方法
a）V形焊 b）平行焊 c）交叉焊

知识链接

一、温度传感器的分类

温度传感器的种类多种多样，见表 2—5。按用途可分为标准温度计和工业温度计；按照测量方法可分为接触式和非接触式；按工作原理可分为膨胀式、电阻式、热电式、辐射式

表 2—5 **各种温度传感器**

测温方式	物理效应	温度计种类			
非接触式测温仪表	光辐射 热辐射	光学高温计		红外测温仪	
接触式测温仪表	体积热膨胀	气体温度计		压力式温度计	
		双金属温度计		普通玻璃温度计	

续表

测温方式	物理效应	温度计种类			
接触式测温仪表	电阻变化	铂热电阻	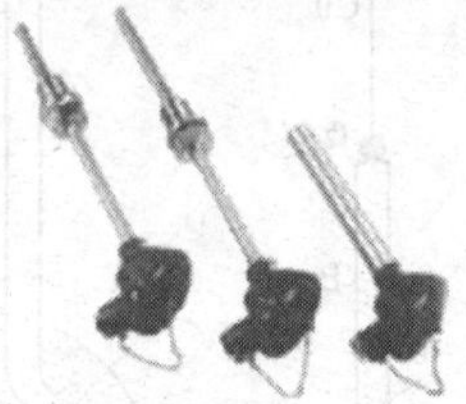	铜热电阻	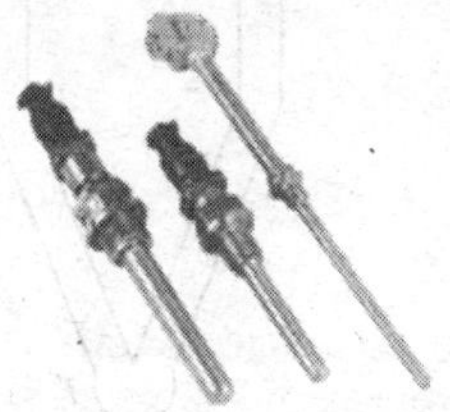
	热电效应	铠装式热电偶	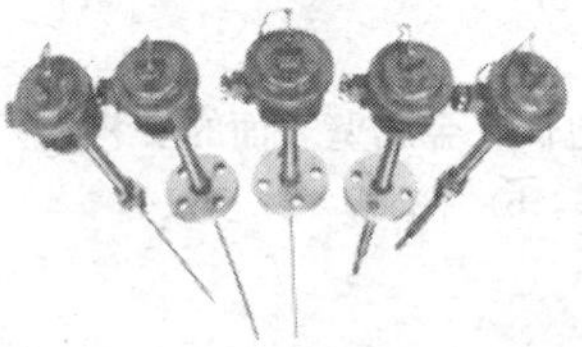	热电偶	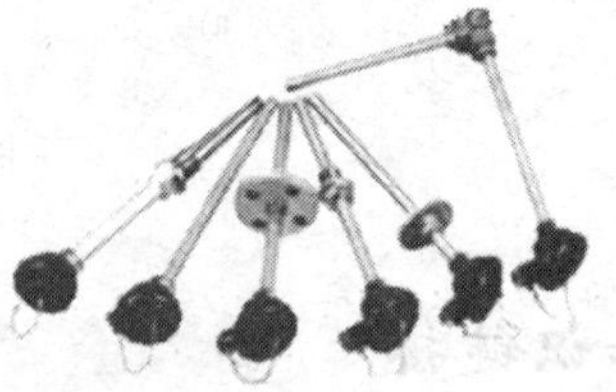
	PN结结电压	半导体集成电路温度传感器			

等；按输出方式可分为自发电型。总之，温度测量的方法很多，而且人们仍在不断研发性能更出色的温度敏感元件。

温度传感器的种类很多，每一种传感器都有自己的特点和各自的测温范围及适用场所。在组建温度测量系统时，可以根据测量范围、被测对象、测量精度及结构、功能、价格等方面，选择相应的温度传感器进行温度检测。工业上常用的温度传感器见表2—6，表中列出了各种温度传感器的工作原理、名称、测温范围、精度和特点。

表2—6　　常用测温仪表种类及优缺点

物理效应	温度计种类		常用测温范围（℃）	精度等级	分度值（℃）	优点	缺点
光辐射热辐射	辐射式	辐射式	800～3 500	1.5	5～20	测温时，不破坏被测温度场，适合超高温度的测量	低温段测量不准，环境条件会影响测温准确度。价格高
		光学式	700～3 200	1～1.5	5～20		
		比色式	900～1 700	1～1.5	5～20		
	红外线	热敏探测	−50～3 200	1～1.5	1～20	测温时，不破坏被测温度场，响应快，测温范围大，适于测温度分布	易受外界干扰，标定困难，价格高
		光电探测	0～3 500	1～1.5	1～20		
		热电探测	200～2 000	1～1.5	1～20		

续表

物理效应	温度计种类		常用测温范围（℃）	精度等级	分度值（℃）	优点	缺点
体积热膨胀	膨胀式	玻璃水银	－50～350	0.5～2.5	0.1～10	不需要外接电源，结构简单，使用方便，测量准确，价格低廉，耐用，适合低温测量	测温范围小，精度低，玻璃易碎，有汞污染，不能记录和远传
		双金属	－80～600	1，1.5，2.5	0.5～20	不需要外接电源，结构紧凑，牢固可靠，耐用	精度低，量程和使用范围有限。适合低温开关信号的测量
	压力式	液体	－30～600	1，1.5，2.5	0.5～20	耐震，坚固，防爆，价格低廉，适合低温测量	精度低，测温距离短，滞后大
		气体	－20～350				
		蒸汽	0～250				
电阻变化	热电阻	铂电阻	－200～500	0.1～1	1～10	测温精度高，便于远距离、多点、集中测量和自动控制。铂电阻一致性好，适合中温测量	需要接入桥路才能得到电压输出，须注意环境温度的影响。铜电阻测温范围小
		铜电阻	－50～150	0.3～1.5	1～10		
		热敏电阻	－50～300	0.5～3	1～10	体积小，价格低，适合批量生产。适用于小温度范围或固定点温度测量	精度低，温度性能分散性大，温度线性范围小
热电效应	热电偶	铂铑－铂	0～1 600	0.2～0.5	5～20	自发电型，标准化程度高，品种多，测温范围大，便于远距离、多点、集中测量和自动控制。适合高温测量	需冷端温度补偿，在低温段测量精度较低。需将热电偶延长时，须使用相配的补偿导线
		镍铬－镍硅	0～1 000	0.5～1	5～20		
		镍铬－考铜	0～600	0.5～1	5～20		
		钨铼	1 000～2 100	0.5～1	5～20		
PN结结电压		二极管、三极管的PN结	－50～150	0.5～1	1～10	体积小，线性好；灵敏度高，时间常数小（0.2～2 s）适用于温度补偿	测温范围小，互换性差
温度－颜色		示温涂料	－50～1 300	0.5～1	5～20	适用于一般温度计无法或难以测量的场合，如连续运转的部件，复杂异形面物体、非等温表面物体等的温度测量	易失效，分辨力低
		液晶	0～100				

通常来说接触式测温仪表比较简单、可靠，测量精度较高，但因测温元件与被测介质需要进行充分的热交换，需要一定的时间才能达到热平衡，所以存在测温的延迟现象；同时受

耐高温材料的限制，不能应用于测量很高的温度。非接触式仪表测温是通过热辐射原理来测量温度的，测温元件不需与被测介质接触，测温范围广，不受测温上限的限制，也不会破坏被测物体的温度场，反应速度一般也比较快，但受到物体的发射率、测量距离、烟尘和水汽等外界环境因素的影响，其测量误差较大。

二、温度传感器的选择原则

在进行测量工作时，首先要解决的问题是：根据具体的测量目标、测量对象以及测量环境合理地选用温度传感器。系统测量精度的高低，在很大程度上取决于传感器的选用是否合理。选用温度传感器比选择其他类型的传感器所需要考虑的内容要多一些。大多数情况下，应主要考虑以下几个方面的问题：

1. 被测对象的温度是否需记录、报警和自动控制，是否需要远距离测量和传送

首先要根据测量对象及其所要求的测量功能来选定传感器的类型。因为测量系统的功能不同，要求传感器提供的信号也不同。比如温度报警，仅要求在设定温度点具有较高灵敏度；温度测量，要求在测量范围内线性变化，两者选择使用的温度敏感元件完全不同。因此需要根据被测量的特点和传感器的使用条件，初步确定采用何种原理的温度传感器。

2. 测温范围的大小和精度要求

选择温度传感器的重要依据是温度测量范围和测量精度。不同的测温敏感元件敏感的温度范围不同。合理选择温度敏感元件，可以提高传感器的灵敏度，使测量系统获得较高的信噪比，提高测量精度，使测量示值稳定、可靠。一般情况下，为提高传感器测量精度，便于信号处理，在测量范围相同的情况下，应尽量选择灵敏度较大的测温敏感元件。

3. 测量环境对传感器结构大小是否有要求和限制

温度传感器的结构多种多样。为了确保合理的测量精度，必须在规定的测量时间之内使温度敏感元件达到所测介质或被测表面的温度，而且要与环境的各种热源隔离，因此必须通过温度传感器适当的结构设计与安装，使被测介质对敏感元件的热传导达到最佳状态。所以在选择温度传感器时，要根据温度传感器的安装位置及安装环境来选择温度传感器的类型与结构。比如铠装热电偶温度传感器（见图 2—35），它的测温端可以随意弯曲而不会损坏内部温度敏感元件，特别适宜安装在管道之间狭窄、弯曲和要求反应迅速的测温场合。在空调出风口的温度传感器就可以选择体积特别小的热敏电阻作为测温敏感元件。

4. 在被测对象温度随时间变化较大的场合，温度传感器的动态响应时间能否适应测量要求

温度传感器的动态响应时间是选择传感器的另一个基本依据。当要监视某一环境温度的瞬间变化时，时间常数就成为选择传感器的决定因素。一般情况下，珠型热敏电阻和铠装露头型热电偶的时间常数相当小，而浸入式探头，特别是带有保护套的测温敏感元件，时间常数比较大。

5. 被测对象的环境条件对测量元件是否有损害

在某些生产现场常有各种易燃、易爆等化学气体、蒸气，在这样恶劣的使用环境下，或被测介质对测温敏感元件有腐蚀损坏时，应考虑传感器的防爆性和耐腐蚀性。铠装式温度传感器外保护管一般采用不锈钢，内部充满高密度氧化物质绝缘体，具有很强的抗污染和优良

的机械强度，适合安装在环境恶劣的场所。

6. 价格如何，使用是否方便

价格因素也是选择温度传感器的一个重要依据。特别是在批量生产中，价格因素至关重要。一般情况下，传感器的精度越高，价格就越昂贵。考虑到测量目的，应从实际出发来选择温度传感器类型，做到够用即可。

总之，在选用传感器时应尽可能兼顾结构简单、体积小、重量轻、价格便宜、易于维修、易于更换等要求。

思考与练习

1. 什么是热电效应？
2. 热电偶的工作原理是什么？
3. 当热电偶冷端需要延长时，应采取什么方法？在实施时应注意什么？
4. 简述热电偶的基本定律。
5. 用镍铬一镍硅热电偶测量温度（K 型），已知冷端温度 t_0 为 40℃，用高精度数字电压表测得此时的热电势为 29.186 mV，求被测点温度值（提示：可查 K 型热电偶分度表）。

模块三 位移测量

自动化生产与工程自动控制中，位移测量应用很广，如测量物体位置的移动量，物体的变形量，零部件的位置、厚度、距离等。另外，还可以通过测量位移量来反映其他参数，如力、扭矩、速度、加速度等的变化。因此，位移的测量是最基本的测试技术之一。测量时，应当根据不同的测量对象选择测量点、测量方向和测量系统，其中位移传感器的选择和精度起重要作用。

根据传感器的变换原理，常用的位移测量传感器有电阻式、电感式、电磁式和光栅式等。

课题一　电阻式位移传感器

◆**知识点**

☒ 了解电阻式位移传感器的基本工作原理

☒ 掌握电阻式位移传感器的主要输出特性

☒ 掌握电子节气门的检查和调整方法

任务提出

电子节气门（见图 3—1）是汽车中的重要部件，其作用是，驾驶者通过控制踏板位移

图 3—1　电子节气门

量控制节气门开启的角度，从而改变进入进气歧管的空气量，ECU（发动机电控单元）再根据节气门的开启量来改变喷油器的喷油量，使混合气的空燃比维持在理想空燃比附近，从而改变发动机的转速和功率，以适应汽车行驶的需要。

某 4S 店售后服务部接到一个维修任务，一辆汽车的发动机功率始终无法达到额定功率值，经检测，ECU 及执行器都没有问题，问题只能是某传感器发生了故障。本课题的工作任务就是对相关传感器进行检测，排除故障。

任务分析

影响发动机功率的因素比较多，最主要的是节气门位置传感器和发动机转速传感器。经检测，发动机转速传感器没有发生故障，故障发生在节气门位置传感器。而节气门位置传感器实际上是个位移传感器，常用的是电位器式位移传感器。本任务将学习电位器式位移传感器的工作原理，及其结构、特点，进而完成电子节气门的质量检测。

相关知识

一、电阻式位移传感器的分类

电阻式位移传感器是将被测的非电量（如位移、力、加速度等）转换成电阻的变化量的传感元件，并通过对电阻值的测量将其变换为电压或电流，达到检测非电量的目的。由于它的结构简单、易于制造，价格便宜、性能稳定、输出功率大等特点使之在检测技术中应用甚为广泛。按引起传感器电阻变化的参数不同，电阻式位移传感器可以分为电位器式和电阻应变式两大类。电位器式在位移的测量中应用较为广泛，电位器式位移传感器又可分为线绕式和非线绕式两种。

二、线绕式电位器传感器的结构与工作原理

电位器式传感器可以将机械位移或其他能变换成位移的非电量变换为电阻值的变化，并可以将其转换成电压的变化。电位器式传感器具有输出信号大，易于转换，便于维修的优点。其缺点是存在摩擦，分辨力有限，精度不够高，动态响应较差，仅适于测量变化较缓慢的量，常用作位置信号发生器。电位器式传感器按被测量的不同，可分为直线位移式和角位移式两类，如图 3—2 所示。

直线位移电位器中，线圈绕于绝缘骨架上，滑动触点（电刷）在移动过程中，从一匝滑到另一匝时，电阻值随位移发生变化。若线绕电位器的绕线的截面积均匀，则 R 变化均匀（线性）。如图 3—3 所示，U_1 为工作电压，U_0 为负载电阻 R_L 两端的输出电压。X 为线绕电位器电刷移动的长度，L 为其总长度，对应于电刷移动量 X 的电阻值为 $R_X=\frac{X}{L}R$。

式中　X——滑臂离开始点的距离；

　　　L——滑臂最大的直线位移。

当电位器处于非空载状态时，根据分压原理得输出电压为：

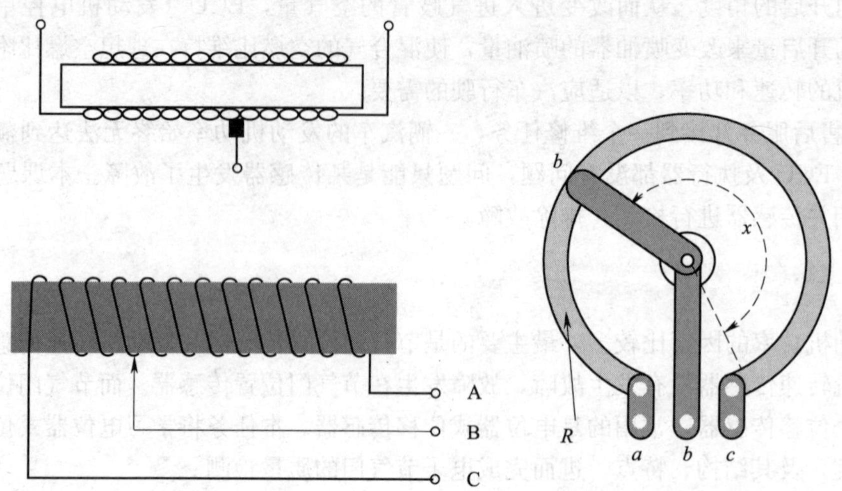

图 3—2 线绕式电位器传感器

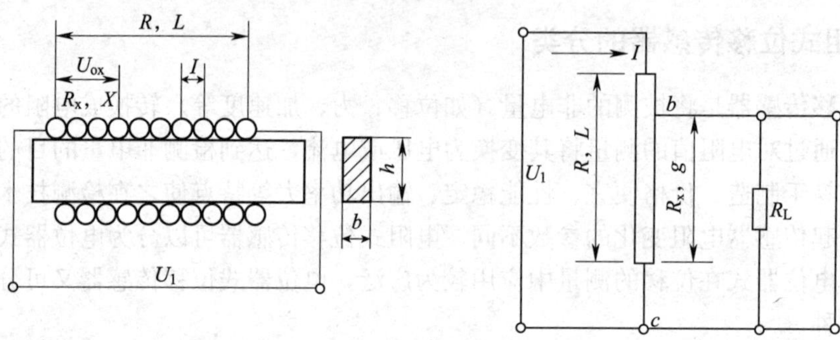

图 3—3 直线位移电位器的原理

$$U_X=\frac{1}{\frac{L}{X}+\left(\frac{R}{R_L}\right)\left(1-\frac{X}{L}\right)}U_1$$

式中 X——滑臂离开始点的距离；

L——滑臂最大的直线位移；

R——电位器的总电阻；

R_L——负载的阻值。

若电位器为空载（$R_L=\infty$），根据分压原理得输出电压为：

$$U_X=\frac{X}{L}U_1$$

同理，对于角度旋转电位器，其电压值为：

$$U_X=\frac{\alpha}{\alpha_{max}}U_1$$

式中 α——滑臂离开始点的转角；

α_{max}——滑臂的最大转角。

三、线绕电位器传感器的输出特性

1. 阶梯特性

由线绕电位器结构可知，当电刷在变阻器的线圈上移动时，电位器的阻值随电刷从一圈移动到另一圈而不连续地变化，输出电压 U_0 也不连续变化，而是跳跃式地变化。电刷每移动过一匝线圈使输出电压产生一次跳跃，移动 n 匝，则使输出电压产生 n 次电压阶跃，其阶跃值为：

$$\Delta U=\frac{U}{n}$$

当电刷从 $n-1$ 匝移至 n 匝时，电刷瞬间使两相邻匝线短接，使每一个电压阶跃中产生一次小阶跃（见图 3－4a），所以线绕电位器输出具有阶梯特性（见图 3—4b）。工程上总是将真实输出特性理想化为阶梯状特性曲线或近似为直线。

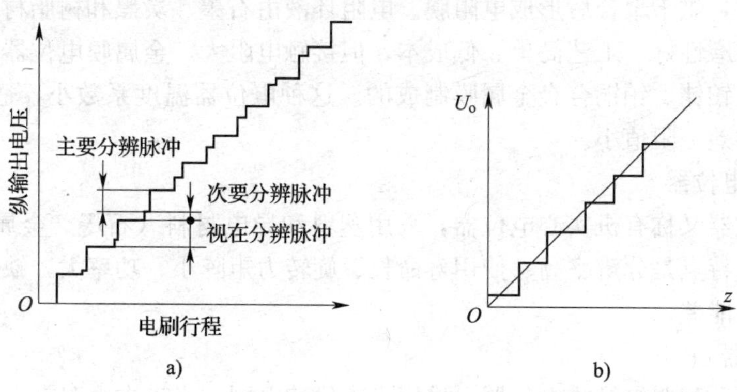

图 3—4　阶梯特性

2. 电压分辨率

线绕电位器的电压分辨率，是在电刷行程内电位计输出电压阶梯的最大值与最大输出电压之比的百分数。对于具有理想阶梯特性的线绕电位器，其理论的电压分辨率为：

$$R_e=\frac{\frac{U_0}{n}}{U_0}\times 100\%=\frac{1}{n}\times 100\%$$

由上式可以看出，线绕电位器的匝数越多，其分辨率越高。

3. 测量误差

阶梯特性曲线围绕理论特性直线上下波动，产生的偏差称为阶梯误差。电位器的阶梯误差 e_j 通常用理想阶梯特性曲线对理论特性曲线的最大偏差值与最大输出电压值之比的百分数表示。电位器阶梯误差为：

$$e_j=\frac{\pm\frac{1}{2}\times\frac{U}{n}}{U}=\pm\frac{1}{2n}\%$$

式中　n——电位器绕线总匝数；

U——最大输出电压。

4. 测量方法

电位器式位移传感器是通过电阻百分比来分配外加电源的电压，因此输出一位移的关系通常是以电阻百分比一位移的关系来表示。在使用时，将电源电压与电阻百分比相乘即可得到输出电压，即 $U_X=\frac{R_X}{R_L}U_1$。在选择电源时，要注意阻抗的匹配。

线绕电位器具有精度高、性能稳定、线性好等优点，但分辨率低、耐磨性差、寿命短。

四、非线绕式电位器传感器

非线绕式电位器传感器主要应用于以下三类电位器。

1. 膜式电位器

膜式电位器通常分为碳膜电位器和金属膜电位器两类。碳膜电位器是在绝缘骨架表面涂一层均匀的电阻液，烘干聚合后形成电阻膜。电阻环液由石墨、炭黑和树脂材料配置。其优点是分辨率高、耐磨性好、工艺简单、低成本，但接触电阻大。金属膜电位器是在玻璃等绝缘基体上喷涂一层铂铑、铂铜合金金属膜制成的。这种电位器温度系数小，适合高温工作，但功率小、耐磨性差、阻值小。

2. 导电塑料电位器

导电塑料电位器又称有机实心电位器，采用塑料和导电材料（石墨、金属合金粉末等）混合模压而成。其特点是分辨率高、使用寿命长、旋转力矩阵小、功率大，缺点是接触电阻大、耐热、耐湿性能差。

3. 光电电位器

光电电位器是一种非接触式电位器，采用光束代替电刷。光束在电阻带、光电导层上移动时，光电导层受到光束激发，使电阻带和集电带导通，在负载电阻两端便有电压输出。光电电位器特点是阻值范围宽（50 Ω～15 MΩ）、无磨损、寿命长、分辨率高，缺点是不能输出大电流，测量电路复杂。

五、节气门位置传感器

本任务中的节气门位置传感器实质上就是线绕式电位器传感器的一种。节气门位置传感器用于测量节气门的位置，其主要功能是检测出发动机是处于怠速工况还是负荷工况，是加速工况还是减速工况，结构如图 3—5 所示。节气门位置传感器实质上是一只可变电阻器和几个开关，安装于节气门体上，电阻器的转轴与节气门联动。它有两个触点：全开触点和怠速触点。当节气门处于怠速位置时，怠速触点闭合，向计算机输出怠速工况信号；当节气门处于其他位置时，怠速触点张开，输出相对于节气门不同转角的电压信号，计算机便根据信号电压值识别发动机的负荷；根据信号电压在一定时间内的变化增减率识别是加速工况还是减速工况。计算机根据这些工况信息来修正喷油量，或者进行断油控制。节气门位置传感器连接器接点分配为：V_c 为 5 V 电源，V_{TA}为传感器输出端，IDL 为输出调节端，E_2 为接地端。

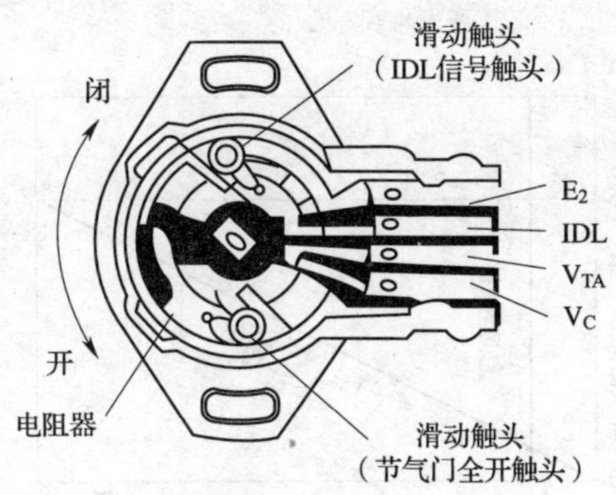

图 3—5　电子节气门的结构

任务实施

要排除汽车上电子节气门的故障，首先要对更换的电子节气门进行检查和安装调整。因此任务实施可分为电子节气门的检查和节气门位置传感器的调整两部分。

一、电子节气门的检查

电子节气门的检查主要包括以下几个方面。

1. 传感器怠速触点导通情况检查

关闭点火开关，拔下节气门位置传感器的导线连接器，用万用表的电阻挡检查导线连接器上 IDL 触点的导通情况，见表 3—1。当节气门全关闭时，IDL－E_2 端子间应导通，电阻为零；当节气门打开时，IDL－E_2 端子间不导通，电阻为无穷大。否则应更换节气门位置传感器。

表 3—1　　　　怠速触点导通情况检查

限位螺钉与限位杆之间间隙	测量端子	电阻值
0 mm	V_{TA}—E_2	0.34～6.30 kΩ
0.45 mm	IDL—E_2	0.50 kΩ 或更小
0.55 mm	IDL—E_2	∞
节气门全开	V_{TA}—E_2	2.40～11.20 kΩ
—	V_C—E_2	3.10～7.20 kΩ

2. 传感器电阻检查

关闭点火开关，拔下节气门位置传感器导线连接器，用万用表电阻挡测量 VT 和 E_2 间电阻，其电阻值应随节气门开度的增大而呈线性增大。

3. 传感器电压检查

把导线连接器重新插好，打开点火开关，发动机 ECU 连接器上 V_C 与 E_2 间电压为 5 V，IDL 与 E_2 间电压约为 0.8 V，V_{TA} 与 E_2 间输出的电压值应符合图 3—6 所示的传感器电压输出特性。

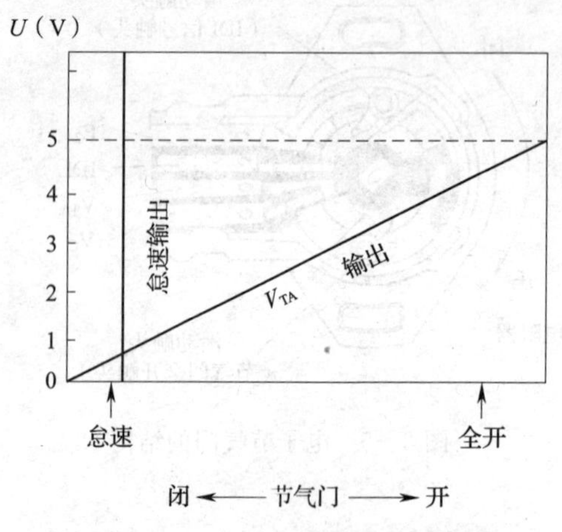

图 3—6　传感器电压输出特性

二、节气门位置传感器的调整

松开节气门位置传感器的两个固定螺钉，如图 3—7 所示，在限位螺钉和限位杆之间插入 0.50 mm 厚薄规片，同时用万用表检查 IDL 与 E_2 的导通情况。逆时针转动节气门位置传感器，使怠速触点断开，然后再顺时针方向慢慢转动节气门位置传感器，直到怠速触点闭合为止，这时万用表的电阻挡有读数显示，再拧紧两个固定螺钉。用 0.45 mm 和 0.55 mm 的厚薄规片先后插入限位螺钉和限位杆之间，测量 IDL 和 E_2 之间的导通情况。当用0.45 mm厚薄规片时，IDL 和 E_2 端子间应导通；当用 0.55 mm 厚薄规片时，IDL 和 E_2 端子间应不导通。否则，应再次调整节气门位置传感器。

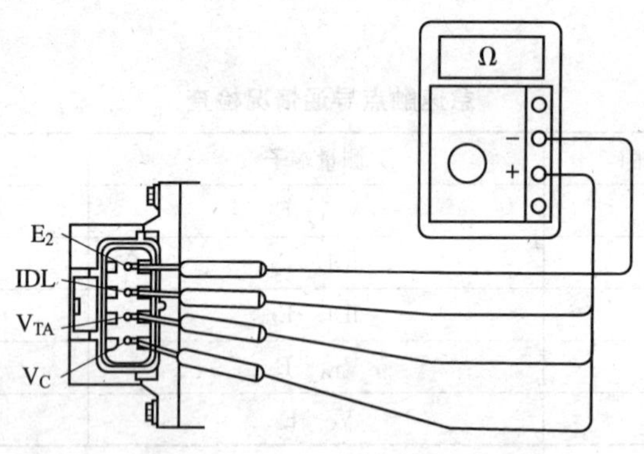

图 3—7　节气门位置传感器的调整

思考与练习

1. 电阻式传感器有哪些基本类型？
2. 简述线绕式电位器位移传感器的工作原理。
3. 简述电位器式位移传感器的输出特性对测量结果的影响。
4. 如何判别电子节气门位置传感器的工作性能？

课题二　电感式位移传感器

教学目标

¤ 了解电感式位移传感器的基本工作原理
¤ 掌握电感式位移传感器的测量方法

任务提出

对于许多旋转机械，包括蒸汽轮机、燃气轮机（见图3—8）、水轮机、离心式和轴流式压缩机、离心泵等，轴向位移是一个十分重要的信号。轴向位移是指机器内部转子沿轴心方向，相对于止推轴承的间隙而言的位移。过大的轴向位移将会引起过大的机构损坏。轴向位移的测量，可以指示旋转部件与固定部件之间的轴向间隙或相对瞬时的位移变化，用以防止机器的损坏。某火力发电厂在测量轴向位移时发现轴向位移测量参数超出其允许误差，其数值发生不正常变化。本课题的任务就是找出测量值发生不正常变化的原因。

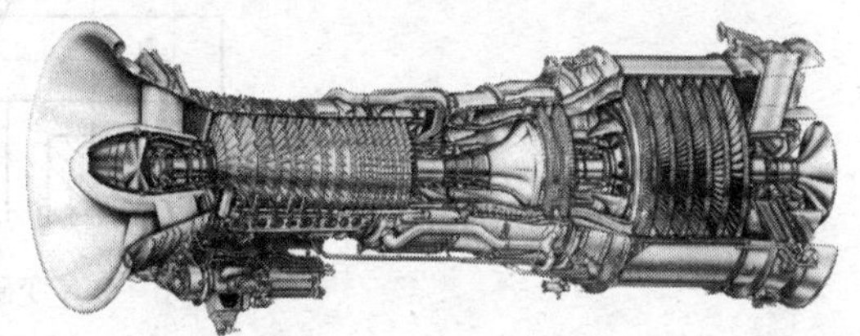

图3—8　燃气轮机

任务分析

轴向位移测量参数是火力发电厂中最重要的保护参数之一，其测量误差应能控制在5%以内。在现场实际测量中，轴向位移测量参数如果超出其允许误差，应立即寻找出其数值不正常变化的原因并及时消除，否则将影响到机组的安全运行。当问题出现时，通常被认为是测量系统本身的故障，但实际上，有多方面因素影响测量结果，其中包括传感系统、被测面、安装条件、机械检修工艺过程、汽轮机运行工况等，经过检查，问题就出现在传感器上，因此，需要找一种合适的传感器来替换发生故障的传感器，对该轴向位移进行正确的测量。

相关知识

一、电感式位移传感器的分类

电感式位移传感器分为变磁阻式、差动变压器式和电涡流式位移传感器三种。变磁阻式位移传感器主要利用磁路的变化反映位移的变化；差动变压器式位移传感器利用电磁感应原理，其本质是一个变压器，利用线圈的互感作用把位移量转化为感应电动势的变化；电涡流式位移传感器则是利用金属的涡流效应。

二、变磁阻式位移传感器

变磁阻式位移传感器由线圈、铁心和衔铁三部分组成（见图 3—9）。铁心和衔铁由导磁材料如硅钢片或坡莫合金制成。在铁心和衔铁之间有气隙，气隙厚度为 δ，传感器的运动部分与衔铁相连。当衔铁移动时，气隙厚度发生改变，引起磁路中磁阻变化，从而导致电感线圈的电感量变化。因此只要能测出这种电感量的变化，就能确定衔铁位移量的大小和方向。

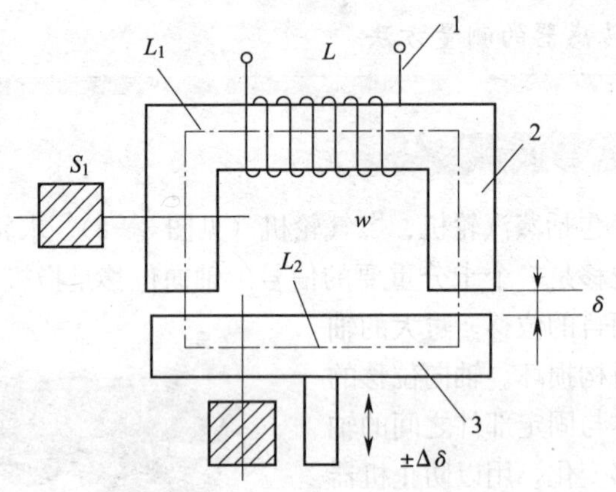

图 3—9　变磁阻式传感器

1—线圈　2—铁心（定铁心）　3—衔铁（动铁心）

三、差动变压器式位移传感器

1. 差动变压器式位移传感器的原理

差动变压器式位移传感器是由一个可动铁心 1、一次绕组 2、二次绕组 3 和 4 组成的变压器，如图 3—10 所示。二次绕组 3 和 4 反极性串联，接成差动形式。当一次绕组 2 加上交流电压 u 时，在二次绕组 3 和 4 分别产生感应电压 e_3 和 e_4，则输出电压 $e=e_3-e_4$。

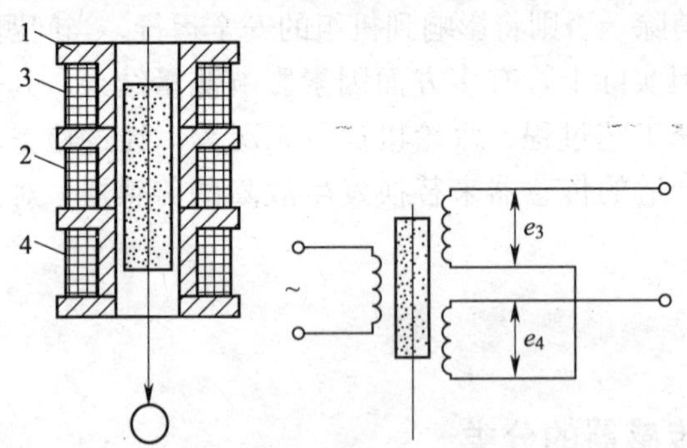

图 3—10　差动变压器的原理

1—可动铁心　2—一次绕组　3、4—二次绕组

当两个二次绕组完全一致，铁心位于中间时，输出电压为 0。当铁心向上运动时，$e_3>e_4$；当铁心向下运动时，$e_3<e_4$。随着铁心上下移动，输出电压 e 发生变化，其大小与铁心的轴向位移成比例，其方向反映铁心的运动方向。这样输出电压 e 就可以反映位移变化。

差动变压器的输出特性如图 3—11 所示。由图可见，单一线圈的感应电势 e_3 或 e_4 与位移 s 呈非线性关系，而差动形式的输出电压则与铁心的位移呈线性关系。

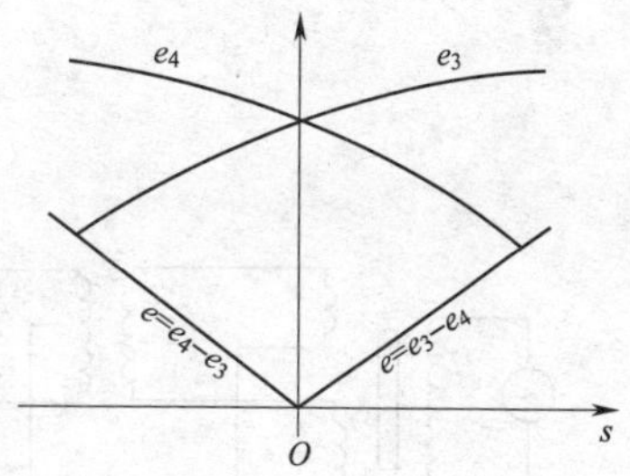

图 3—11　差动变压器输出特性曲线

铁心应该采用导磁良好的材料制作。最常用的铁心材料是纯铁。但纯铁在高频时损耗较大。因此，电源频率为 500 Hz 以上的传感器，其铁心可以用玻莫合金或铁氧体。线圈架常采用热膨胀系数小的非金属材料，如采用酚醛塑料、陶瓷或聚四氟乙烯制成。

2. 差动变压器式位移传感器的等效电路

忽略差动变压器中的涡流损耗和耦合电容等，得其等效电路，如图 3－12 所示。图中 L_P、R_P 为一次绕组电感与有效电阻；M_1 和 M_2 为互感；E_P 为激励电压相量；E_s 为输出电压相量；ω 为激励电压的频率。

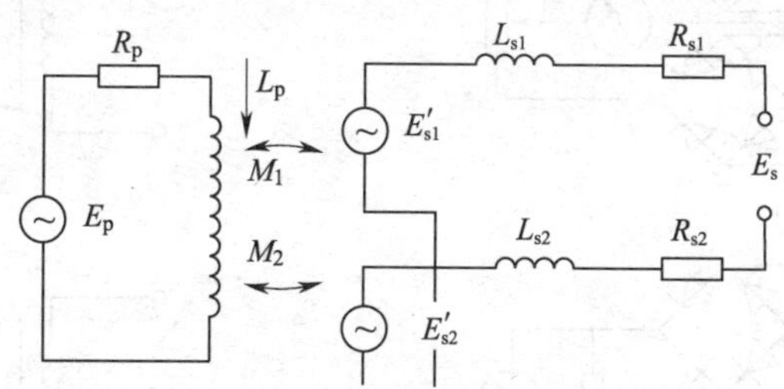

图 3—12　差动变压器式位移传感器的等效电路

3. 差动变压器式位移传感器的测量电路

差动变压器的输出电压是交流信号，衔铁位移的大小与输出电压大小成正比，衔铁位移的方向与交流信号相位有关。如果用交流电压表进行测量，存在两个问题：第一，总有零点残余电压存在（当衔铁处于零点位置时，测量电路输出总存在一个很小的输出电压，称为零点残余电压），因而零点附近的小位移测量误差大，线性差；第二，无法判断衔铁移动方向。为此，常用相敏整流电路和差动整流电路来解决此问题。

（1）相敏整流电路（相敏检波电路）

相敏整流电路（见图 3—13）是通过二极管整流，输出直流电压信号。相敏整流电路的特点是输出电压的极性能反映铁心位移的方向，即铁心位置从零点向左、右移动，对应输出电压符号为负极性或正极性。这种电路要求比较电压 E_k 与差动变压器的输出电压 E_s 具有相同的频率和相位。

（2）差动整流电路

差动整流电路又分为全波电流输出、半波电流输出、全波电压输出和半波电压输出，如图 3—14 所示。这种电路的原理是把差动变压器两个二次电压分别整流后，以它们的差作为输出，这样二次绕组电压的相位和零点残余电压都不必考虑。差动整流电路的优点是能消除零点误差的影响，不需要移相器，电路简单，能够使差动变压器的线性范围得到扩展。当二次绕阻组抗高、负载电阻小、接入电容器进行滤波时，差动整流后输出电压的线性度与不经整流的二次侧输出电压的线性度相比，铁心位移大时其输出线性度增加。

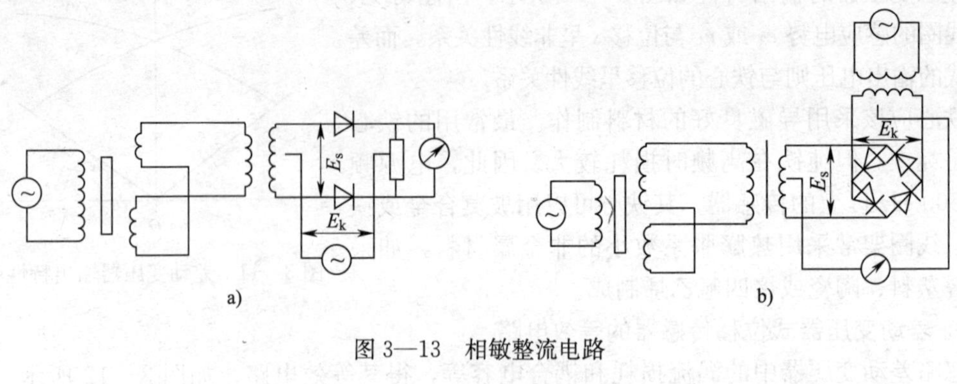

图 3—13 相敏整流电路

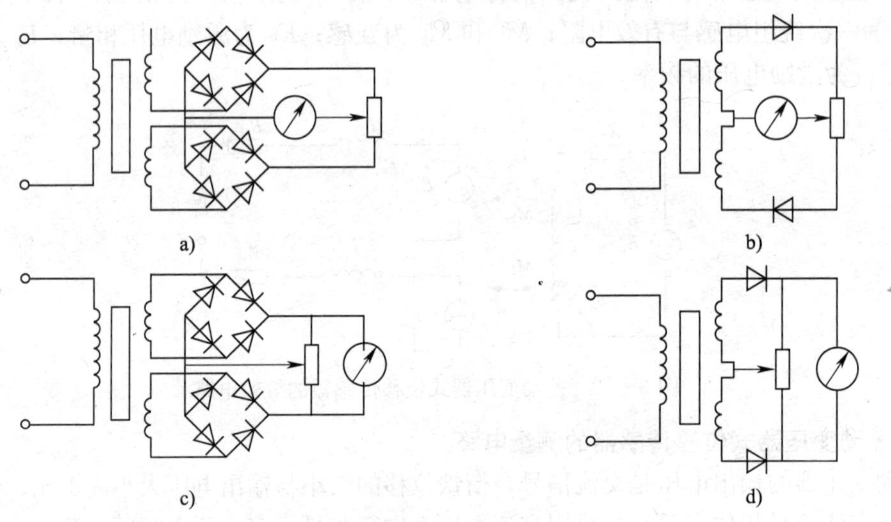

图 3—14 差动整流电路

a）全波电流输出 b）半波电流输出 c）全波电压输出 d）半波电压输出

（3）小位移测量电路

对于满量程为数微米到数十微米的小位移测量，一般输出信号需经放大后再进行测量。在放大电路中加入深度的负反馈，以提高放大器的稳定性和线性关系。振荡器将输出的电压调制后送入放大器放大，然后再通过相敏整流器整流得到原始位移信号。

四、电涡流式位移传感器

1. 电涡流式位移传感器的工作原理

金属板置于变化着的磁场中，或者在固定磁场中运动时，金属体内就要产生感应电流，这种电流的流线在金属体内是闭合的，所以叫做涡流。电涡流式位移传感器（见图 3—15）通过自身线圈产生变化的磁场，金属体在磁场内产生涡流，传感器再通过电磁感应感受涡流的变化来实现对参数的测量。

电涡流式位移传感器主要可分为高频反射式涡流传感器和低频透射式涡流传感器两类。高频反射式涡流传感器的应用较为广泛。

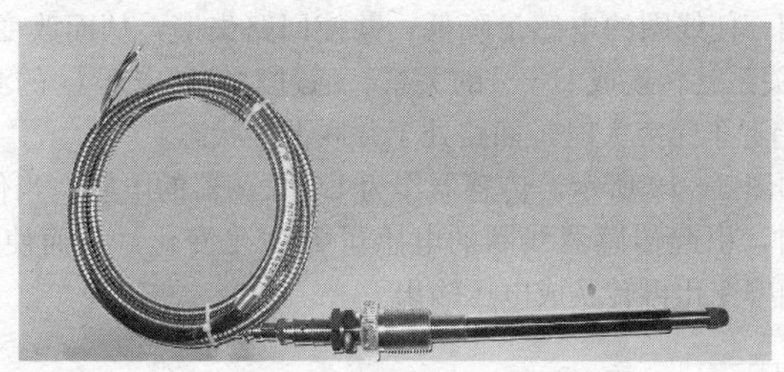

图 3—15　电涡流式位移传感器

如图 3—16 所示，传感器线圈 L 距厚金属板高为 x。线圈通以高频信号，产生的高频电磁场作用于金属板的表面。金属板表面感应产生涡流，其产生的电磁场又反作用于线圈 L 上，使线圈电感等效变化。其变化程度取决于线圈 L 的外形尺寸、线圈 L 至金属板之间的距离 x，金属板材料的电阻率 ρ 和磁导率 μ（ρ 及 μ 均与材质及温度有关），以及 i_s 的频率等。由于趋肤效应，高频电磁场不能透过具有一定厚度的金属板，而仅作用于表面的薄层内，这就保证了传感器感应的信号来自于金属板反射，故名高频反射式涡流传感器。对非导磁金属（$\mu\approx1$）而言，若 i_s 及 L 等参数已定，金属板的厚度远大于涡流渗透深度时，则表面感应的涡流几乎只取决于线圈 L 至金属板的距离，而与板厚及电阻率的变化无关。

2. 电涡流式位移传感器测量电路

电涡流式位移传感器的测量电路可分为电桥法和谐振法两类。电桥法原理如图 3—17 所示。它将传感器线圈阻抗的变化转化为电压或电流的变化。传感器线圈的阻抗作为传感器电桥的一个臂接入电路。测量中，传感器阻抗变化引起电桥失去平衡，产生与摄入量成正比的输出信号。

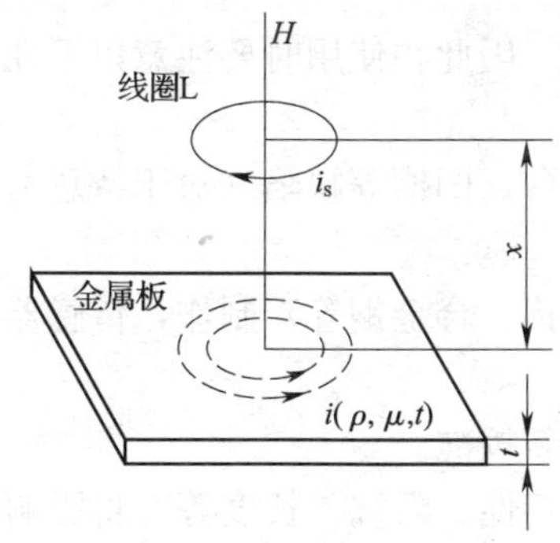

图 3—16　涡流的产生

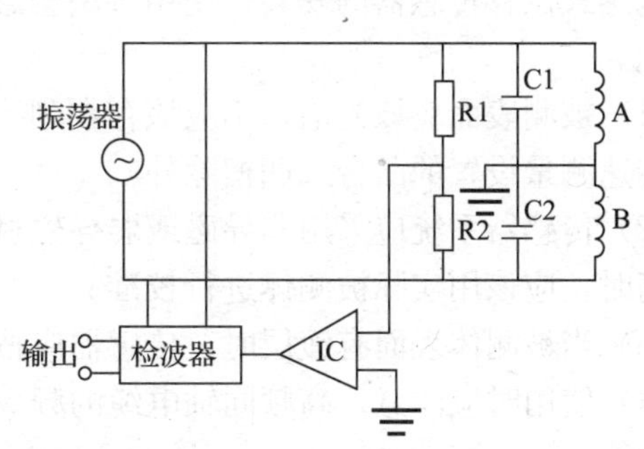

图 3—17　电桥法

谐振法是将传感器线圈的等效电感变换为电压或电流的变化。传感器线圈与电容组成 LC 并联谐振电路。当电感 L 变化时，回路的等效阻抗和谐振频率都将随 L 的变化而变化。可以通过测量回路等效阻抗和谐振频率的方法测出电感变化。谐振法可以分为定频电路和调频电路。

定频电路的测量原理如图 3—18 所示。稳频稳幅正弦波振荡器的输出信号经由电阻 R 加到传感器上，使电路产生谐振。电感线圈 L 感应的高频电磁场作用于金属板表面，由于表面的涡流反射作用，使线圈的电感量降低，并使回路失谐，从而改变了检波电压 U 的大小。此时，$L-x$ 的关系就转换成 $U-x$ 的关系。通过对检波电压 U 的测量，就可以确定距离 x 的大小。当 x 趋近于无穷大时，回路处于并联谐振状态。

调频电路原理如图 3—19 所示。传感器作为 LC 振荡器的电感。当传感器线圈与被测物体间的距离 x 变化时，引起传感器线圈的电感量 L 发生变化，从而使振荡器的频率改变，然后通过鉴频器将频率变化再转换成电压输出。

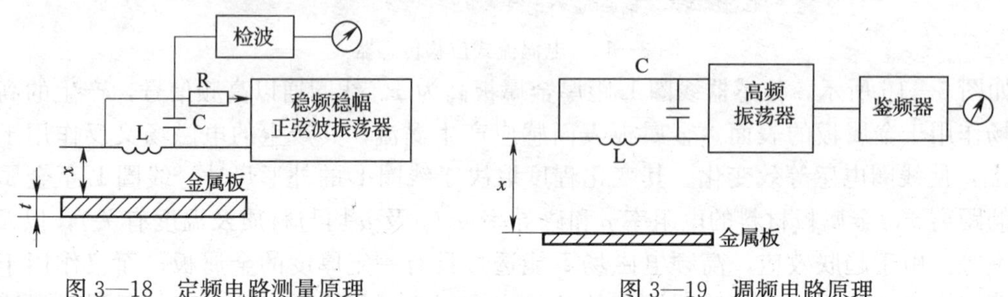

图 3—18　定频电路测量原理　　　　图 3—19　调频电路原理

五、电感式位移传感器的应用范围

电感式位移传感器的被测体应为金属材料，主要用于小量程位移测量，测量精度较高。电感式位移传感器具有多种优点，如可长期可靠工作、灵敏度高、抗干扰能力强、响应速度快、不受油水等介质的影响等，特别是可实现非接触测量，不会损坏被测物体，因此在对大型旋转机械的轴位移、轴振动、轴转速等参数进行长期实时监测中被广泛应用。其最大的缺点是不能在磁场较强的环境下工作。

六、电感式位移传感器使用注意事项

电感式位移传感器的安装、使用方法会影响测量精度，因此在使用时要注意以下几方面的问题。

（1）被测表面应该光洁，不应该存在刻痕、洞眼、凸台、凹槽等缺陷（对于特意为鉴相器、转速测量设置的凸台或凹槽除外）。

（2）传感器系统应采用非导磁或弱导磁材料（如铜、铝、合金钢等）制作，传感器灵敏度较高时，应该用实际被测体进行校准。

（3）当被测体表面有镀层时，传感器应按镀层材料重新校准。

（4）使用时应注意，高频同轴电缆的频率衰减、温度特性、阻抗、长度等都将影响传感器的性能。

（5）在工程应用中应该尽量使涡流传感器远离交变磁场的作用范围，或采取磁场屏蔽措施，使产生的影响最小。

任务实施

一、传感器的选择

轴向位移的测量涉及旋转部件，为避免对设备造成影响及设备运行对测量的影响，最好能采用非接触的连续测量方式。对比前面学过的几种位移传感器的特点，可以发现电涡流式传感器能很好地满足这一需求。因此，实际应用中，常使用电涡流式位移传感器进行轴向位移的测量。

二、测量的基本原理和方法

测量轴向位移时，测量面应该与轴是一个整体，这个测量面是以探头中心线为中心，宽度为探头头部直径 1.5 倍的圆环（在停机时，探头只对正了这个圆环的一部分；机器启动后，整个圆环都会变成被测面），整个圆环应满足被测面的要求，如图 3—20 所示。

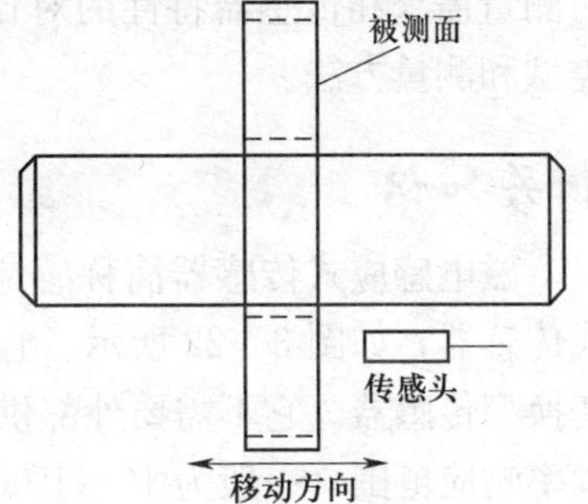

图 3—20　电涡流式位移传感器测量轴的轴向位移

在停机时安装传感器探头，由于轴通常都会移向工作推力的反方向，因而探头的安装间隙应该偏大，原则应保证：当机器启动后，轴处于其轴向窜动量的中心位置时，传感器应工作在其线性工作范围的中点。

思考与练习

1. 简述差动变压器式位移传感器的工作原理。
2. 简述相位检测对于差动变压器式位移传感器的作用。
3. 什么是涡流？
4. 电涡流式位移传感器在使用中应注意哪些问题？

课题三　磁电感应式位移传感器

◆ **知识点**

◇ 了解磁电感应式位移传感器的基本工作原理
◇ 了解磁电感应式位移传感器的主要类型
◇ 掌握磁电感应式位移传感器的测量方法

任务提出

汽车的动力由发动机汽缸内的可燃混合气点火做功提供，且是在压缩冲程末端开始点火的，那么发动机计算机是如何知道哪个缸该点火的呢？这就需要通过曲轴位置传感器和凸轮轴位置传感器的信号来判断。通过曲轴位置传感器，可以知道哪个缸的活塞处于上止点；通过凸轮轴位置传感器，可以知道哪个缸的活塞是在压缩冲程中。这样，发动机计算机就知道该什么时候给哪缸点火了。某 4S 店接到一个维修任务，故障现象为汽车的点火时序混乱，经检测，是发动机的曲轴位置传感器发生了故障。本课题的任务就是用一种合适的传感器来替换原车上的曲轴位置传感器。

任务分析

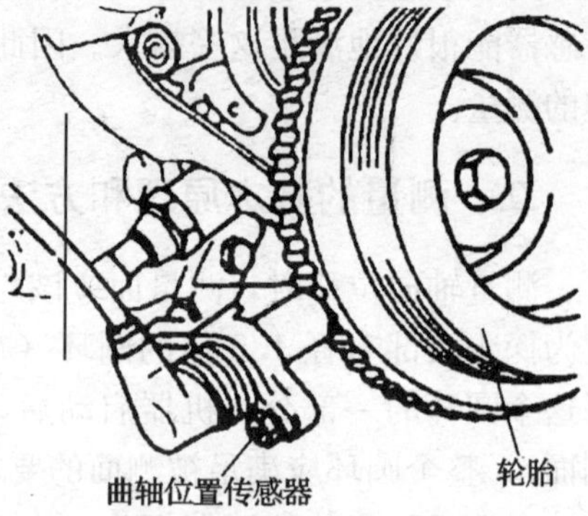

对曲轴位置的测量如图 3—21 所示，实质上就是对位移的测量，采用位移传感器即可实现。位移传感器有多种类型，如电阻式、电感式、电磁式、光栅式等。本任务将首先介绍磁电感应式位移传感器，通过对测量需求和传感器特性的对比，选择合适的传感器类型和测量方法。

图 3—21　曲轴位置测量示意图

相关知识

磁电感应式传感器简称感应式传感器，也称电动式传感器，如图 3—22 所示。它把被测物理量的变化转变为感应电动势，是一种机－电能量变换型传感器。它不需要外部供电电源，电路简单，性能稳定，输出阻抗小，又具有一定的频率响应范围（一般为 10～1 000 Hz），适用于振动、转速、扭矩等测量。其中惯性式传感器不需要静止的基座作为参考基准，它直接安装在振动体上进行测量，因而在地面振动测量及机载振动监视系统中获得了广泛的应用。但这种传感器的尺寸和重量都较大。

图 3—22　磁电感应式传感器

一、磁电感应式位移传感器的工作原理

磁电感应式传感器是以电磁感应原理为基础的。

根据法拉第电磁感应定律可知，当运动导体在磁场中切割磁力线或线圈所在磁场的磁通变化时，导体中的磁通量 Φ 发生变化，在导体中产生感应电动势 e，当导体形成闭合回路时就会出现感应电流。导体中感应电动势 e 的大小与回路所包围的磁通量的变化率成正比，则 N 匝线圈在变化磁场中的感应电动势为：

$$e=-N\frac{d\Phi}{dt}$$

当线圈在垂直于磁场方向上运动，并以速度 v 切割磁力线时，感应电动势为：

$$e=-NBlv$$

式中　l——每匝线圈的平均长度；

　　B——线圈所在磁场的磁感应强度，T。

若线圈以角速度 ω 转动，则感应电动势可写为：

$$e=NBL\omega$$

只要磁通量发生变化，就有感应电动势产生，可实现的方法很多，主要有：

（1）线圈与磁场发生相对运动；

（2）磁路中磁阻变化；

（3）恒定磁场中线圈的面积变化。

当传感器的结构参数确定后，其中 B、l、N、S 均为定值，则感应电动势 e 与线圈相对于磁场的运动速度或角速度成正比。所以，可用磁电感应式传感器测量线速度和角速度，对测得的速度进行积分或微分就可以求出位移和加速度。但由上述工作原理可知，磁电感应式传感器只适用于动态测量。

二、磁电感应式传感器的类型

按工作原理不同，磁电感应式传感器可分为恒定磁通式和变磁通式，即动圈式传感器和磁阻式传感器。

1. 变磁通式

变磁通磁电感应式传感器的线圈和磁铁固定，利用铁磁性物质制成齿轮（或凸轮）与被测物体相连而运动。在运动中，齿轮（或凸轮）不断改变磁路的磁阻，从而改变线圈的磁通，在线圈中产生感应电动势。这类传感器在结构上有开磁路和闭磁路两种，一般用来测量旋转物体的角速度，产生感应电动势的频率作为输出。

如图 3—23 所示为开磁路变磁通式传感器，线圈 3 和磁铁 5 静止不动，测量齿轮 2（导磁材料制成）安装在被测旋转体 1 上，随之一起转动，每转过一个齿，它与软铁 4 之间构成的磁路磁阻变化一次，磁通也就变化一次，线圈 3 中产生的感应电动势的变化频率等于测量齿轮 2 上齿轮的齿数和转速的乘积。

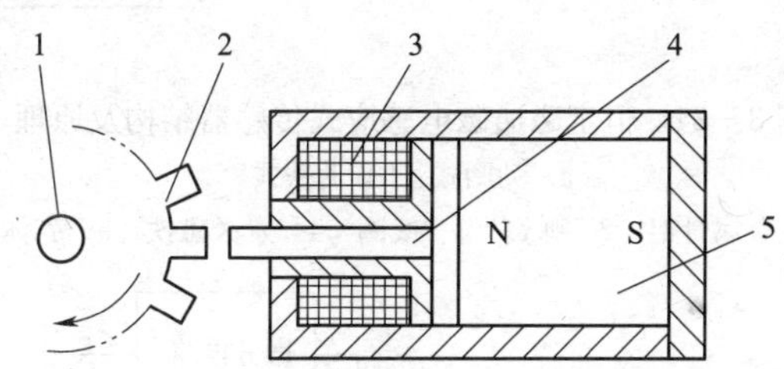

图 3—23　开磁路变磁通式传感器结构示意图

1—被测旋转体　2—测量轮　3—线圈　4—软件　5—永久磁铁

这种传感器结构简单，但需在被测对象上加装齿轮，使用不方便，且因高速轴上加装齿轮会带来不平衡而不宜用于测量高转速。

变磁通式传感器对环境条件要求不高，能在－150～90℃的温度下工作，不影响测量精度，也能在油、水雾、灰尘等条件下工作。但它的工作频率下限较高，约为 50 Hz，上限可达 100 kHz。

2. 恒定磁通式

恒定磁通磁电感应式传感器由永久磁铁（磁钢）、线圈、金属骨架和壳体等组成。磁路系统产生恒定的磁场，磁路中的工作气隙是固定不变的，因而气隙中的磁通也是恒定不变的。它们的运动部件可以是线圈也可以是磁铁，因此又分为动圈式和动铁式两种类型。

如图 3—24 所示，在动圈式中，永久磁铁 4 与传感器壳体 5 固定，线圈 3 和金属骨架 1（合称线圈组件）用柔软弹簧支撑。在动铁式中，线圈组件（包括 3 和 1）与壳体 5 固定，永久磁铁 4 用柔软弹簧 2 支撑。两者的阻尼都是金属骨架 1 和磁场发生相对运动而产生的电磁阻尼。这里动圈、动铁都是相对于传感器壳体而言。动圈式和动铁式的工作原理是完全相同的。

不同结构的恒定磁通磁感应式传感器的频率响应特性是有差异的，但一般频率响应范围为几十赫兹到几百赫兹。低的可到 10 Hz 左右，高的可达 2 kHz 左右。

三、磁电感应式位移传感器的检测电路

磁电感应式传感器直接输出感应电势，且传感器通常具有较高的灵敏度，所以一般不需要高增益放大器。但磁电式传感器是速度传感器，若要获取被测位移或加速度信号，则需要配用积分或微分电路，原理框图如图 3—25 所示。

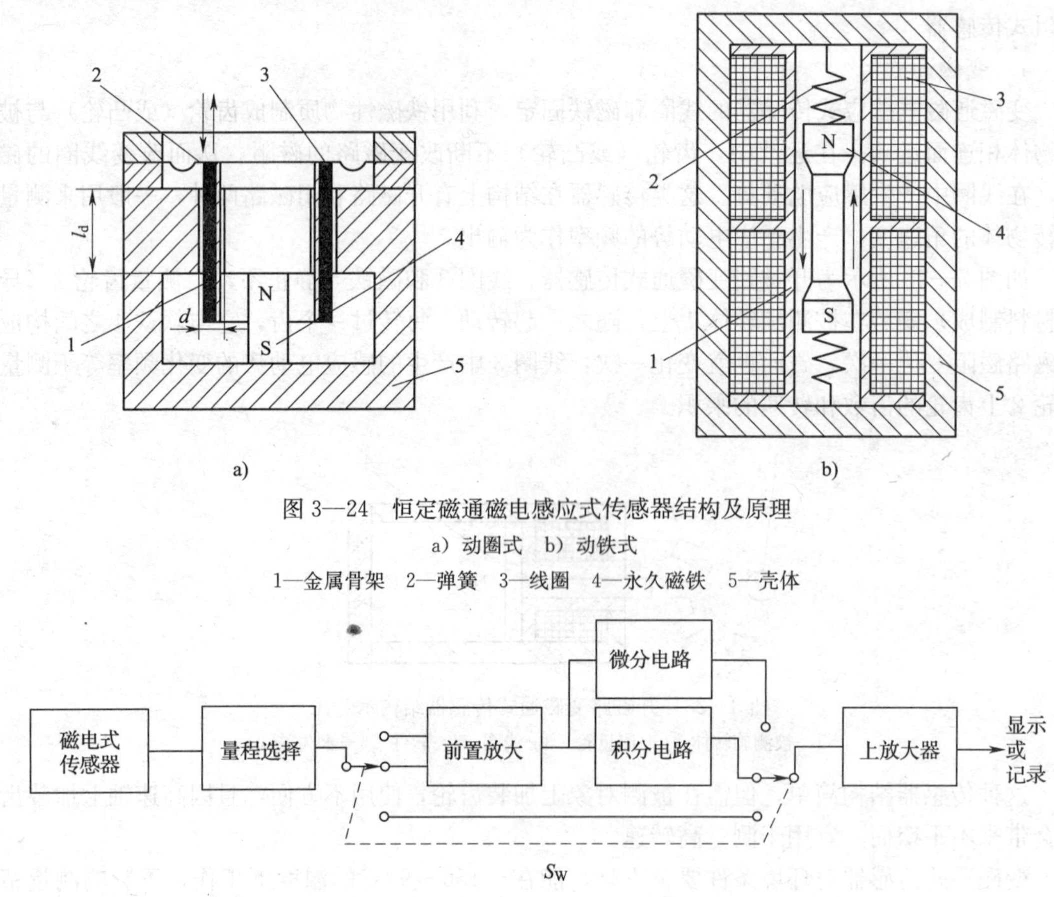

图 3—24　恒定磁通磁电感应式传感器结构及原理

a）动圈式　b）动铁式

1—金属骨架　2—弹簧　3—线圈　4—永久磁铁　5—壳体

图 3—25　磁电感应式位移传感器检测电路的组成

四、磁电感应式位移传感器的应用

磁电感应式位移传感器利用旋转体改变磁路，使磁通量发生变化，从而使其线圈产生感应电压，如果转速很慢或不转，旋转体改变磁路也很慢或不变，磁通量的变化也很慢或没有变化，感应电压就会很小或为零，就无法正确地测量位移信号。因此，磁电感应式位移传感器只适用于动态测量，而无法进行静态位移的测量。磁电感应式位移传感器广泛用于建筑、工业等领域中位移、振动、速度，加速度，转速，转角，磁场参数等的测量。

对于恒定磁通磁电感应式传感器，动圈式传感器的中线圈是运动部件，基本形式是速度传感器，能直接测量线速度或角速度，如果在其测量电路中接入积分电路或微分电路，那么还可以用来测量位移或加速；动铁式传感器的运动部件是铁心，可用于各种振动和加速度的测量。

变磁通磁电感应式传感器中，线圈和磁铁都静止不动，转动物体引起磁阻、磁通变化，常用来测量旋转物体的角速度。测量齿轮每转过一个齿，传感器磁路磁阻变化一次，线圈产生的感应电动势的变化频率等于测量齿轮上齿轮和齿数和转速的乘积。变磁通式传感器对环境条件要求不高，能在−150～90℃的温度下工作，不影响测量精度，也能在油、水雾、灰尘等条件下工作。但它的工作频率下限较高，约为 50 Hz，上限可达 100 Hz。

任务实施

通过对变磁通式磁电感应位移传感器的介绍可以发现，该传感器可适用于因测量对象的旋转使磁通发生周期性变化的情况，因此可作为曲轴位置传感器使用。

在汽油机上应用的一般电磁式曲轴位置传感器的结构如图 3—26 所示：传感器由信号转子和线圈组成，转子固定在分电器轴上，线圈固定在分电器壳体上。永久磁铁的磁力线经转子、线圈、托架组成封闭回路。当转子随分电器轴转动时，永磁体和铁心线圈的空气间隙不断发生变化，通过线圈的磁通也不断变化，于是在线圈中便产生感应电压，并以交流的形式输出，ECU 通过检测脉冲电压间隔，可以检测出发动机的曲轴位置。

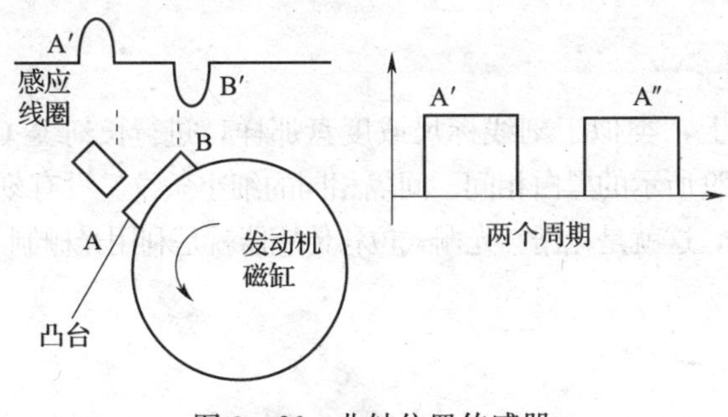

图 3—26　曲轴位置传感器

思考与练习

1. 磁电感应式传感器的分类及工作原理。
2. 简述磁电感应式位移传感器检测电路的组成。
3. 为什么说磁电感应式位移传感器只适用于动态测量？

课题四　光栅式位移传感器

◆ **教学目标**

- 了解光栅式位移传感器的基本工作原理
- 掌握光栅线位移传感器的安装使用方法和注意事项
- 了解三坐标测量仪的使用方法

任务提出

在机械制造、电子、汽车和航空航天等工业中广泛应用的三坐标测量仪（见图 3—27）不仅能测量工件的尺寸，还可测量工件的形状。它可以实现对零件和部件的尺寸、形状及相互位置的检测，例如，对箱体、导轨、涡轮和叶片、缸体凸轮、齿轮和形体等空间型面的测量。此外，还可以用于划线、定中心孔及光刻集成线路等，并对连续曲面进行扫描等。本课题的工作任务就是利用三坐标测量仪进行位移的测量。

任务分析

要用三坐标测量仪测量零件的尺寸，必须要在空间范围内给零件定位。要给零件定位就要知道它的三维坐标，即 X、Y、Z 坐标。测量仪对零件的定位，主要利用的就是光栅式位移传感器。本任务将学习光栅式位移传感器的基本知识，在此基础上，进一步学习三坐标测量仪的简单使用方法。

图 3—27　三坐标测量仪

相关知识

在玻璃尺或玻璃盘上，类似于刻线标尺或度盘那样，进行长刻线（一般为 10～12 mm）的密集刻划，得到如图 3—29 所示的黑白相间、间隔相同的细小条纹。没有刻划的白的地方透光，经过刻划的黑的地方不透光，这就是光栅。光栅式位移传感器就是利用光栅制成的，如图 3—28 所示。

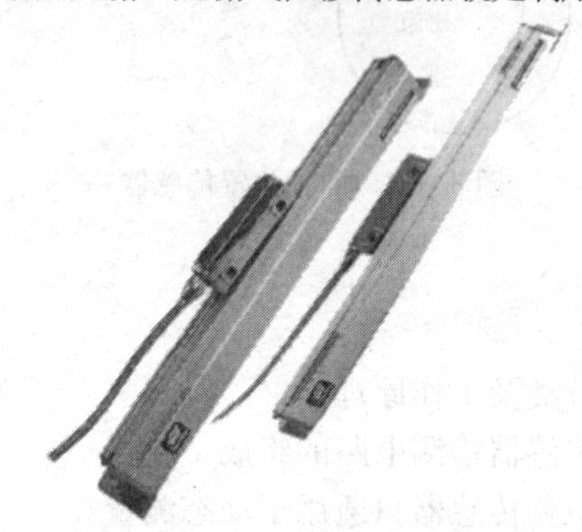

图 3—28　光栅式位移传感器

图 3—29　光栅条纹

w—栅距　a—线宽　b—缝宽，一般取 $a=b$

一、莫尔条纹

将栅距相同的两块光栅的刻线面相对重叠在一起，并且使二者栅线有很小的交角，这样就可以看到在近似垂直栅线方向上出现明暗相间的条纹，称为莫尔条纹（见图 3—30）。

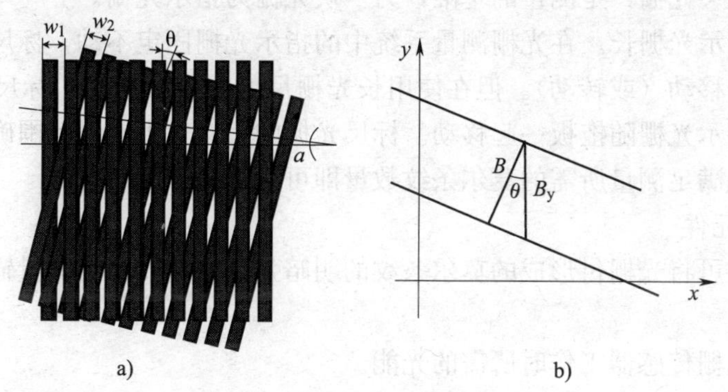

图 3—30　莫尔条纹

a）莫尔条纹　b）横向莫尔条纹的距离

莫尔条纹是基于光的干涉效应产生的。

当光栅中任一光栅沿垂直于刻线方向移动时，莫尔条纹就会沿近似垂直于光栅移动的方向运动。当光栅移动一个栅距时，莫尔条纹就移动一个条纹间隔 B；当光栅改变运动方向时，莫尔条纹也随之改变运动方向，两者具有相对应的关系。因此可以通过测量莫尔条纹的运动来判别光栅的运动 。

二、莫尔条纹测量位移原理

根据莫尔条纹的性质，在理想情况下，对于一固定点的光强，随着主光栅相对于指示光栅的位移 x 变化而变化的关系如图 3—31 所示。

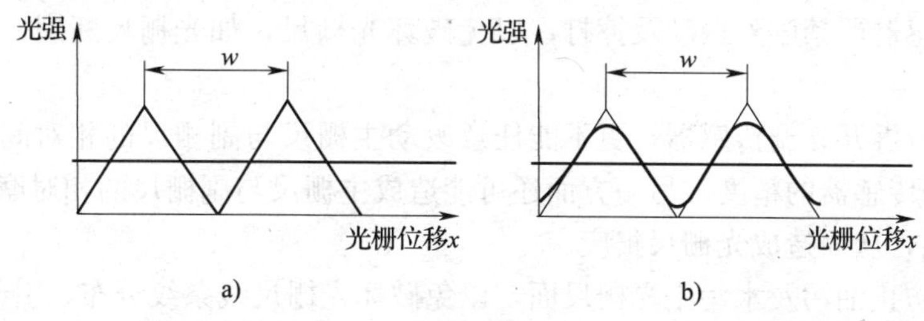

图 3—31　光强与位移的关系

由于光栅付中留有间隙、光栅的衍射效应、栅线质量等因素的影响，使光电元件输出信号近似于正弦波。主光栅移动一个栅距 w，输出信号 u 变化一个周期 2 π 。

输出信号经整形变为脉冲，脉冲数、条纹数、光栅移动的栅距数是一一对应的，因此位移量为 $x=Nw$，其中 N 为条纹数，w 是栅距。

三、光栅传感器的结构

通常光栅传感器是由光源、透镜、主光栅、指示光栅和光电接收元件组成。

1．主光栅和指示光栅

主光栅又叫标尺光栅，是测量的基准，另一块光栅为指示光栅。

标尺光栅比指示光栅长。在光栅测量系统中的指示光栅固定不动，标尺光栅随测量工作台（或主轴）一起移动（或转动）。但在使用长光栅尺的数控机床中，标尺光栅往往固定在床身上不动，而指示光栅随拖板一起移动。标尺光栅的尺寸常由测量范围确定，指示光栅则为一小块，只要能满足测量所需的莫尔条纹数量即可。

2．光电接收元件

光电接收文件可将光栅付形成的莫尔条纹的明暗强弱变化转换为电量输出。

3．光源

光源是供给光栅传感器工作时所需的光能。

4．透镜

透镜将光源发出的光转换成平行光。

四、光栅线位移传感器的使用注意事项

1．光栅传感器与数显表插头座插拔时应在关闭电源后进行。

2．尽可能外加保护罩，并及时清理溅落在尺上的切屑和油液，严格防止任何异物进入光栅传感器壳体内部。

3．定期检查各安装连接螺钉是否松动。

4．为延长防尘密封条的寿命，可在密封条上均匀涂上一薄层硅油，注意勿溅落在玻璃光栅刻划面上。

5．为保证光栅传感器使用的可靠性，可每隔一定时间用乙醇混合液（各50%）清洗擦拭光栅尺面及指示光栅面，保持玻璃光栅尺面清洁。

6．光栅传感器严禁剧烈振动及摔打，以免破坏光栅尺，如光栅尺断裂，光栅传感器即失效了。

7．不要自行拆开光栅传感器，更不能任意改动主栅尺与副栅尺的相对间距，否则一方面可能破坏光栅传感器的精度；另一方面还可能造成主栅尺与副栅尺的相对摩擦，损坏铬层也就损坏了栅线，从而造成光栅尺报废。

8．应注意防止油污及水污染光栅尺面，以免破坏光栅尺线条纹分布，引起测量误差。

9．光栅传感器应尽量避免在有严重腐蚀作用的环境中工作，以免腐蚀光栅铬层及光栅尺表面，破坏光栅尺质量。

任务实施

三坐标测量仪是一种具有可作三个方向移动的探测器，可在三个相互垂直的导轨上移动。此探测器以接触或非接触等方式传送信号，三个轴位移量经计算机计算出工件的各点坐标（X，Y，Z）。这些位移量的精度要求较高，因此需要高精度的光栅式位移传感器。

一、光栅尺线位移传感器的安装

光栅尺线位移传感器的安装比较灵活，可安装在机床的不同部位。一般将主尺安装在机床的工作台（滑板）上，随机床走刀而动，读数头固定在床身上，尽可能使读数头安装在主尺的下方。其安装方式的选择必须注意切屑、切削液及油液的溅落方向。如果由于安装位置限制必须采用读数头朝上的方式安装时，则必须增加辅助密封装置。另外，一般情况下，读数头应尽量安装在相对机床静止的部件上，此时输出导线容易固定，而尺身则应安装在相对机床运动的部件上（如滑板）。

1．光栅尺线位移传感器安装基面

安装光栅尺线位移传感器时，不能直接将传感器安装在粗糙不平的机床身上，更不能安装在打底涂漆的机床身上。光栅主尺及读数头分别安装在机床相对运动的两个部件上。用千分表检查机床工作台的主尺安装面与导轨运动的方向平行度。千分表固定在床身上，移动工作台，要求达到平行度为 0.1 mm/1 000 mm 以内。如果不能达到这个要求，则需设计加工一件光栅尺基座。

基座要求做到：

（1）应加一件与光栅尺尺身长度相等的基座（最好基座长出光栅尺 50 mm 左右）。

（2）该基座通过铣、磨工序加工，保证其平面平行度在 0.1 mm/1 000 mm 以内。

（3）需加工一件与尺身基座等高的读数头基座。读数头的基座与尺身的基座总共误差不得大于±0.2 mm。安装时，调整读数头位置，达到读数头与光栅尺尺身的平行度为 0.1 mm/1 000 mm 左右，读数头与光栅尺尺身之间的间距为 1～1.5 mm。

2．光栅尺线位移传感器主尺安装

将光栅主尺用 M4 螺钉上在机床安装的工作台安装面上，但不要上紧，把千分表固定在床身上，移动工作台（主尺与工作台同时移动）。用千分表测量主尺平面与机床导轨运动方向的平行度，调整主尺 M4 螺钉位置，使主尺平行度在满足 0.1 mm/1 000 mm 以内时，把 M4 螺钉彻底上紧。

在安装光栅主尺时，应注意如下三点：

（1）在装主尺时，如安装超过 1.5 m 以上的光栅时，不能像桥梁式只安装两端头，尚需在整个主尺尺身中有支撑。

（2）在有基座情况下，安装好后，最好用一个卡子卡住尺身中点（或几点）。

（3）不能安装卡子时，最好用玻璃胶粘住光栅尺身，使基尺与主尺固定好。

3．光栅尺线位移传感器读数头的安装

在安装读数头时，首先应保证读数头的基面达到安装要求，然后再安装读数头，其安装方法与主尺相似。最后调整读数头，使读数头与光栅主尺之间的平行度保证在 0.1 mm/1 000 mm之内，其读数头与主尺的间隙控制在 1～1.5 mm。

4．光栅尺线位移传感器的限位装置

光栅尺线位移传感器全部安装完以后，一定要在机床导轨上安装限位装置，以免机床加工产品移动时读数头冲撞到主尺两端，从而损坏光栅尺。另外，用户在选购光栅尺线位移传感器时，应尽量选用超出机床加工尺寸 100 mm 左右的光栅尺，以留有余量。

5. 光栅尺线位移传感器的检查

光栅尺线位移传感器安装完毕后，可接通数显表，移动工作台，观察数显表计数是否正常。

在机床上选取一个参考位置，来回移动工作点至该选取的位置。数显表读数应相同（或回零）。另外也可使用千分表（或百分表），使千分表与数显表同时调至零（或记忆起始数据），往返多次后回到初始位置，观察数显表与千分表的数据是否一致。

通过以上工作，光栅尺线位移传感器的安装就完成了。但对于一般的机床加工环境来讲，铁屑、切削液及油污较多。因此，传感器应附带加装护罩，护罩的设计是按照传感器的外形截面放大并留一定的空间尺寸来确定的。护罩通常采用橡皮密封，使其具备一定的防水防油能力。

二、三坐标测量仪的使用

1. 测量前准备

(1) 检查空气轴承压力是否足够。

(2) 安装工件。

2. 测头选择及安装

(1) 将适当的测头装于 Z 轴承接器。

(2) 检视 Z 轴是否会自动滑落（否则应调整红色压力平衡调整阀）。

(3) 锁定各轴的适当位置。

3. 测量操作

(1) 开启处理机电源。

(2) 开启打印机开关。

(3) 参考操作手册，选择所需功能的指令。

(4) 进行测量，并读出测量值。

4. 完成后注意事项

(1) Z 轴移至原来位置后，锁定。

(2) X，Y 轴各移至中央，锁定。

(3) 关电源及压力阀。

(4) 取下测头。

(5) 作适当的保养。

思考与练习

1. 什么是莫尔条纹？其工作原理是什么？

2. 简述光栅传感器的组成及其特点。

模块四 位置测量

在各类电气控制元件中，有一类是具有位置“感知”能力的传感器——位置传感器，利用这类传感器对物体进行的测量称为位置测量。位置测量在工业自动化、过程控制和机器人等领域有着广泛的应用。根据输出信号的不同，可以分成连续输出量测量和开关量测量，后者用于对接近物体和物料/液位检测时常称为接近开关和物位开关。本模块重点探讨用途最广、旨在对接近物体起到“感知”作用的位置测量。

课题一　电感式接近开关

◆ 教学目标

- 了解电感式接近开关的工作原理
- 了解电感式接近开关的主要技术参数
- 掌握电感式接近开关的安装、使用

任务提出

龙门刨床（见图 4—1）是通用的机床设备，工作特点决定了其工作台必须经常减速、换向，做自动往复运行。这使得刨床中起限位作用的行程开关反复碰触动作，机械可动部分

图 4—1　B2012A 龙门刨床外形

易损坏，电气触头频繁烧蚀，成为机床故障率频发的原因之一，对这类机床的减速换向系统进行改造势在必行。为掌握这类开关的使用，本课题要求利用开关电源、电感式接近开关、LED小灯和试验铁块（模拟刨床的滑枕），模拟实现刨床换向系统的位置控制功能。

任务分析

对龙门刨床的换向系统改造的关键点是用电感式接近开关等非接触式的接近开关代替原有行程开关，克服机械磨损、触头烧蚀的问题。本任务将首先学习电感式接近开关的原理、参数等基本知识，从而根据任务相关参数选择合适的电感式接近开关，并进一步学习电感式接近开关与电源和LED小灯的连接方法、电感式接近开关的安装方法、传感器与试验铁块的距离的调试方法等，从而完成以上任务。其中电感式接近开关的安装、距离调整是实施过程中的关键点。传感器与被测物体的相互位置调整不好，有可能造成输出信号时通时断的现象。

相关知识

一、电感式接近开关的工作原理

接近开关是利用接近物体的敏感特性达到控制电路通断目的的传感器，常用的有电感式、光电式、电容式、霍尔式接近开关等。电感式接近开关也称电涡流式接近开关或电感开关（见图4—2），是利用电涡流效应工作的接近开关，常用于检测从传感器侧向水平接近的被测体或者从迎面垂直接近的被测体。

电感式接近开关的内部由高频振荡电路、检波电路、放大电路、整形电路及输出电路组成（见图4—3）。检测用的敏感元件为检测线圈，线圈中引入高频电流，于是在线圈工作面附近存在一个交变磁场。当金属物体靠近检测线圈时，物体中会产生电涡流，其生成的磁场反过来使得检测线圈中的电流振荡幅度减弱以至停振，用检测电路将振荡与停振两种状态转换成开关信号输出。因此，这种传感器的输入为金属物体与检测线圈的靠近距离，输出为相关端子间的“通”“断”状态。

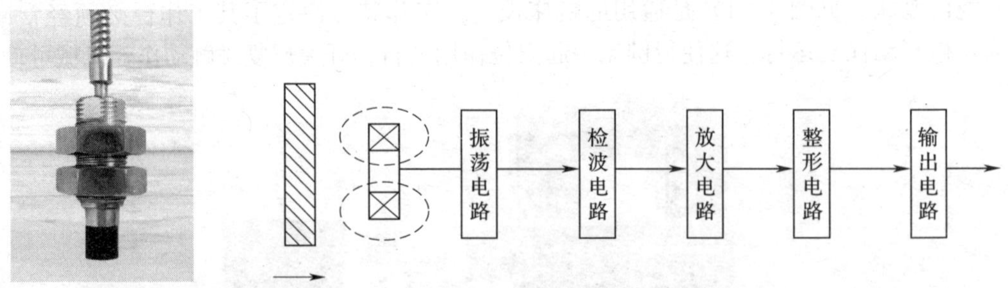

图4—2　电感式接近开关　　　图4—3　电感式接近开关的组成及工作原理

二、主要参数及影响因素

1. 主要性能参数

电感式接近开关性能参数较多，厂家在产品说明中提供的主要参数见表4—1。

表 4—1　　电感式接近开关性能参数样例

安装形式	埋入式	工作电压	直流型：10～30 V DC
检测距离	1.5 mm ± 20%	静态电流	DC 三线型≤2.5 mA
设定距离	0～1 mm	响应频率	800 Hz
回差值	小于检测距离的 10%	电流输出	100 mA
标准检测体	9×9×1 铁	防护等级	IP65
输出形式	直流 NPN 三线常开		
指示灯	动作显示（红色 LED）		

主要参数的含义解释如下：

（1）安装形式

分埋入式和非埋入式。埋入式的接近开关在安装上为齐平安装型，非埋入式的则为非齐平安装型。

（2）检测（动作）距离

在规定条件下测定的接近开关的动作距离，可理解成传感器能够作出反应的最大距离。额定动作距离指接近开关动作距离的标称值。

（3）设定（工作）距离

接近开关在实际使用中被设定的安装距离范围，一般为检测距离的 0.8 倍左右。

（4）响应（动作）频率

每秒钟连续进入接近开关的检测距离后又离开的被测物体个数或次数。如产品的这项参数太低，被测物体运动较快时可能会造成漏检。

（5）回差值

也称滞差，是动作距离与复位距离之差的绝对值。

（6）标准检测体

获得上述参数时使用的检测物体尺寸和材料。实际物体与标准物体有差异时，检测距离等参数会有不同，其变化情况参见后文分析。

（7）输出形式

常用的形式有直流二线、直流 NPN 三线、直流 PNP 三线、交流二线等。使用时两线制需要注意正负极性，三线制的使用参见本任务“传感器使用”部分。

2. 影响检测距离的因素

（1）被测物体尺寸

被测物体厚度确定，物体尺寸较小时，电感式接近传感器的检测距离受尺寸影响较大；当被测物体边长大于 30 mm 时，检测距离基本不再受被测物体边长的影响。

（2）被测物体材料

电感式传感器是利用电磁作用工作的，因此只对金属导电物敏感，对木块、塑料、陶瓷等非金属物体不起作用。其检测距离也随被测金属的不同而差距较大，表 4—2 以 Fe 为参照物列出常用金属被测物对电感式接近开关动作距离的影响情况。

表 4—2 被测物体材料对动作距离的影响

材料	铁	镍铬合金	不锈钢	黄铜	铝	铜
动作距离	100%	90%	85%	30%～45%	20%～35%	15%～30%

（3）被测物体厚度

被测物体的厚度对检测距离有较大影响。对铜、铝等非磁性材料，随着被测物体厚度增大，检测距离明显减小；而对铁、镍等磁性材料，物体厚度超过 1 mm 时，检测距离稳定。

（4）金属表面镀层

金属材料表面镀层对检测距离的影响见表 4—3。可看出，多数情况下镀层会使电感式接近开关的检测距离缩小，因此在选用传感器时要考虑镀层的影响，允许的情况下可以事先清除检测位置的镀层。

表 4—3 表面镀层对动作距离的影响

镀层种类	厚度	检测距离变化率（%）
锌（Zn）	5～15 μm	90～120
铜（Cn）	10～20 μm	70～95
铜（Cn）＋镍（Nr）	5～10 μm，10～20 μm	75～95

三、电感式接近开关的使用

1．传感器的安装

分齐平式安装和非齐平式安装，如图 4—4 所示。埋入式接近开关头部带有屏蔽，可以采用齐平安装，传感器表面可与被安装的金属物件形成同一表面，不易被碰坏，但灵敏度较低；非埋入型接近开关采用非齐平安装，安装时把感应头露出一定高度，以使得检测距离较长。一般，可以齐平安装的接近开关也可以非齐平安装，但非齐平安装的接近开关不能齐平安装。

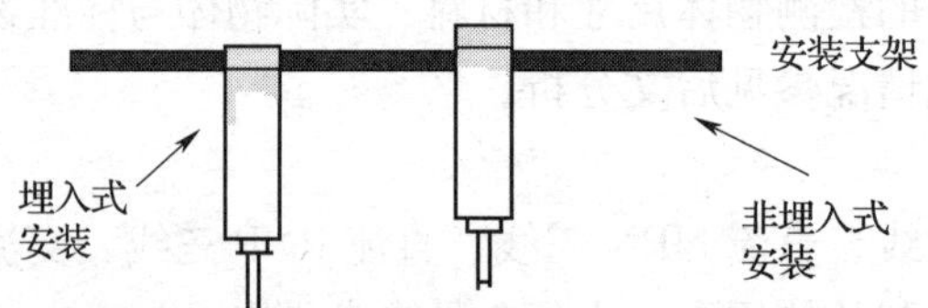

图 4—4 电感式接近开关的安装方式

需要长期运行时，多采用支架（或安装板）安装，短期检测使用时也可用磁性表座安装并吸附在机座上。

2．输出部分结构

工业自动化行业中使用的各类接近开关，大量采用直流三线式的输出形式。其输出部分在结构上广泛采用 OC 门（Open Collector Door，集电极开路输出门）的方式，根据采用的三极管不同又有 PNP 型和 NPN 型之分（见图 4—5）。下面以 NPN、常开型接近开关为例说明其结构和工作过程。

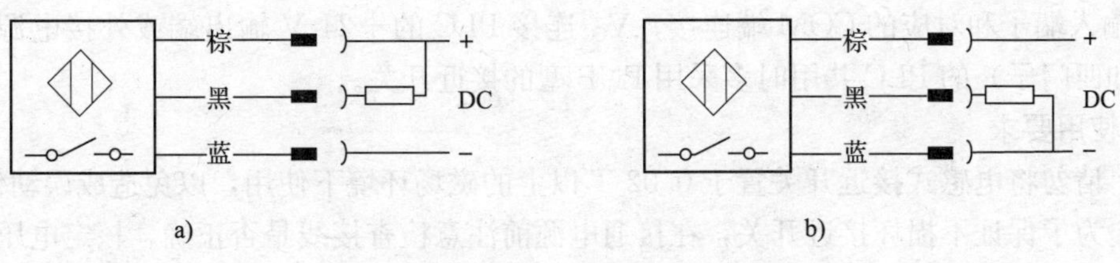

图 4—5 直流三线式电感接近开关输出形式

a）NPN 型 b）PNP 型

如图 4—6 所示，传感器输出端 U_o 连接 OC 门的基极，OC 门的集电极连接到 OUT 端，发射极连接到 GND 端。被测物体未靠近接近开关时，$I_b=0$，OC 门截止，OUT 端为高阻态；当被测体靠近到动作距离时，OC 门的 OUT 端对地导通，该端口对地为低电平。通常传感器在 $+V_{CC}$ 和 OUT 端之间内部连接有电阻和发光二极管，OC 门导通时发光二极管亮，否则熄灭。据此可以判断是否有物体靠近接近开关。

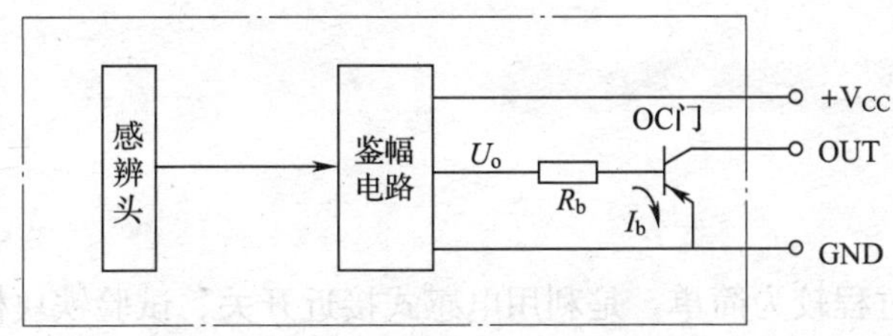

图 4—6 三线制接近开关输出部分框图

3．接近开关与负载的连接

直流三线制方式下，通常棕色引线为正电源，蓝色接地（电源负极），黑色为输出端，有常开、常闭之分。接近开关与负载的典型连接方式如下：

（1）接近开关与继电器等电器连接

图 4—7a 为接近开关与中间继电器连接的输出接线图。中间继电器 KA 跨接在 $+V_{CC}$ 和 V_{OUT} 端之间，作为控制电路的负载，且并联续流二极管 VD。接近开关动作后，OC 门导通，KA 线圈得电，触点动作并控制其他回路工作；接近开关复位，KA 产生的瞬间高压形成的电流经续流二极管释放，不会使 OC 门击穿。

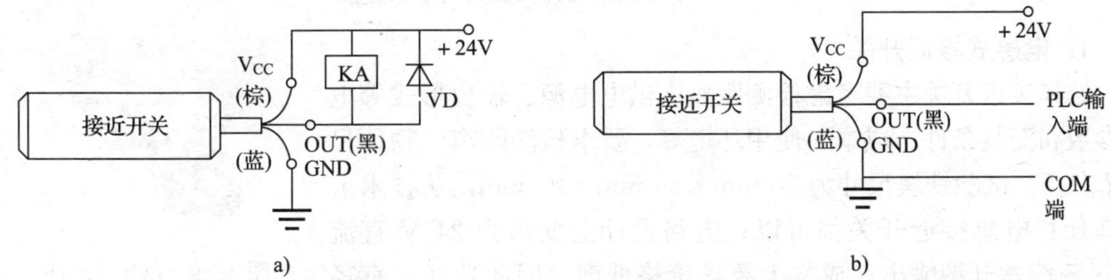

图 4—7 直流三线式接近开关与负载的连接

a）接近开关与中间继电器连接的输出接线图 b）接近开关与日系 PLC 连接时的输出接线图

（2）接近开关与 PLC 连接

图 4—7b 为与日系 PLC（如三菱、欧姆龙等）连接时的接法。V_{OUT} 端、GND 端分别与

PLC 的输入端子和对应的 COM 端连接，V_{CC} 连接 PLC 的＋24 V 输出端或外接电源。与欧美系（如西门子）的 PLC 共用时多采用 PNP 型的接近开关。

4．使用要求

（1）请勿将电感式接近开关置于 0.02 T 以上的磁场环境下使用，以免造成误动作。

（2）为了保证不损坏接近开关，在接通电源前注意检查接线是否正确，核定电压是否为额定值。

（3）为了使接近开关长期稳定工作，要进行定期维护。维护内容包括被检测物体和接近开关的安装位置是否有移动或松动，接线和连接部位是否接触不良，传感器表面是否有金属粉尘黏附等。

（4）直流（DC）二线式接近开关受工作条件的限制，导通时开关本身产生一定压降，截止时又有一定的剩余电流流过。在要求较高的场合下，可改用 DC 三线制。

（5）直流型接近开关使用电感性负载时（如前文所述的继电器线圈），要在负载两端并接续流二极管。

任务实施

一、实验设计

本实验的目的和过程较为简单，是利用电感式接近开关、试验铁块模拟实现刨床换向中的位置控制功能。接近开关固定在试验铁块运行的轨迹途中某处，由＋24 V 开关电源供电，用 LED 数码管显示铁块靠近接近开关的状态。各部分的连接电路如图 4—8 所示。

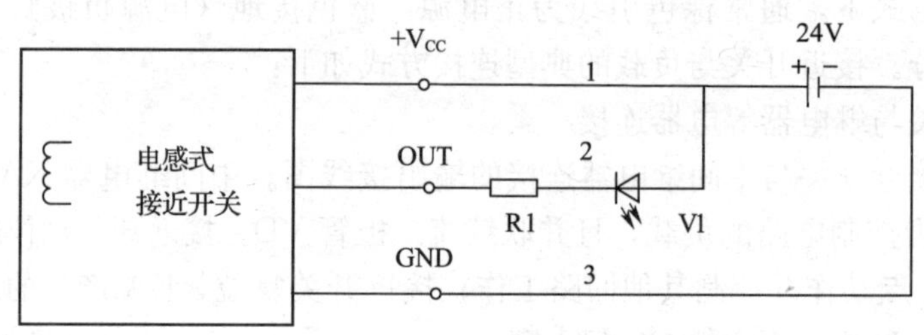

图 4—8　电感式接近开关实验的电路连接

1．电感式接近开关

选择接近开关主要考虑检测距离、供电电源、输出形式等电气参数和安装条件、成本、使用环境等，要求检测距离≤物体尺寸 $L/1.5$。试验铁块尺寸为 30 mm×50 mm×20 mm，从技术上选择任意电感接近开关都可以；电路设计上要求为 24 V 直流 NPN 三线常开型输出；成本上要求价格低廉。因此选择了直径较小的 LC1.5－1K 型电感式接近开关（见图 4—9）。检测距离为 1.5 mm，尺寸为 M8×35 mm，参数见前表 4—1。

图 4—9　LC1.5－1K 型接近开关

2．LED 小灯

选择了超高亮白色 LED，需要的电压一般在 3 V 左右，电流 8～15 mA。

3. 限流电阻

$$R=\frac{V_{CC}-U_V-V_{ces}}{I}=\frac{24-3-0.3}{I}\ \Omega\approx(1.4\sim2.6)\ k\Omega$$

选择 $R=2\ k\Omega$。式中 V_{ces} 为接近开关 OUT 和 GND 端的导通压降，为 0.3 V 左右。U_V 为二极管 V1 两端电压，I 为支路 2 中的电流。

二、实验过程

1. 将传感器安装在铝合金制作的支架（或定制板）上，支架上钻 M8.5 的孔，将直径 M8 的接近开关放入，设置接近开关与试验铁块的距离在 1 mm 左右，用螺母在两端预锁紧。

2. 按图 4—7 所示进行电路连接，采用电阻法用万用表检查接线的可靠性。

3. 通电后，将试验铁块从侧面缓慢靠近接近开关，经过进入动作距离、离开动作距离的全过程，观察接近开关端部红色小灯及电路中 LED 的变化。

4. 如果该过程中两灯均出现“灭→ 亮→ 灭”的现象，则说明电路连接正确。重复 3 的过程，体会接近开关在电路中的作用；如果两灯均不亮，可将试验铁块放到接近开关的正对面，把锁紧调整松开，调整两者的距离，直到灯亮为止；如果接近开关红色小灯有变化，而电路中的 LED 无变化，则说明支路 2 有问题。

5. 结论：电感式接近开关可以对金属导电物的运动位置进行检测，起到刨床换向机构中行程开关的作用。

三、电感开关在刨床换向系统中的使用

龙门刨床换向系统改造中接近开关的使用可采取表 4—4 所示的几种方案。实施较多的方案 4 采用 4 个三线制电感接近开关代替原有行程开关，完成前减速、前换向、后减速、后换向的作用。保留前、后保护行程开关，起到限位保护作用，使用不频繁。

表 4—4　　刨床换向系统中接近开关的使用方案

序号	接近开关功能安排说明	特点
1	○ 换向开关	1. 安装比较容易 2. 占用输入点少，但 PLC 程序编制较为复杂 3. 利用编码器和 PLC 高速计数功能可实现减速等功能，但 PLC 程序编制更为复杂 4. 较大型刨床换向冲击较大 5. 适用于带式刨床及轻型刨床改造
2	○　○ 前换向　后换向	1. 安装比较容易 2. 占用输入点少，但 PLC 程序编制较为复杂 3. 若实现减速或慢速切入功能，PLC 程序编制复杂程序加大 4. 可靠性高，操作方便，成本较低 5. 适用于带式刨床及轻型刨床改造

续表

序号	接近开关功能安排说明				特点
3	○ ○ ○ 前减速 | 换向 | 后减速				1. 安装比较容易 2. 占用输入点较少，PLC程序编制较为简单 3. 减速、换向位置较为直观，用户接受程度较高 4. 可靠性高，操作方便，成本较高 5. 适用于所有标准龙门刨床
4	○ ○ ○ ○ 前减速 | 后换前 | 前换后 | 后减速				1. 安装较为复杂 2. 占用PLC输入点较多，但程序编制较为简单 3. 减速、换向位置直观，用户接受程度高 4. 可靠性高，现场操作方便，但改造成本较高 5. 适用于所有标准龙门刨床，尤其是较大型刨床，如：B2016A，B215，B115等

知识链接

一、常用接近开关类型

1. 自感式、差动变压器式

只对导磁物体起作用。

2. 电涡流式（俗称电感接近开关）

只对导电良好的金属起作用。

3. 电容式

对接地的金属或地电位的导电物体起作用，对非地电位的导电物体灵敏度较差。

4. 光电式（俗称光电开关）

有多种形式，可对光线传播条件较好的各类物体起作用。

5. 干簧管磁性开关（也称干簧管）

只对磁性较强的物体起作用。

6. 霍尔式

只对磁性物体起作用。

许多非接触式的传感器均能用作接近开关，例如，微波、超声波传感器等。因其检测距离较大，可达数米甚至数十米，常归入电子开关类型。

二、接近开关的特点及结构形式

与传统定位的机械开关相比，接近开关具有如下特点：

1. 非接触检测，不影响被测物的运行工况。
2. 无触点、无电火花、无噪声，不产生机械磨损和疲劳损伤。
3. 响应快，动作频率高。响应时间可达几毫秒或十几毫秒。

4. 采用全密封结构，防潮、防尘性能较好，工作可靠性强。

5. 输出信号较大，易于与计算机或可编程控制器（PLC）等连接。

6. 体积小，安装、调整方便。

7. 触点容量较小，输出短路时易烧毁。

接近开关有多种不同的型号。图 4—10a 的形式便于调整与被测物的间距，多用于位置检测；图 4—10b、图 4—10c 的形式可用于板材的检测；图 4—10d、图 4—10e 用于线材的检测。

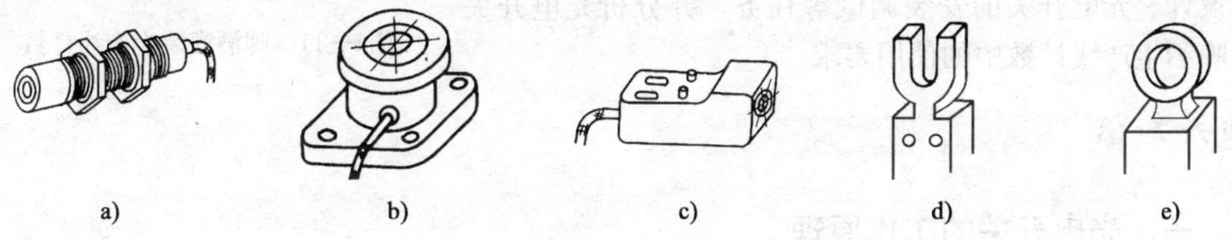

图 4—10 接近开关的几种结构形式

a）圆柱型 b）平面安装型 c）柱型 d）槽型 e）贯穿型

思考与练习

1. 简述常用的开关型位置检测开关有哪些类型及应用场合。

2. 试利用图 4—3 解释电感开关的工作过程，弄清输入、输出信号及两者的关系。

3. 说明表 4—1 中电感式接近开关工作参数的含义。

4. 电感式接近开关如何与三菱 FX2n 类型的 PLC 连接？画出接线图。

课题二 光电式接近开关

◆ **教学目标**

¤ 了解光电式接近开关的工作原理

¤ 了解光电式接近开关的主要技术参数

¤ 掌握光电式接近开关的安装、使用

任务提出

啤酒厂为及时掌握啤酒瓶子的破碎率、日产量等指标，常常需要在灌装生产线的多个环节上安装计数器（见图 4—11），每当酒瓶通过计数器时，会被计数传感器检测到，显示的酒瓶个数自动加 1。常用的计数方式之一是采用光电式接近开关（光电开关），即利用发射光束和接受光束确定传送带上是否有酒瓶通过，累计记录数量。为了掌握这种计数方式，本课题的任务是利用开关电源、光电开关、LED 小灯设计一个模拟实验，检验光电开关对透明瓶装物体的检测效果；并研究光电开关在啤酒生产线计数中的使用方法。

任务分析

本任务的核心元件是光电式接近开关，和上一课题所学的电感式接近开关相比，在使用上有相似之处，但工作原理和相关参数有所不同。本任务将首先学习以上基础知识，从而为任务中所用的电气元件的选型提供依据，进而完成实验电路（尤其是光电开关的输出电路）的设计、光电开关的安装调试等任务，并分析光电开关在啤酒生产线计数中的使用要求。

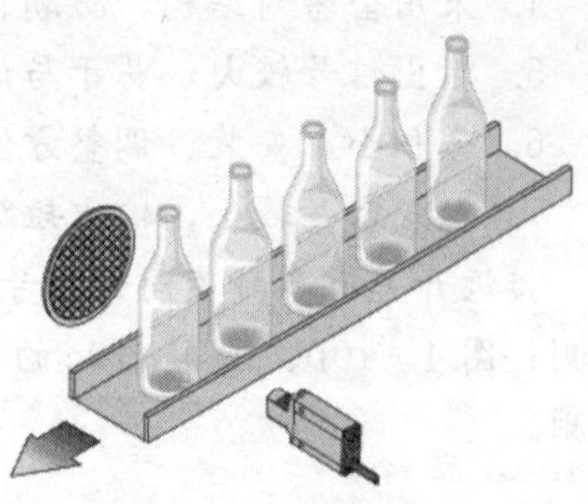

图 4—11　啤酒灌装生产线计数

相关知识

一、光电开关的工作原理

光电式接近开关（见图 4—12），俗称光电开关，是能够将光束发射器和接收器之间光的强弱变化转化为电流变化，以达到探测目的的传感器。

图 4—12　光电式接近开关

光电开关由发射器、接收器和检测电路三部分组成。各类光电开关从原理上看，都是在发射器中用光电元件（发光二极管或激光二极管）将输入电流转换为光信号射出，利用被检测物对光束的遮挡或反射，由接收器中的光敏元件（光敏二极管或光敏三极管）根据接收到的光线强弱或有无对目标物体进行探测。多数光电开关选用的传播光线是波长接近可见光的近红外线光波。

光电开关能够检测的物体不仅限于金属，适用于具有良好光线传播环境下的所有物体；同时光电开关的输出回路和输入回路在电气上隔离，因此它在许多场合下都得到广泛应用。

二、光电式接近开关的分类

根据检测方式的不同，光电式接近开关可分为：

1. 漫反射式光电开关

漫反射式光电开关是一种集发射器和接收器于一体的传感器，其检测示意图如图 4—13 所示。当有被检测物体经过时，将光电开关发射器发射的足够量的光线反射到接收器，于是

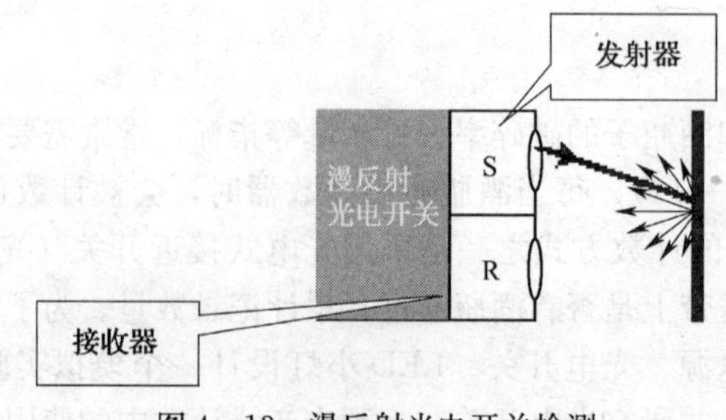

图 4—13　漫反射光电开关检测

光电开关就产生了开关信号。当被检测物体表面光亮或其反光率较高时，漫反射式的光电开关是首选的检测模式。

2. 镜反射式光电开关

镜反射式光电开关也是集发射器与接收器于一体的传感器，其检测示意图如图 4—14 所示。光电开关发射器发出光线，在发射器与反射镜之间没有物体时，光线经过反射镜反射回接收器；当被检测物经过且完全阻断光线时，接收器接收不到光线，就会产生开关量的变化。

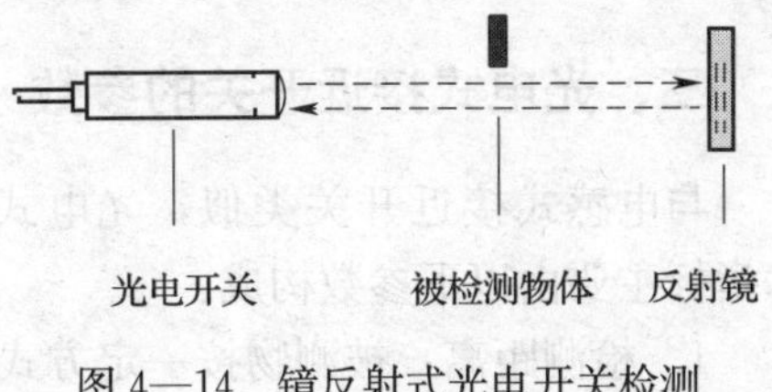

图 4—14 镜反射式光电开关检测

在对表面光亮的物体检测时，另有一种偏振反射式光电开关，可以减少玻璃反射造成的错误响应。

3. 对射式光电开关

对射式光电开关（也称遮挡式光电开关）包含在结构上相互分离且光轴相对放置的发射器和接收器。如图 4—15 所示，发射器与接收器间没有物体遮挡时，发射器发出的光线直接进入接收器；当被检测物体经过发射器和接收器之间且阻断光线时，光电开关就产生了开关信号变化。当检测物体不透明、距离较远时，多采用对射式光电开关，但这种装置消耗高，发射和接收单元都需要敷设电缆。

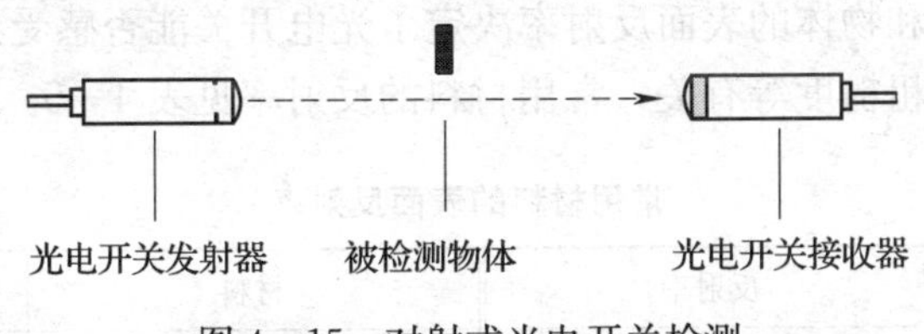

图 4—15 对射式光电开关检测

4. 槽式光电开关

槽式光电开关通常是标准的 U 字形结构，其检测示意图如图 4—16 所示。发射器和接收器分别位于 U 形槽的两边，并形成一光轴，当被检测物体经过 U 形槽且阻断光轴时，光电开关就产生了检测到的开关量信号。槽式光电开关适合检测高速运动的物体和分辨透明与半透明物体。

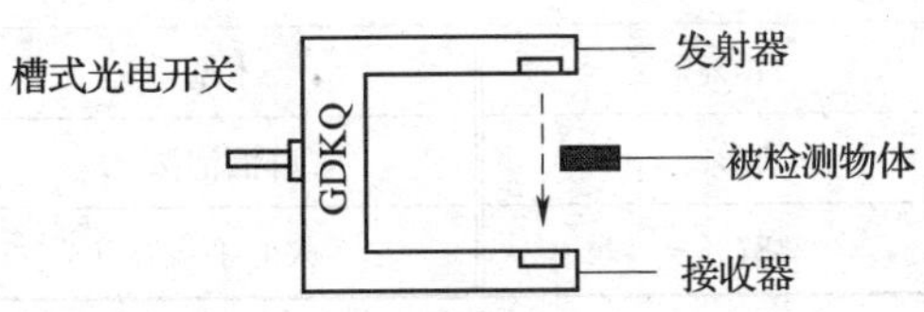

图 4—16 槽式光电开关检测

5. 光纤式光电开关

光纤式光电开关采用塑料或玻璃光纤传感器来引导光线，以实现被检测物体不在相近区域时的检测，其检测示意图如图 4—17 所示。通常光纤传感器也分为对射式和漫反射式。

除此以外，光电开关还有其他多种传感模式和输出方式，选型时主要从检测对象和工作环境两方面选择采用何种传感模式最合适。

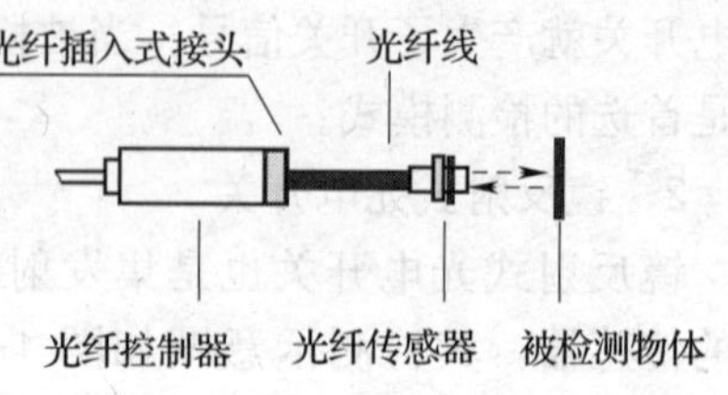

图 4—17　光纤式光电开关检测

三、光电式接近开关的参数

与电感式接近开关类似，光电式接近开关的技术指标主要由以下参数构成：

1. 检测距离：被测物按一定方式移动使得接近开关动作时，从光电开关的感应表面到被测面的空间距离。

2. 回差距离：动作距离与复位距离之差的绝对值。

3. 响应频率：在规定的 1 s 时间间隔内，允许光电开关动作循环的次数。

4. 输出状态：分常开和常闭。当无检测物体时，常开型光电开关所接通的负载由于光电开关内部的输出晶体管截止而不工作；当检测到物体时，晶体管导通，负载得电。

5. 检测方式：如上文所述，可分为漫反射式、镜反射式、对射式等。

6. 输出形式：分直流 NPN 二线、NPN 三线、NPN 四线、PNP 二线、PNP 三线、PNP 四线，交流二线、交流五线（自带继电器）等几种常用的输出形式。

7. 表面反射率：表示光电开关发射的光线被待测物表面反射回来的比率，对于漫反射式光电开关，检测距离和物体的表面反射率决定了光电开关能否感受到物体的变化。表面反射率与物体材料、表面粗糙度等有关，常用材料的反射率见表 4—5。

表 4—5　　常用材料的表面反射率

材料	反射率	材料	反射率
白画纸	90%	不透明黑色塑料	14%
报纸	55%	黑色橡胶	4%
餐巾纸	47%	黑色布料	3%
包装箱硬纸板	68%	未抛光的白色金属表面	130%
洁净松木	70%	光泽浅色的金属表面	150%
干净粗木板	20%	不锈钢	200%
透明塑料杯	40%	木塞	35%
半透明塑料瓶	62%	啤酒泡沫	70%
不透明白色塑料	87%	人的手掌心	75%

8. 环境特性：光电开关应用的环境也是影响其长期可靠工作的重要条件。

四、光电开关的安装

光电开关的安装方式、安装过程中需要注意的相关安装尺寸如图 4—18 所示。图中 S_n 为光电开关的检测距离。

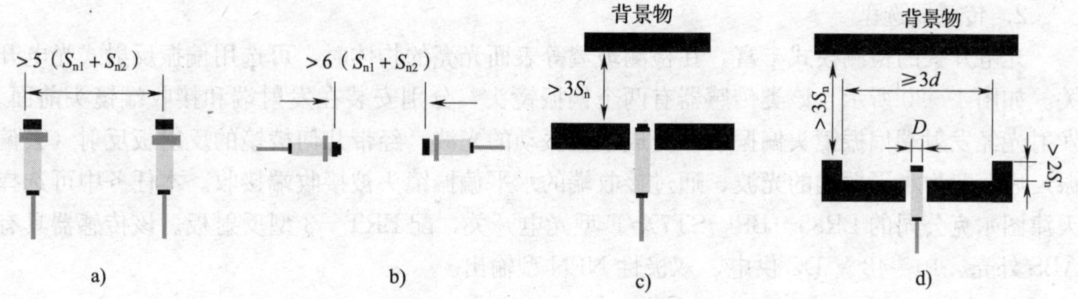

图 4—18　光电开关的安装

a）平行安装　b）相对安装　c）埋入式安装　d）非埋入式安装

五、光电开关使用注意事项

1. 采用反射型光电开关时，检测物体的表面和大小对检测距离和动作区有影响。

2. 检测微小物体时，检测距离要比检测较大物体时差一些。

3. 检测物体表面的反射率越大，检测距离可取得越长。

4. 采用反射型光电开关时，最小检测物体的大小由透镜的直径决定。

5. 防止相互干扰的方法有：

(1) 发射器、接收器相互交叉安装。

(2) 反射式并列使用时，须维持相互间隔在检测距离的 1.4 倍以上。

(3) 对射式并列使用时，须维持相互间隔在检测距离的 0.4 倍以上。

6. 高压线、动力线与光电开关的配线在同一配管中，或用线槽进行配线，会使光电开关受到感应，有时造成误动作，因此一般要求另行配线和使用单管配线。

7. 不要在灰尘较多的场所，腐蚀性气体较多的场所，水、油、药剂直接溅散的场所，室外太阳下有强光直射的场所使用光电开关。

8. 安装是否稳固、振动、冲击等使安装产生松动或偏斜。

任务实施

一、实验设计

1. 电路设计

用与任务 1 类似的方法，选用直流三线 NPN 型常开式光电开关，配合 24 V 电源和 LED 小灯，组建的实验电路如图 4—19 所示。

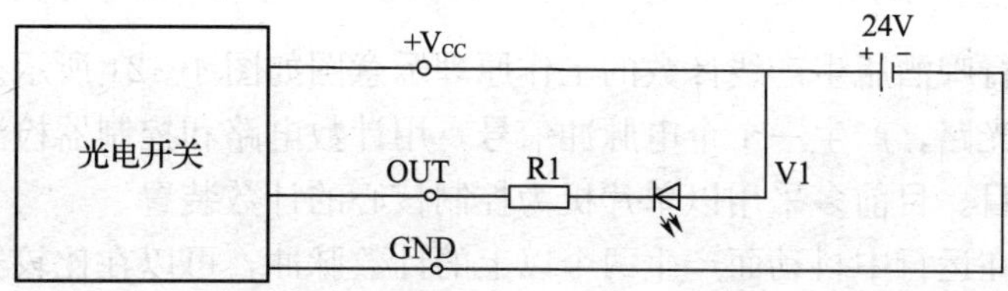

图 4—19　光电开关实验电路

2. 传感器选型

光电开关的检测模式丰富，在检测玻璃等表面光亮的物体时，可选用偏振反射式光电开关。如图 4—20 所示，该类传感器有两个偏振镜头，分别安装在发射端和接收端镜头前面。发射光经发射端偏振镜头偏振后，变成垂直振动的光波，经带几何棱镜的反射板反射（去偏振）后，变为水平振动的光波，通过接收端的水平偏振镜头被接收端接收。本任务中可选择天津图尔克公司的 BR85－BP－ST7X/E 型光电开关，配 BRT－3 型反射板。该传感器具有 ABS 外壳、10～48 V DC 供电、双极性 NPN 型输出。

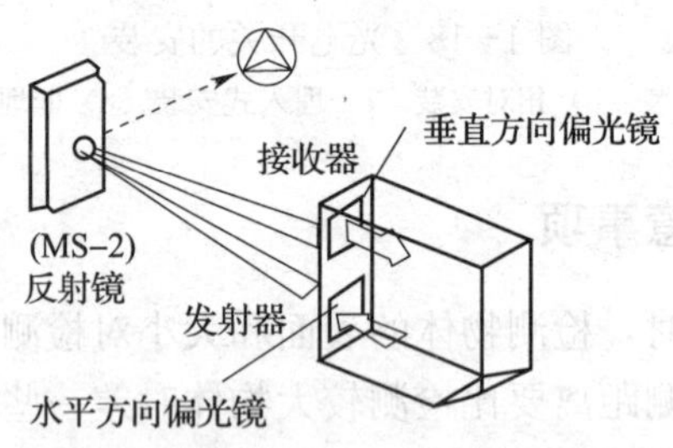

图 4—20　偏振反射型光电开关示意图

二、光电开关的安装和调试

反射式光电开关在使用中最重要的是进行合理的安装、调试，保证发射端发射的光束经过反射板反射后能够被接收端接收到，引起光电开关内部的触发器动作；同时，在光电开关和反射板之间有物体时，又要避免由物体反射回强光束。装调步骤如下：

1. 通过支架将光电开关与反射板分别固定在微型传送带的两侧。
2. 按照图 4—19 进行电路连接。
3. 用万用表检查各接线端子连接是否正确、可靠，确信正确后通电。
4. 在光电开关和反射板间进行对光，调整两者间的距离和角度，保证中间没有物体时，光电开关的尾部红色 LED 和电路中的高亮 LED 发光。
5. 在两者中间放一个小玻璃瓶，观察放入前后 LED 的变化，如果仍然发光则需要再调整光电开关的位置和角度（一般将光电开关相对检测面倾斜 5°～15°安装）。调节光电开关端盖下的调节旋钮改变传感器的灵敏度整定值。调节传感器端盖下的拨码开关选择暗态输出方式。
6. 调整好后可以实现生产线计数需要的每通过一个酒瓶，光电开关动作一次的目的。

三、用光电开关进行生产线计数

用光电开关进行啤酒瓶生产线计数的工作原理示意图如图 4—21 所示。酒瓶在传送带上运行时，不断遮挡光路，产生一个个电脉冲信号，用计数电路和控制器检测、计数和显示出来的即为产品的数目。目前多采用以单片机为控制核心的计数装置。

为避免传送带在运行中抖动而产生两个以上的计数脉冲，可以在比较器电路中加入具有“史密特”特性的滞差电压比较器，使得光电开关动作后只产生一个计数脉冲，微小的干扰

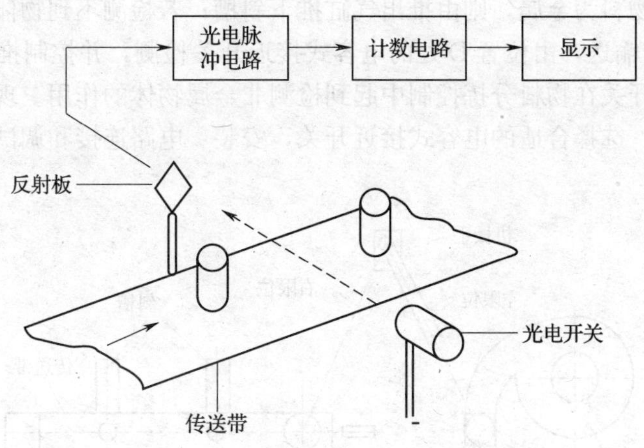

图 4—21　用光电开关计数的工作原理

无法让其复位。也可以在同一平面内布置 2 只光电开关，两只开关均动作时，才使计数器内部的标志位置 1，以保证准确计数。

思考与练习

1. 简述光电式接近开关的主要类型及工作过程。

2. 漫反射式光电开关为什么可以用来辨别蓝色和黑色的工件？辨别过程与光电开关和被测物体的检测距离有没有关系？

3. 偏振反射式光电开关与普通镜反射式光电开关的区别。

4. 用漫反射式光电开关、51 单片机、七段数码管、按键开关等，设计一个简单的生产线计数器，请绘制设计方案框图。

课题三　电容式接近开关

◆ **教学目标**

¤ 了解电容式接近开关的工作原理

¤ 了解电容式接近开关的主要技术特性

¤ 掌握电容式接近开关与 PLC 共用时的接线

任务提出

工业生产中，常需要对物料的材料、颜色、形状等进行归类，物料分拣自动化生产线就是完成这些任务的自动化设备。如图 4—22 所示，某物料分拣生产线运行时，供料盘震动使物料下滑到位置 A，由机械手送至位置 B。传送带运行，将物料输送到位置 C。该处的电感式接近开关检测到物料为金属，则由推出气缸推下斜槽；若检测不到物体（材质为塑料等非金属），则继续向前输送，由位置D处的电容式接近开关检测，并控制推出气缸将物体推下斜槽。电容式接近开关在物料分拣控制中起到检测非金属物体的作用。现要求利用一套小型模拟物料分拣装置，选择合适的电容式接近开关，安装、电路连接和调试传感器，实现前面所述的分拣功能。

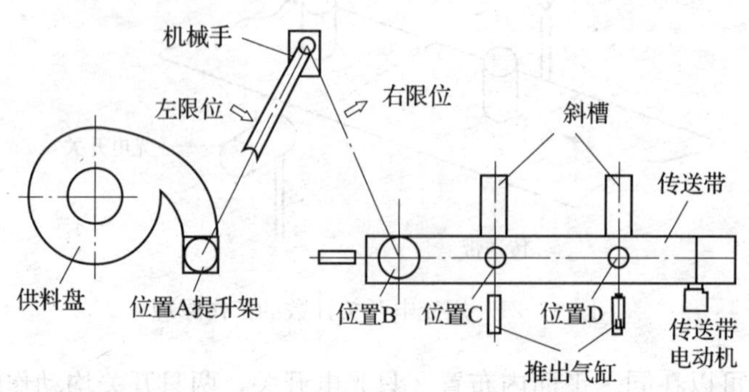

图 4—22　物料分拣自动化生产线

任务分析

本任务中三个位置的传感器都起到位置检测作用，都可以在物体到达传感器附近时，使连接的电路发生变化，但是三个传感器敏感的物体材质或颜色不同。因此完成本任务的关键环节是熟悉电容式接近开关的工作参数和影响参数的因素；会在分拣装置中用合适的机械机构安装传感器；掌握电容式接近开关与 PLC 控制器的电气连接方法；合理调整传感器的设定距离，保证检测效果。

相关知识

一、电容式接近开关工作原理及结构

1. 工作原理

图 4—23 所示的电容式接近开关是一个以单个极板为检测端的静电电容式传感器。它由高频振荡电路、检波电路、放大电路、整形电路及输出电路组成（见图 4—24）。

平时检测电极与大地之间存在一定的电容量，成为振荡电路的组成部分。当被检测物体靠近检测电极时，检测物体会被极化。被测物越靠近检测电极，检测电极上的电荷就越多，因为 $C=Q/V$，随着电荷增多，检测电极的静电电容 C 增大，从而使振荡电路的振荡减弱，甚至停振。振荡电路的振荡与停振的状态通过检测电路转换为开关信号后向外部输出。

图 4—23　电容式接近开关

从上述工作原理中可以看出：

(1) 与其他开关型位置传感器类似，电容式接近开关的输入是检测电极与被测物之间的距离，输出是开关信号。

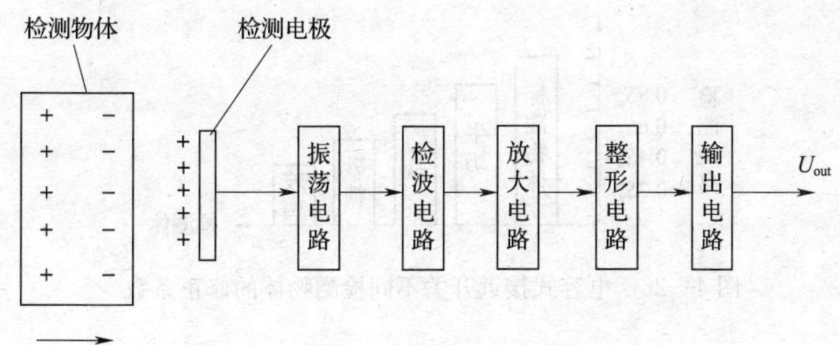

图 4—24 电容式接近开关结构框图

(2) 电容式接近开关对金属和非金属被测物体都可以起作用，因此其检测范围较宽。

2. 典型结构

电容式接近开关的形状及结构随用途的不向而各异。圆柱形电容式接近开关结构如图 4—25 所示，主要由检测电极、检测电路、引线及外壳等组成。检测电极设置在传感器最前端，检测电路装在外壳内并由树脂灌封。在传感器内部还设有灵敏度调节电位器，当检测物体和电极之间有不灵敏的物体时，可调节电位器来调整工作距离。电路中还装有工作指示灯，当传感器动作时，该指示灯点亮。

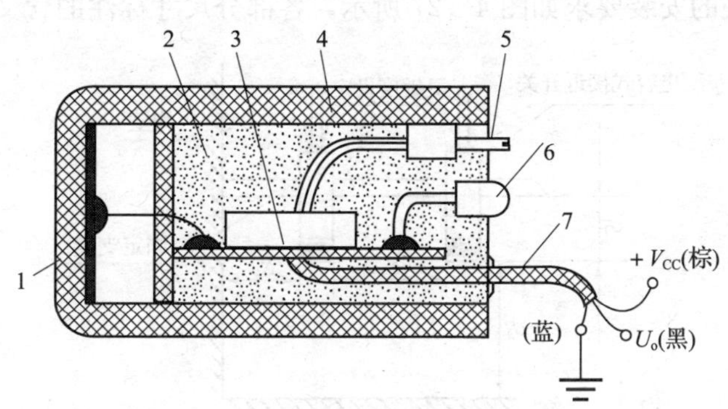

图 4—25 圆柱形电容式接近开关结构示意图

1—检测电极 2—树脂 3—检测电路 4—外壳 5—电位器 6—指示灯 7—引线

二、电容式接近开关的特性

1. 电容变化与工作距离的关系

通过实验发现，当实际工作距离超过数毫米时，电容式接近开关检测电极的电容变化急剧下降，要求选型和安装时一定要注意传感器的额定检测距离及其影响因素。

2. 检测距离与被测物体的关系

电容式接近开关的检测距离与被测物体的材质、尺寸、吸水率等有很大关系。当被测物体是接地金属时，振荡电路很容易停振，灵敏度最高，检测距离最大；当被测物为玻璃、塑料等绝缘体时，依靠极化原理来使振荡电路停振，灵敏度较差，检测距离需要乘上修正系数（见图 4—26)。也可以利用灵敏度调节电位器，适当提高灵敏度以增大检测距离。

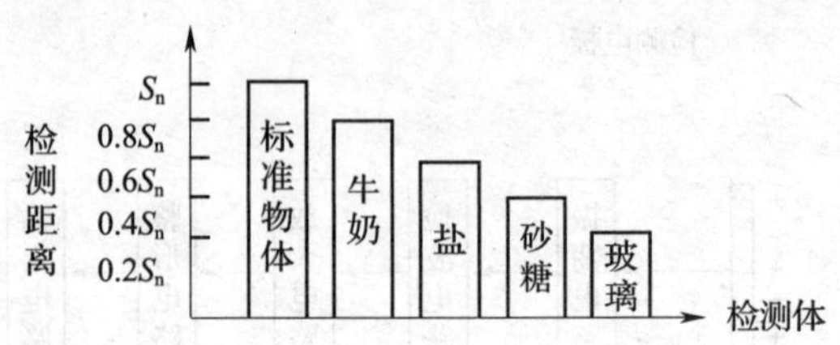

图 4—26　电容式接近开关不同检测物体的修正系数

3. 动作频率

电容式接近传感器有直流型和交流型。直流型电容式接近开关的动作频率一般为 100～200 Hz，而交流型接近传感器的动作频率为 10～20 Hz。

4. 技术参数

传感器的结构和工作特性决定了其技术参数。主要参数与其他接近开关一样包括工作电压、安装方式、外形尺寸、检测距离、输出类型、输出状态、输出电压降、输出电流等。

三、电容式接近开关的安装

1. 安装距离要求

电容式接近开关的安装要求如图 4—27 所示，各部分尺寸标注的含义见表 4—6。

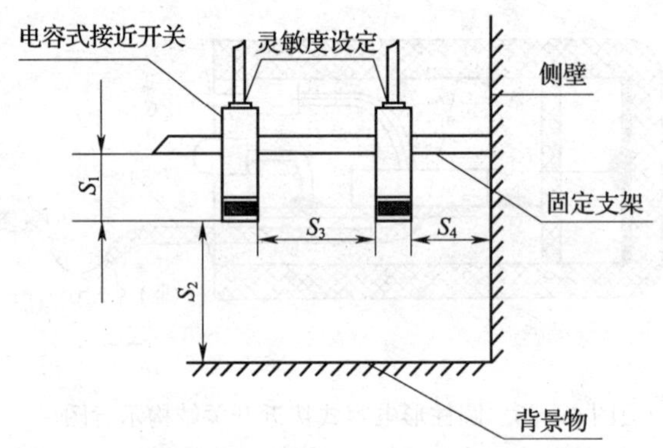

图 4—27　电容式接近开关的安装

表 4—6　电容式接近开关安装中的标注及含义

标号	安装距离	说明
S_1	$\geqslant 1\ S_n$	检测面与支架的间距
S_2	$\geqslant 3\ S_n$	检测面与背景物的间距
S_3	$\geqslant 5\ S_n$	多传感器并列安装的间距
S_4	$\geqslant 3\ S_n$	检测面与侧壁的间距

其中 S_n 为电容式接近开关的额定检测距离。高防水等级的产品均不具备灵敏度调节功能，其检测距离为标准值的 1/2 或 1/3。

2. 灵敏度调整

安装过程中可根据需要调整电容式接近开关的灵敏度，以适合不同被测物体。电位器向右旋转时，灵敏度和检测距离增大，向左旋转则变小（见图 4—28a）。调节过程如图 4—28b 所示，在无检测状态下，把电位器慢慢向右旋在开关 ON 时停止，然后在检测体接近时慢慢向左旋在开关 OFF 时停止，将电位器调在 ON 和 OFF 中间，调整完毕。

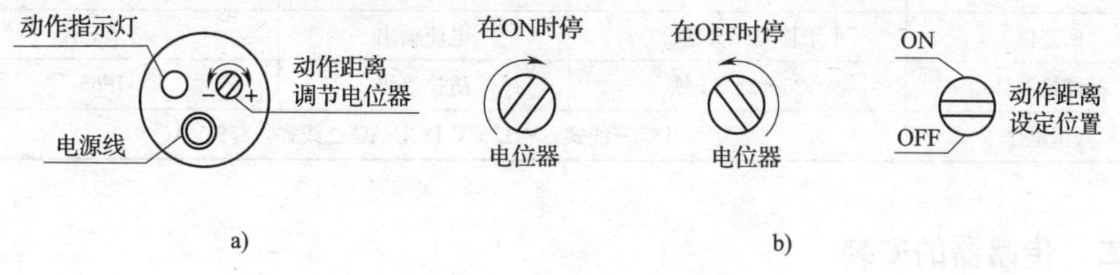

图 4—28 电容式接近开关灵敏度调节
a）调节方法 b）调节过程

四、电容式接近开关使用中要注意的问题

1. 检测对象

被测物为金属物体时，可优先选择电感式接近开关；被测物为玻璃、塑料、陶瓷等非金属物体时，电容传感器使用得较多；检测对象为高介电常数的物体时，检测距离会明显减小，即使调整灵敏度也往往起不到效果。

2. 外部干扰

电容式接近开关的工作原理决定其易受周围环境的干扰。在使用过程中要注意周围金属物体和含水绝缘物的影响；注意高频电场的干扰，多只电容式接近开关共用时相互间不能靠得太近；不要将接近开关置于强直流磁场环境下使用，以免造成误动作。

3. 输出模式

与大多数接近开关一样，电容式接近开关也具有多种输出模式。交流二线的电容式接近开关使用电感性负载（如灯、电动机等）时，瞬态冲击电流大，可利用交流继电器的触点转换拖动；直流二线式电容式接近开关使用中会有一定的电流泄漏，要求较高时可采用三线式。

4. 维护保养

电容式接近开关受潮湿、灰尘等因素的影响比较大，要做好定期的维护，包括安装位置是否松动、接线和连接部位是否接触不良、检测面是否有粉尘黏附等。

任务实施

一、传感器的选型

“任务提出”部分介绍过，该分拣自动化生产线在位置 C 处使用了电感接近开关分拣导电金属物体，在位置 D 处就可以采用电容式接近开关分拣非金属物体。根据检测距离、工作电压等参数选择了 CLF5－1K 圆柱形电容式接近开关。尺寸为 M18×60 mm，塑料外壳，直流三线 NPN 常开。其主要工作参数见表 4—7。

表 4—7　电容式接近开关工作参数

安装形式	埋入式	工作电压	直流型：10～30 V DC
检测距离	5 mm×（1±20%）	静态电流	DC 三线型≤2.5 mA
设定距离	0～4.0 mm	响应频率	50 Hz
回差值	小于检测距离的 20%	电流输出	300 mA
标准检测体	25×25×1 铁	防护等级	IP65
残留电压	DC 三线式：≤1.5 V DC，AC 二线式：≤8 VAC		

二、传感器的安装

利用直角型支架将电容式接近开关安装在传送带侧面，旋转传感器紧固螺母，调整其与待测物体间的距离。使用中可根据材质调节开关后部的多圈电位器，选择合适的感应灵敏度。

三、线路连接

如图 4—29 所示，该生产线采用三菱 FX2n 系列 PLC 作为控制器，NPN 接近开关与 PLC 接线时采用共阴极的方式，即将棕色线接到＋24 V 电源或 PLC 的＋24 V 输出，黑色线接到分配的 PLC 端口 X14 上，蓝色线接 PLC 输入侧 COM 端。也可以根据设计要求接到与 PLC 相连的接线端子板上。

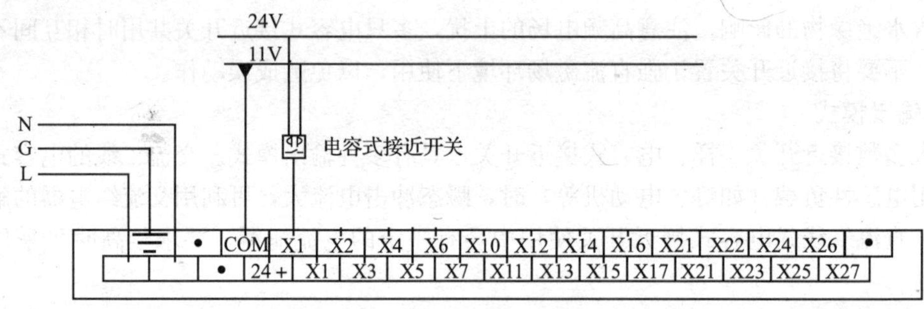

图 4—29　PLC 接线图

四、调试运行

静态调试：将一个塑料工件放到物料分拣生产线电容式接近开关前面，观察接近开关尾部工作指示灯和 PLC 输入侧 LED 指示灯的状态，调整传感器的锁紧螺母，保证两灯均亮。

联机调试：连接好其他电气回路，进行软、硬件的调试。使传送带将被测工件从侧面输送到接近开关面前，同样观察两指示灯的状态，保证物体到来时有开关信号输送给 PLC。

思考与练习

1. 选用位置传感器时如何区别电容式接近开关和电感式接近开关？两者各有何优缺点？

2. 电容式接近开关在检测铁块和玻璃块时的检测距离一样吗？产品说明书上的检测距离是以什么作为标准物体？被测物体与标准件材质不同时怎么办？

3. 电容式接近开关对外部环境中干扰敏感吗？如何做可减小干扰造成的影响？

4. 电容式接近开关在物料分拣自动化系统中的作用？试利用电感开关、电容式接近开关、三菱 PLC、直流电动机，设计一个简单的物料分拣系统。

课题四　霍尔式接近开关

◆ **教学目标**

- 了解霍尔效应及霍尔式接近开关的工作原理
- 了解霍尔式接近开关的适用场合
- 霍尔式接近开关的输出接口电路
- 霍尔式接近开关的安装和调试

任务提出

在数控车床的各类硬件中，电动刀架是最关键的部件之一。常见的车床前置式四方刀架如图 4—30 所示，其工作过程为：在得到换刀信号后，PMC 通过驱动放大器控制伺服电动机正转，刀架抬起。电动机继续正转，刀架转过一个工位，用霍尔式接近开关检测是否为所需刀位。若是，则电动机停转、延时、再反转，刀架下降、锁紧；若不是，电动机继续正转，刀架转到所需刀位后重复上述动作。

霍尔式接近开关在刀架转动控制中起到检测与反馈的作用（见图 4—31）。本课题的任务是完成该传感器的安装、调试，模拟实现换刀的控制过程。

图 4—30　数控车床电动刀架

图 4—31　霍尔式接近开关

任务分析

本任务将首先学习霍尔式接近开关的工作原理、连接、使用等基本知识，从而完成霍尔式接近开关的选型以及安装和调试，并分析霍尔式接近开关在数控车床四工位电动刀架中的应用。

相关知识

一、霍尔式接近开关的工作原理

1. 霍尔效应

在如图 4—32 所示的金属或半导体薄片中通入电流 I，在与薄片垂直的方向施加磁感应强度为 B 的磁场，则在垂直于电流和磁场方向的薄片两侧会产生电动势 U_H，U_H的大小正比于 I 和 B，这种现象称为霍尔效应。利用霍尔效应制成的传感元件称霍尔元件。

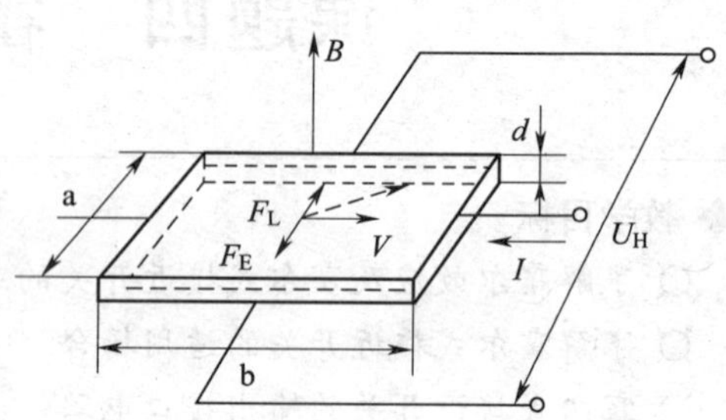

图 4—32　霍尔效应原理图

霍尔电动势 U_H可表示为：

$$U_H \doteq K_H IB\cos\theta$$

可见，U_H与控制电流 I、磁感应强度 B、霍尔元件的灵敏度 K_H，以及 B 与霍尔元件法线方向的夹角 θ 有关。K_H与霍尔元件的厚度有关，厚度越薄，K_H越大。

2. 霍尔式接近开关

开关型霍尔传感器（霍尔开关）是在霍尔效应原理的基础上，利用集成封装工艺制作而成，具有无触点、低功耗、长寿命、高响应频率等特点，用于制作接近开关、压力开关、里程表等。其中霍尔式接近开关可用于位置、计数、速度检测等场合。

霍尔式接近开关的内部结构如图 4—33 所示，图中 A 是霍尔元件，B 是放大器，C 是触发器，集电极开路输出（OC 门）。有三个引出端，分别为电源 V_{CC}、接地 GND 和输出 V_{OUT}。电源电压 V_{CC}经稳压器稳压后，加在霍尔元件两端，产生控制电流 I。当霍尔元件周围无磁场或磁场强度较小时，晶体管截止，V_{OUT}输出高电平；当磁场强度达到霍尔开关的工作点时，霍尔元件产生的电动势 U_H经放大器放大、触发器整形后，电路发生翻转，晶体管导通，V_{OUT}输出低电平。由此识别附近是否有磁性物体存在。

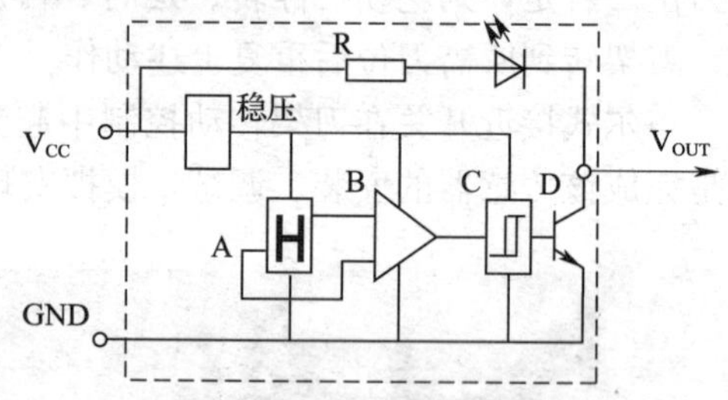

图 4—33　霍尔式接近开关的内部结构

可见，这类开关的输入是霍尔元件与磁性物体的距离，输出为 V_{OUT}端电平信号。当晶体管截止时，输出漏电流很小，V_{OUT}和 V_{CC}相近；晶体管导通时，V_{OUT}和公共端 GND 短路，必须接负载电阻器 R 来限制电流，使它不超过最大允许值（20 mA 左右）。

二、霍尔式接近开关与外电路的接口

1．输出形式

霍尔式接近开关的输出形式主要有直流三线 NPN 常开、直流三线 NPN 常闭、直流三线 PNP 常开和直流三线 PNP 常闭。对于常用的 NPN 型的输出，使用规则和任何相似的 NPN 接近开关相同。

霍尔器件的开关动作非常迅速，典型的上升时间和下降时间在 400 ns 范围内，优于任何机械开关。

2．电路接口

图 4—34 为霍尔开关与各种常用电路的连接示例。其中图 4—34a 表示与 TTL 电路连接、图 4—34b 表示与 CMOS 电路连接、图 4—34c 表示与 LED 数码管相连、图 4—34d 表示与继电器连接。图 4—34d 中连接继电器等感性负载时，要在负载两端并联续流二极管，以防止输出截止时继电器产生的瞬间高反向电压击穿输出晶体管。

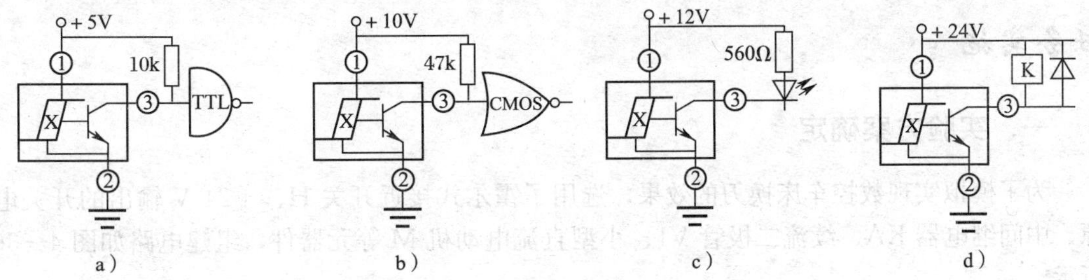

图 4—34　霍尔开关与各类电路的连接

a）与 TTL 电路　b）与 COMS 电路　c）与 LED　d）与继电器

与这些电路连接时所需的负载电阻的阻值估算，可用图 4—34c 所示的与 LED 接口为例说明。若在负载支路中流过的电流 I_0 为 20 mA，发光二极管正向压降 $V_{LED}=1.4$ V，电源电压 $V_{CC}=12$ V，则所需的负载电阻的阻值为：

$$R=\frac{V_{CC}-V_{LED}}{I_0}=\frac{12-1.4}{0.02}\ \Omega=530\ \Omega$$

和这个阻值最接近的标准电阻为 560 Ω，因此，可取 560 Ω 的电阻器作为负载电阻器。

三、霍尔式接近开关的使用

1．工作磁场的产生

霍尔式接近开关是用磁场作为感受被测物体运动和位置的条件，因此需要采用永久磁钢来产生工作磁场。例如，用 5 mm×4 mm×2.5 mm 的钕铁硼Ⅱ号磁钢，就可以在它的磁极表面得到约 2 300 G（高斯）的磁感应强度。磁钢一般粘贴或固定在被测物体上。

2．被测物体和霍尔开关间的运动方式

因为霍尔式接近开关需要工作电源，在作运动或位置检测时，一般令磁体随被检测物体一起运动，而将霍尔器件固定在工作系统的适当位置，用它去检测工作磁场。被测物体与霍尔器件间的运动方式主要有：垂直移动、侧面移动、旋转、遮断，如图 4—35 所示。

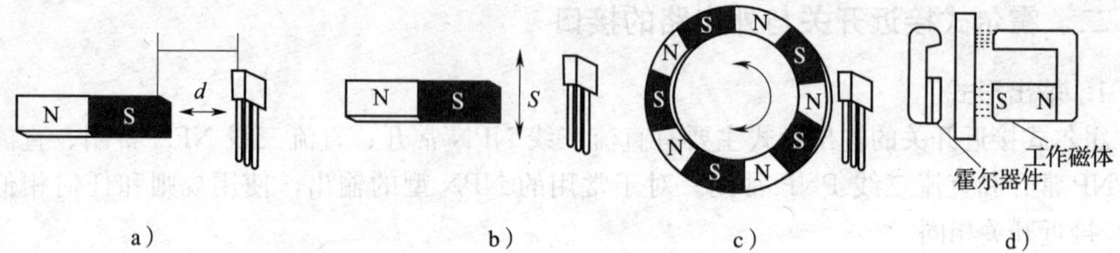

图 4—35　霍尔器件和被测物体间的运动方式

a）垂直移动　b）侧面移动　c）旋转　d）遮断

3．注意事项

（1）工作电压一般为 5～24 V DC，过高的电压会引起霍尔器件温度升高，变得不稳定；过低的电压容易使外界温度变化影响磁场特性，引起电路误动作。

（2）采用不同的磁性磁铁，检测距离会与产品说明上的额定值有所不同。

（3）在接通电源前要检查接线是否正确，工作电压是否为额定值。

任务实施

一、实验方案确定

为了模拟实现数控车床换刀的效果，选用了霍尔式接近开关 H、＋24 V 输出的开关电源、中间继电器 KA、续流二极管 V1、小型直流电动机 M 等元器件，组建电路如图 4—36 所示。

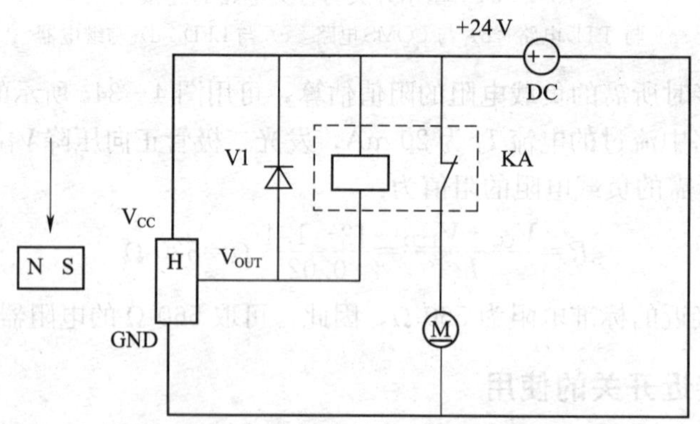

图 4—36　模拟数控车床刀架控制电路

用直流电动机的旋转模拟刀架伺服电动机的转动，人为移动磁钢模拟刀架在电动机拖动下的运动，霍尔式接近开关模拟刀架上的位置检测元件。

二、传感器选型

实验电路设计中采用的是普通直流三线 NPN 型接近开关，考虑检测距离和成本，选用了 HA10－1K 型 M8×20 mm 霍尔式接近开关，额定检测距离为 10 mm×（1±20%），工作电源为 3～ 28 V DC，响应频率 5 000 Hz。

三、实验过程

使霍尔式接近开关固定，而让贴有磁钢的被测物体从侧面向传感器靠近。当两者相距较远时，V_{OUT}输出高电平，中间继电器线圈不得电，常闭触点闭合，直流电机旋转；当物体距接近开关一定位置时，开关动作，V_{OUT}输出低电平，继电器线圈得电，触点断开，电动机停转；当被测物体移开后，继电器失电，常闭触点恢复导通，电动机又开始转动。

四、霍尔式接近开关在数控车床电动刀架上的使用

对于四工位电动刀架，一般在四个工位上各安装一个霍尔式接近开关，电动刀架转动过程中，小磁块固定不动，4 个工位的霍尔开关跟随刀架旋转。霍尔式接近开关与控制刀架转动的 PMC 接线如图 4—37 所示。

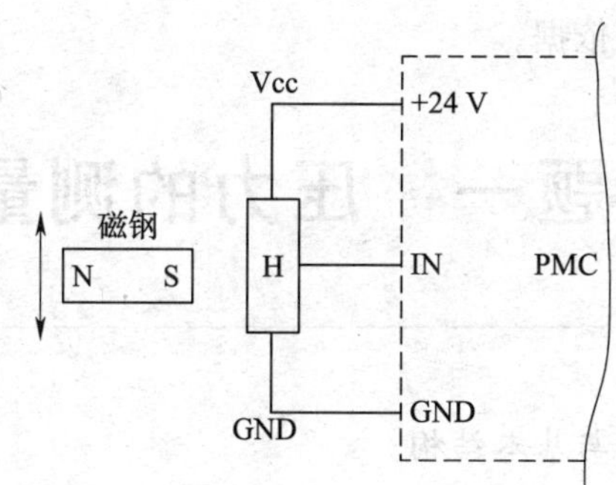

图 4—37　霍尔开关在数控床刀架控制中的接线

思考与练习

1. 霍尔式传感器是利用什么物理效应工作的？简述开关型霍尔传感器的工作原理。
2. 简述霍尔式接近开关的适用场合、工作特点和应用领域。
3. 霍尔式接近开关与电容式接近开关的输出形式有何异同？
4. 霍尔式接近开关连接 LED 发光二极管，采用＋24 V 电源时需要配多大的限流电阻？

5 模块五 压力测量

在检测系统中所说的压力是指物理学中的压强，即指垂直均匀地作用于单位面积上的力。一般情况下，力的测量包括压力的测量和力的测量。压力传感器主要用于测量气体、液体密封容器或管道里的压力；力传感器主要用于测力和称重。压力和力是自动化生产过程中的重要工艺参数和自动化控制依据。

课题一 压力的测量

◆ **教学目标**

¤ 了解压力传感器的种类与基本结构

¤ 了解压力传感器的工作原理

¤ 掌握压力传感器的安装、校验和选择

任务提出

压力是工业自动化生产过程中的重要参数。如图 5—1 所示的是一种化工行业常用的干燥、造粒装置。通过压力式雾化器给料液施加一定的压力（2～4 MPa），使料液雾化。料液雾化后表面积大大增加，在热风气流中，瞬间就可蒸发 95%～98%的水分，成为粒度均匀的球状颗粒，制成微粒状成品。完成干燥的时间仅需十几秒到数十秒钟。为保证干燥时间，干燥机的外形为高塔形。

某化工厂接到一个新订单，要加工一种新材料塑料颗粒，因材料与以前有所不同，用现有设备无法完成。在该工业生产过程中，压力将直接影响产品的质量和生产效率，雾化器压力参数的控制是较为关键的工艺参数。为完成订单，要对原有设备进行技术改造，更改压力控制参数。原设备控制压力为 1.8±0.05 MPa，使用压力传感器的量程为 2 MPa，新产品要求控制压力为 2.6±0.05 MPa。为降低改造成本，节省调试时间，该厂技术部经讨论决定：尽可能保持系统设备与参数不变，更换一个量程适合的压力传感器，做样品试验，进行调试。

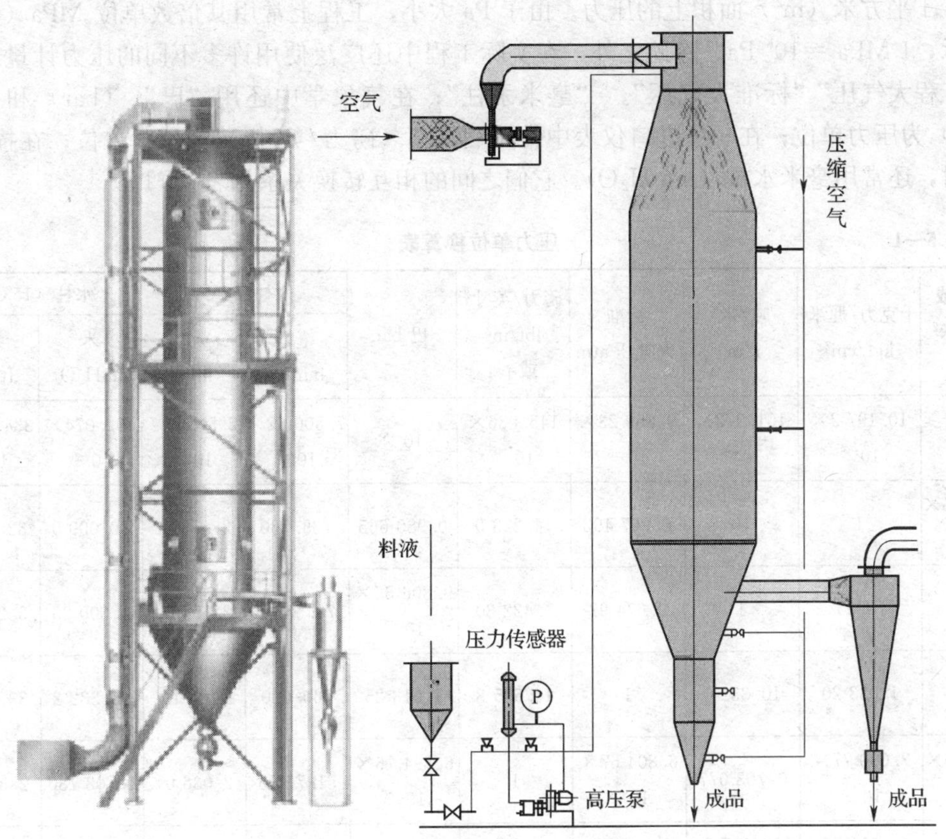

图 5—1　化工厂的干燥、造粒装置

任务分析

技术员接受了技术改造的任务，并进行了任务分析：材料不同，需设置不同的压力参数。如果压力过大，颗粒太小；如果压力过小，成品率低，影响经济效益。新产品要求控制压力为 2.6±0.05 MPa，而原设备使用的压力传感器量程为 2 MPa，该压力传感器所能承受的最大压力为 2 MPa 的 1.2 倍（即 2.4 MPa），所以无法使用，需要选择一个量程适合的压力传感器进行替代。应该如何根据工艺参数选用压力传感器？压力传感器的结构如何？本课题的任务就是学习压力的测量方法，掌握压力传感器的选型、测量方法。

相关知识

一、压力传感器

压力传感器是指将压力信号转变为电信号的装置。在检测领域和工业中的“压力信号”，就是物理学中的“压强”，用 P 表示，它等于垂直作用在单位面积上的力。它的大小由两个因素决定，即受力面积和垂直作用力。其表达式为：$P=F/S$。

压力的国际单位为“帕斯卡”，简称“帕”（Pa），它表示 1 牛顿（N）力垂直而均匀地作用于1平方米（m^2）面积上的压力。由于Pa太小，工程上常用其倍数单位MPa（兆帕）来表示，1 MPa $=10^6$ Pa。除此之外，在实际工程中还广泛使用许多不同的压力计量单位。如“工程大气压”“标准大气压”。“毫米汞柱”；在气象学中还用“巴”（bar）和“托”（Torr）为压力单位；在一些进口仪表中常用“psi”（磅力/英寸^2）为压力单位；在描述小压力时，还常用毫米水柱（mmH_2O）。它们之间的相互转换关系见表5—1。

表5—1　　　　压力单位换算表

帕Pa或牛顿/米² N/m²	千克力/厘米² kgf/cm²	吨/米² t/m²	标准大气压 atm	磅力/英寸² lbf/in² 或 psi	巴 bar	汞柱（0℃）		水柱（15℃）	
						毫米 mmHg	英寸 inHg	米 mH_2O	英尺 ftH_2O
1	10.197 2$\times10^{-6}$	101.972$\times10^{-6}$	9.869 23$\times10^{-6}$	145.036$\times10^{-6}$	10^{-5}	7.500 62$\times10^{-3}$	295.300$\times10^{-6}$	102.074$\times10^{-6}$	334.887$\times10^{-6}$
98.066 5$\times10^{3}$	1	10	0.967 492	14.223 0	0.980 665	735.560	28.959 2	10.009 0	32.838 0
9.806 65$\times10^{3}$	0.1	1	9.674 92	1.422 30	9.806 65$\times10^{-2}$	73.556 0	2.895 92	1.000 90	3.283 80
101.325$\times10^{3}$	1.033 20	10.332 0	1	14.695 8	1.013 25	760.000	29.921 3	10.332 2	33.898 3
6.894 76$\times10^{3}$	7.030 77$\times10^{-2}$	0.703 077	6.804 67$\times10^{-2}$	1	6.894 76$\times10^{-2}$	51.715 5	2.036 04	0.703 780	2.308 99
10^{5}	1.019 72	10.197 2	0.986 923	14.503 6	1	750.062	29.530 0	10.207 4	33.488 7
133.322	1.359 51$\times10^{-3}$	1.359 51$\times10^{-2}$	1.315 79$\times10^{-3}$	1.933 66$\times10^{-2}$	1.333 22$\times10^{-2}$	1	3.937 00$\times10^{-2}$	1.360 87$\times10^{-2}$	4.464 80$\times10^{-2}$
3.386 39$\times10^{3}$	3.453 16$\times10^{-2}$	0.345 316	3.342 11$\times10^{-2}$	0.491 149	3.386 39$\times10^{-2}$	25.400 0	1	0.345 661	1.340 6
9.796 85$\times10^{3}$	9.990 00$\times10^{-2}$	0.999 000	9.668 74$\times10^{-2}$	1.420 90	9.796 85$\times10^{-2}$	73.482 4	2.893 01	1	3.280 48
2.986 08$\times10^{3}$	3.044 96$\times10^{-2}$	0.304 496	2.947 03$\times10^{-2}$	0.433 090	2.986 08$\times10^{-2}$	22.397 4	0.881 789	0.304 800	1

压力的表示法有绝对压力和相对压力两种，相对压力又可分为差压和表压。绝对压力是以绝对真空作为基准所表示的压力；相对压力是以当地环境的大气压力作为基准所表示的压力，也称表压。差压是指两个压力的差。绝对压力与相对压力的换算关系为：

$$绝对压力=相对压力+大气压力。$$

对应于压力的表示方法，测量压力的传感器也可分为三大类，即绝对压力传感器、相对压力传感器和差压传感器。

1．绝对压力传感器

绝对压力传感器所测得的压力数值是以真空为起点的压力。绝对压力传感器内部的参考压力腔为真空状态（相当于零点），如图 5—2 所示，将 P2 密封为真空腔时，即为绝对压力传感器。平常所说的环境大气压就是指绝对压力。如果某一容器内液体的绝对压力小于外界环境大气压，可以认为是“负压”，所测得压力相当于真空度，即：

真空度＝大气压－绝对压力。

2. 相对压力传感器

相对压力传感器也称表压传感器。表压传感器所测得的压力数值是以环境大气压为参考基准的压力。如图 5—2 所示，将 P1 端作为参考压力腔，通向大气，为环境大气压，P2 接被测压力，此时所测压力为相对压力。表压传感器的输出为零时，所测介质环境实际上存在一个与大气压力相等的绝对压力。一般普通压力表的指示值都是相对压力。在工业生产和日常生活中所提到的压力绝大多数指的是表压。

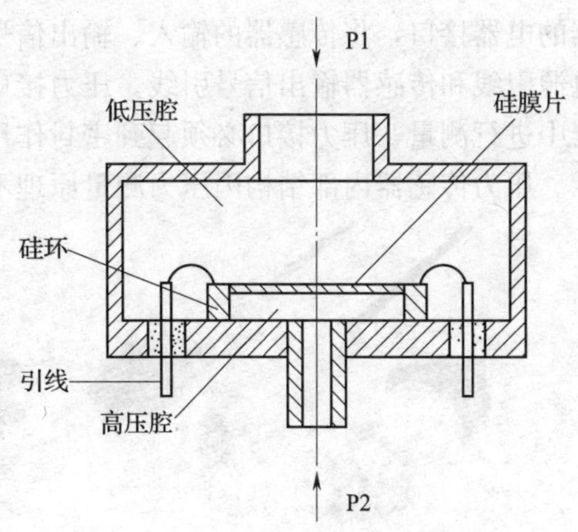

图 5—2　压力传感器结构示意图

3. 差压传感器

差压是指两个压力 P_1 和 P_2 之差，又称为压力差。感压膜片的上下两侧分别接入两个被测压力，所测的压力差 $\Delta P=P_1-P_2$，当 $P_1>P_2$ 时，ΔP 为正值。很多情况下，在传感器敏感元件的两侧均存在一个很大的压力，如：$P_1=0.9\sim1.1$ MPa，$P_2=0.9\sim1.0$ MPa，压力差为±0.1 MPa，可选择测量范围为－0.1～＋0.1 MPa 的差压传感器。差压传感器在使用时不允许在一侧仍保持很高压力的情况下，将另一侧的压力降低到零，这样会使两面的压力差剧增，造成过载，使原来用于测量微小差压的膜片塑性变形或破裂。

二、压力测量系统

压力测量系统包括压力传感器、工程转换测量电路、控制电路和显示电路，如图 5—3 所示。压力传感器包括压力敏感元件和转换电路（放大电路），输出一般为电压、电流信号；工程转换测量电路是将压力传感器的电信号转换成控制电路所需要的信号，如电流信号、频率信号、开关信号等；控制电路主要是为驱动执行机构的功率放大、控制电路；显示电路将压力值显示出来，便于察看、记录。

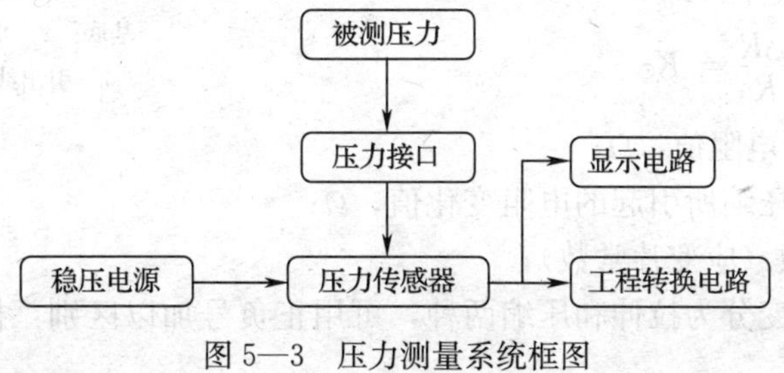

图 5—3　压力测量系统框图

压力传感器的外形结构多种多样，在使用时要注意压力传感器的电接口和压力接口应与测量系统提供的接口相匹配，根据不同的使用场所，选择不同的外形结构。电接口是指传感器的电器接口，将传感器的输入、输出信号以引线或接插件的形式引出，包括传感器的供电电源引线和传感器输出信号引线。压力接口是将需要测量的压力通过专用接口引到压力传感器中进行测量，压力接口必须起到密封作用，不能泄漏。常见压力传感器外形如图 5—4 所示。压力传感器内部结构因压力测量原理不同而各不相同。

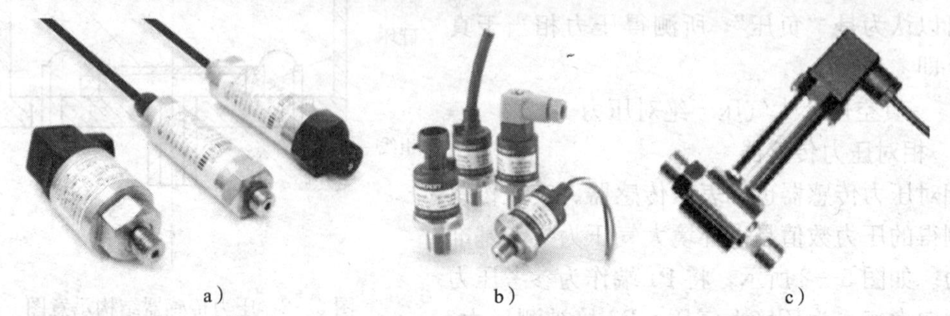

图 5—4　常见压力传感器外形

a）表压传感器　b）绝压传感器　c）差压传感器

三、应变式压力传感器

应变式压力传感器因结构简单，价格便宜，应用非常广泛。应变式压力传感器的核心是电阻应变片。导体或半导体材料在外力作用下伸长或缩短时，它的电阻值相应地发生变化，这一物理现象称为电阻应变效应。将应变片贴在被测物体上，使其随着被测物的应变一起伸缩，这样应变片里面的金属材料就随着外界的应变伸长或缩短，其阻值也相应地变化。应变片就是利用应变效应，通过测量电阻的变化而对应变进行测量。

应变片结构如图 5—5 所示。将电阻丝排成栅网状，粘贴在厚度为 15～16 μm 的绝缘基片上，电阻丝两端焊出引出线，最后用覆盖层进行保护，即成为应变片。使用时只要将应变片贴于被测物体上就可构成应变式传感器。

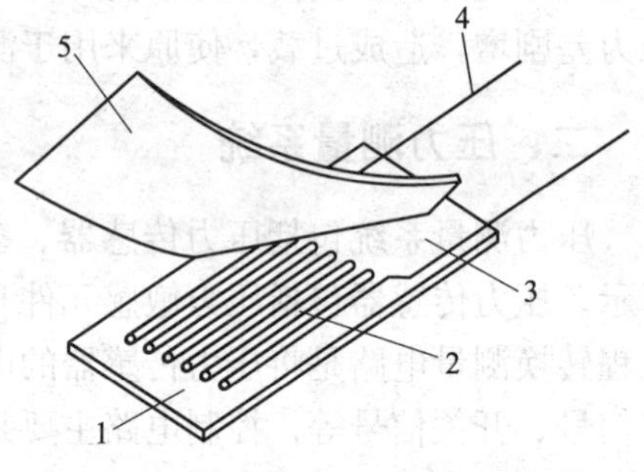

图 5—5　金属电阻应变片结构示意图

1—基底　2—电阻丝　3—粘贴胶

4—引出线　5—覆盖层

电阻应变片分为金属电阻应变片和半导体应变片两大类。在力传感器中大多数使用的是金属电阻应变片。一般金属应变片的电阻变化率为常数，应变片的阻值与应变成正比例关系，即

$$\frac{\Delta R}{R} = K\varepsilon$$

式中　R——应变片原电阻值，Ω；

ΔR——伸长或压缩所引起的电阻变化值，Ω；

K——比例常数（应变片常数）；

ε——应变，应变分为拉伸和压缩两种，可用正负号加以区别：拉伸 → 正（+）；压缩 → 负（−）。

不同的金属材料有不同的比例常数 K，如铜铬合金的 K 值约为 2。这样，应变的测量就通过应变片转换为对电阻变化量的测量。由于应变是相当微小的变化，所以产生的电阻变化

也是极其微小的。金属电阻应变片按结构形式分为丝式、箔式和薄膜式三种。其特点及适用场所详见表5—2。

表5—2　　　　金属电阻应变片种类与特点

种类	外形	结构	特点	适用环境
丝式	KLM-6-A9	将金属丝按一定形状弯曲后用黏合剂贴在衬底上，再用覆盖层保护	它结构简单，价格低，强度高，电阻阻值较小，一般为120～360 Ω，允许通过的电流较小，测量精度较低	适用于测量要求不很高的场合使用
箔式	HR R22	将厚度为0.003～0.01 mm的箔材通过光刻、腐蚀等工艺制成敏感栅，形成应变片	箔式应变片与丝式应变片比较，其面积大，散热性好，允许通过较大的电流。由于它的厚度薄，因此具有较好的可绕性，灵敏度系数较高	箔式应变片可以根据需要制成任意形状，适合批量生产
薄膜式		采用真空蒸镀或溅射式阴极扩散的方法，在薄的绝缘基底材料上制成一层金属薄膜，通过光刻、腐蚀形成应变片	这种应变片有较高的灵敏度系数，电阻阻值较大，一般为1～1.8 kΩ，允许通过的电流较大，工作温度范围较广，测量精度高	薄膜式应变片的电阻丝长度可以较长，应变电阻较大，适合批量生产

应变式压力传感器敏感元件的典型结构如图5—6所示。应变片粘贴在测量压力的弹性元件表面（即感压膜片）。

应变式压力传感器的弹性元件是一个圆形的金属膜片，金属元件的膜片周边被固定，当膜片一面受压弦 P 作用时，膜片的另一面产生径向应变 ε_r 和切向应变 ε_t。在膜片中心处，ε_r 与 ε_t 都达到正的最大值；在膜片边缘处，切向应变 $\varepsilon_t=0$，径向应变 ε_r 达到负的最大值，如图5—7所示。根据应力分布，粘贴四个应变片，两个贴在正的最大区域（R2、R3），两个贴在负的最大区域（R1、R4）。四个应变片组成全桥电路，这样通过测量输出电压，来测量被测电压，既可提高传感器的灵敏度，又起到温度补偿作用。

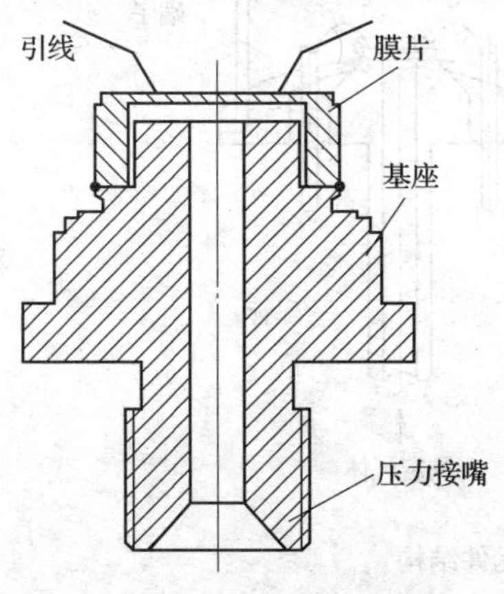

图5—6　应变式压力传感器

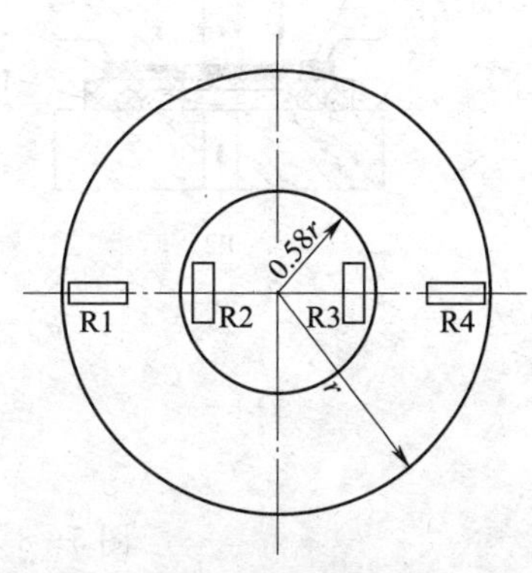

图5—7　弹性敏感元件应变电阻分布图

贴片式应变压力传感器结构简单，价格便宜，使用方便，在一些测量精度要求较低的场所应用广泛。但是，由于贴片式应变片的粘贴工艺，使应变片与膜片之间的应变需要应变胶来传递，传递性能会因环境因素改变，如温度，湿度，会存在蠕变、机械滞后、零点漂移等问题，测量精度不高。应变式压力传感器主要用于测量管道内部压力，内燃机燃气的压力、喷射力，发动机和导弹试验中脉动压力以及各种领域中的流体压力。

目前高精度应变式压力传感器均采用薄膜式应变片。薄膜应变片采用溅射、蒸镀等真空镀膜技术，在金属弹性膜片上直接生成隔离绝缘膜和金属电阻膜，用半导体光刻技术，制作四个应变电阻，组成全桥电路。因采用照相制版、光刻的方法，四个电阻的阻值一致性较好，保证了电桥零点的对称性。其工作原理与贴片式应变压力传感器相同。薄膜应变片无须用胶粘贴，其应变传递性能得到极大改善，因此薄膜应变式压力传感器具有以下优点：稳定性好；蠕变、迟滞小；使用寿命长；灵敏度高；温度系数小；工作温度范围宽；量程大；成本低。

四、压阻式压力传感器

压阻式压力传感器基于压阻效应。对一块半导体材料的某一轴向施加一定的载荷而产生应力时，该材料的电阻率会发生变化，这种物理现象称为半导体的压阻效应。半导体的电阻大小取决于有限量载流子（即电子、空穴）的迁移率。加在单晶材料某一轴向上的外应力，使载流子迁移率发生较大变化。半导体材料的电阻率 ρ 产生较大变化，电阻值也相应变化。半导体材料电阻变化率远大于金属应变片的电阻变化率。

压阻式压力传感器的敏感元件是压阻元件，它主要由外壳、硅杯和引出线等组成，其核心部分是硅杯，即一块带有应变电阻的硅膜片，如图 5—8 所示。压阻元件的膜片和应变电阻经微细加工，成为一体结构，没有可动部分，有时也称为固态传感器。普通压阻元件用于测量气体或能够与单晶硅兼容的不导电的液体。带有隔离膜片的压阻元件，可以测量与不锈钢 316L 兼容的气体或液体。压阻元件的常见外形如图 5—9 所示。

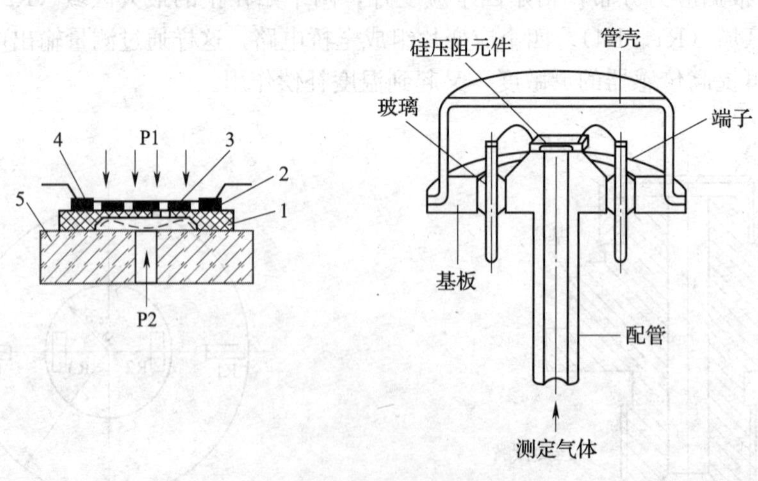

图 5—8　压阻式压力敏感元件结构

1—硅杯　2—单晶硅膜片　3—硅电阻应变片　4—电阻引线　5—玻璃基座

图 5—9　压阻元件的外形

压阻式压力传感器的压力测量原理与金属膜片应变式压力传感器基本相同，只是使用的材料和工艺不同。压阻式压力敏感元件的整体结构由硅杯和带有应变电阻的硅膜片组成。压力敏感元件的弹性元件是单晶硅膜片。它是利用集成电路工艺，在一块圆形的单晶硅膜片上制作四个扩散电阻，组成一个全桥测量电路。膜片用一个圆形硅杯固定，将两个腔体隔开。一端接被测压力，另一端接参考压力。当存在压差时，膜片产生变形，使扩散电阻的阻值发生变化，电桥失去平衡，输出电压反映了膜片承受的压差的大小。其主要优点是体积小，结构比较简单，动态响应也好，灵敏度高，能测出十几帕斯卡的微压。它是一种比较理想的、目前应用比较广泛的、发展迅速的一种压力传感器。

将压阻式压力敏感元件紧密地安装到带压力接嘴的壳体中，就构成了压力传感器，如图5—10 所示。根据压力敏感元件的结构不同，压阻式压力传感器可以测量绝对压力、表压力及差压。

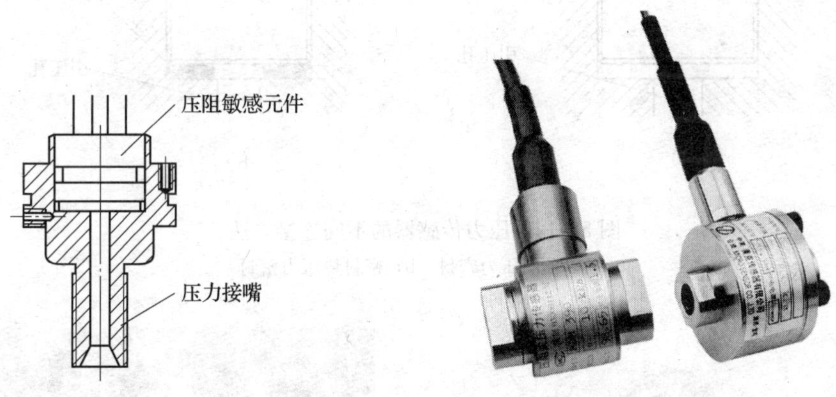

图 5—10　压阻式压力传感器

五、压力传感器的安装

压力传感器的安装有两个关键环节：一是压力传感器的引压管与所测压力管道或压力容器必须密封连接，不能因压力传感器的安装而使压力管道或压力容器泄漏，影响被测系统的正常运转。二是压力取样口位置的选择。

1. 压力传感器与所测压力管道或压力容器的密封连接

压力传感器密封连接方法很多。一般根据传感器的量程、结构、密封等要求不同，连接方法也不尽相同。

如图 5—11a 所示的传感器的压力接嘴呈倒刺状，可以用皮管直接相连，小压力传感器常采取该种连接方式；如图 5—11b、图 5—11c 所示的传感器的压力接嘴为平底螺纹状，加密封垫或 O 形圈后用扳手紧固，大压力传感器常采取该种连接方式，密封垫、O 形圈的安装方法如图 5—12 所示；如图 5—11d 所示的传感器为球头，要与相应的接头连接。常见的各种压力接嘴形式如图 5—13 所示。常用的各种压力接头如图 5—14 所示。

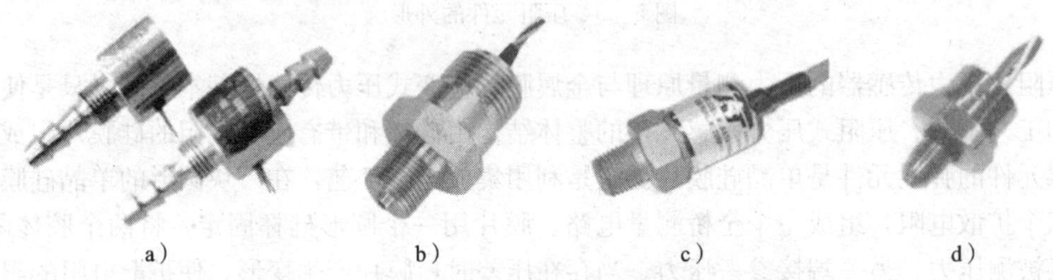

图 5—11　压力传感器的不同压力接嘴

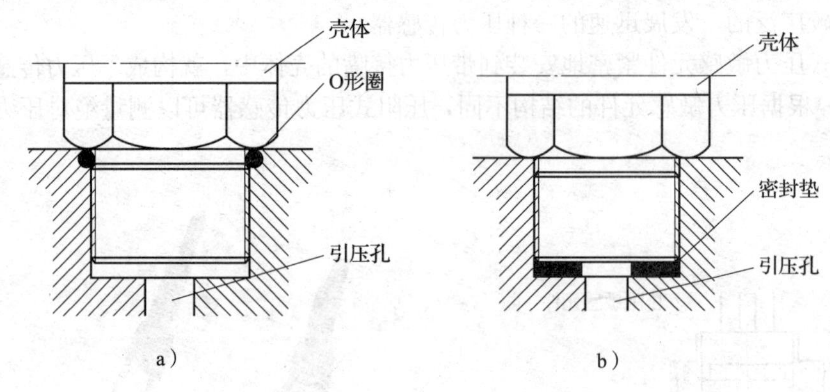

图 5—12　压力传感器的不同连接方法

a）O 形圈压力密封　b）密封垫压力密封

图 5—13　常见压力接嘴形式

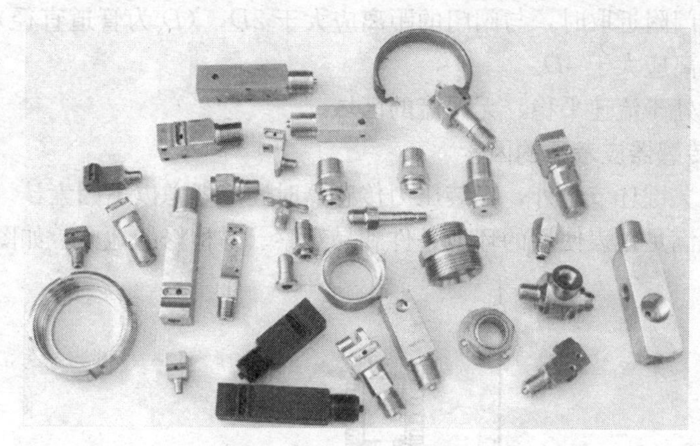

图 5—14 常用压力接头

压力传感器用在不同的环境，测量不同的被测介质时，要选择不同的密封垫片，压力为 80 kPa～2 MPa 时，一般用石棉纸板或铝片；温度及压力更高时（50 MPa 以下）用退火紫铜或铅垫；测量氧气压力时，不能使用浸油垫片、有机化合物垫片；测量乙炔压力时，不得使用铜质垫片，否则它们均有发生爆炸的危险。如果用压力垫片进行密封连接时，紧固时不宜用力过度，密封即可。

在很多不便安装压力传感器的压力测量场所，需将压力引出，一般采用铜管或金属软管将压力转接出来，如图 5—15 所示。

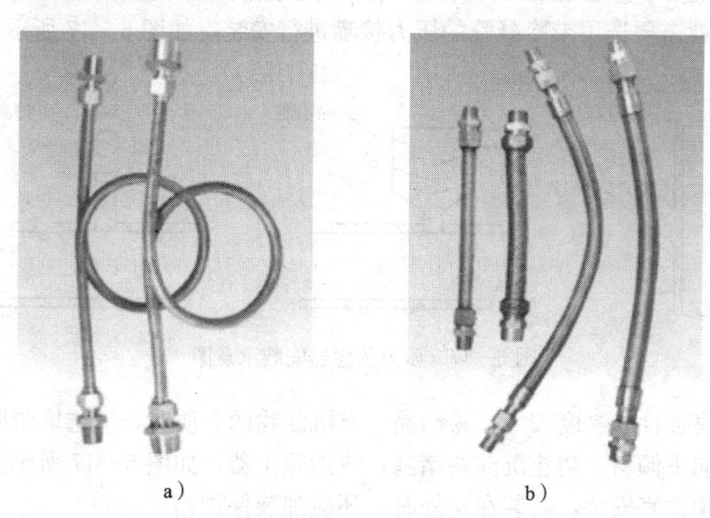

a） b）

图 5—15 引压管

a）铜管 b）金属软管

2. 取压口位置的选择

取压口是从被测对象中取压力信号的地方，其位置、大小及开口形状直接影响压力测量的准确度，一般选择原则是：

（1）取压口不得取在管道的弯曲、分叉及形成涡流的地方。

（2）当管道内有突出物体时，取压口应选在突出物体的前面。

（3）如果在阀门附近取时，与阀门的距离应大于 $2D$，（D 为管道直径），取压口若在阀门后，与阀门的距离应大于 $3D$。

（4）取压口应处于流速平稳、无涡流的区域。

3. 安装压力传感器应考虑的因素

除了上述两个关键环节之外，安装压力传感器时还应考虑以下因素：

（1）安装在能满足仪表使用的环境条件和易观察、易检修的地方，如图 5—16 所示。

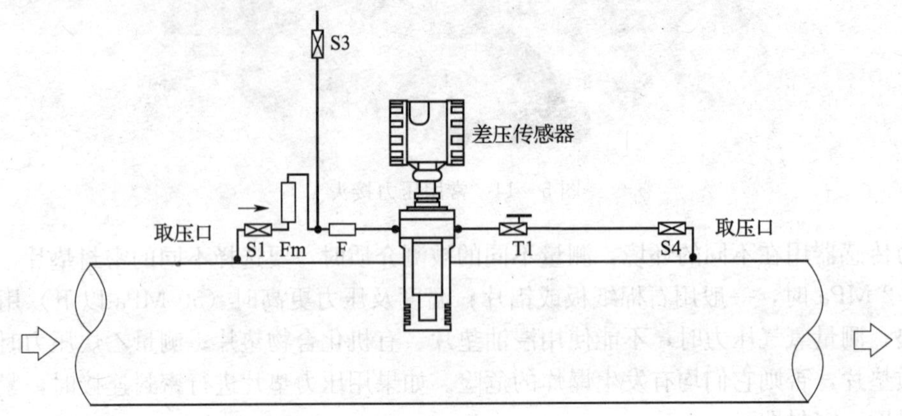

图 5—16　压力传感器安装示意图

（2）安装地点应尽量避免振动和高温影响，对于蒸汽和其他可凝结的气体以及当介质温度超过 60℃时，就需要选用带冷凝管的压力接嘴进行安装，如图 5—17 所示。

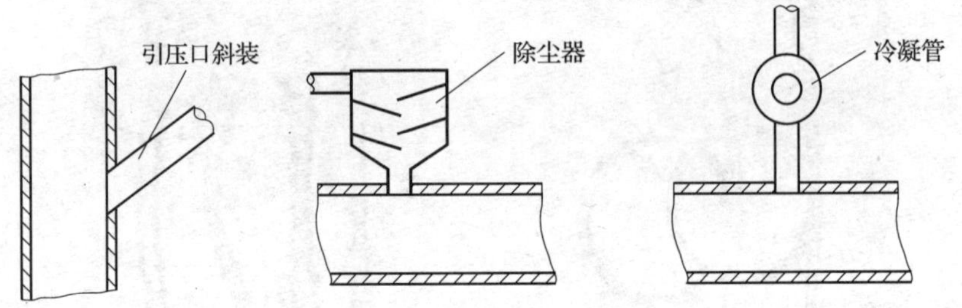

图 5—17　压力传感器安装示意图

（3）测量有腐蚀性、黏度较大、易结晶、有沉淀物的介质时，应选取带隔离膜片的压力传感器。引压管向下倾斜，防止沉淀物堵塞，或加除尘器，如图 5—17 所示。

（4）仪表必须垂直安装。若装在室外时，还应加装保护箱。

（5）当测量小压力信号时，压力传感器应与取压口在同一高度，否则需要进行修正因高度差所引起的测量误差。

总之，在安装压力传感器时，要根据压力的大小、被测介质、被测环境合理选择压力密封形式，选取安装位置。

六、压力传感器的校验

为了保证压力传感器的测量精度，压力传感器需要定期校验。对于大压力传感器，校验压力传感器所需的设备主要是砝码压力计，如图 5—18 所示。将压力传感器接在压力表头的压力接嘴处，加不同的砝码，可获得不同的压力值，精度可达 0.15 级，适用于测量相对压力传感器。

图 5—18　砝码压力计

a）YS－600（满量程 60 MPa）　b）YS－60（满量程 6 MPa）

压力传感器的校验方法是：在常态工作条件下，将传感器固定在试验夹具上，按图 5—19连接电路和油路。压力源精度要高于或等于 0.15 级，为压力传感器提供准确压力源。稳压电源为传感器提供电源。

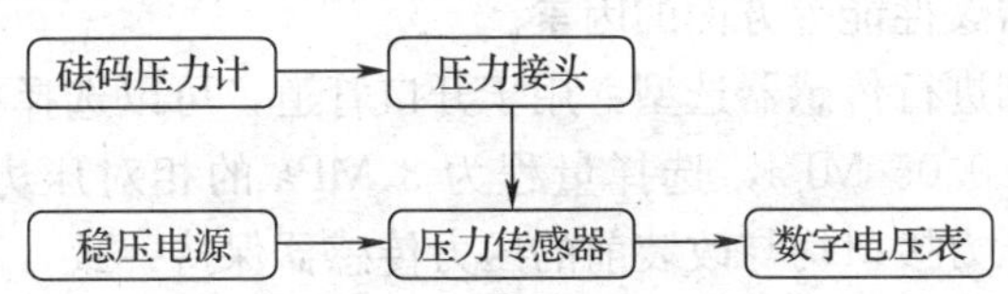

图 5—19　液压传感器电路与气路

传感器校准点的压力值可根据量程选择包括零点和满量程点在内的六个适当的点。给传感器加压至各压力校准点，在各压力点上判断传感器稳定的输出值是否为校准值，试验次数为正反行程各两次，计算出压力与输出电压的方程或曲线。注意：校准前，一定要先检查加压系统的气密情况。

任务实施

压力传感器的种类繁多，其性能也有较大的差异，在实际应用中，应根据具体的使用场合、条件和要求，选择较为适用的传感器，做到经济、合理。在选择压力传感器时，除了要遵守一般传感器的选择原则外，还应考虑以下问题：

1. 根据测量对象要求选用合适的传感器类型

表压传感器适用于开口罐、开口管道等压力的测量以及大压力信号的测量等。表压传感器的应用范围最广、领域最宽、用量最大。

差压传感器适用于测量两容器或两管道的压力差。也常用差压传感器测量液位，例如，通过测量密封罐顶部与底部的压力差可就算出密封罐内的液位高。环境介质本身的压力较大的情况下，要充分考虑有无安全的过压保护装置等。

绝压传感器适用于测量相对真空的介质的压力值以及小压力的测量。广泛用于对海拔高度、密封管道压力、真空度的测量。

2. 根据测量对象的环境选择与之相兼容的传感器

传感器一般应安装于通风、干燥、无腐蚀性物质、阴凉处，但如果需要安装在露天环境中，应装防护罩，避免阳光照射和雨淋。对振动大、干扰强、湿度大或粉尘大的场合，一般压力传感器与介质接触的材料为 316 不锈钢，适于测量各种非腐蚀性气体、污水、净水、油等介质。对于特殊的腐蚀介质的测量，应要求传感器的壳体和压力敏感元件采用与之相兼容的金属材料，如哈氏合金、蒙耐尔合金、钽等防腐材料，可用于酸、碱等强腐蚀性环境。

一般压力传感器使用温度范围有明确规定。压力传感器的温度范围分为补偿温度范围和工作温度范围。在补偿温度范围内对传感器进行了温度补偿，在此温度范围内测量精度可以满足一定要求。工作温度范围是保证压力传感器能正常工作的温度范围。对于特殊用途、温度范围宽的传感器需要进行温度补偿。

3. 根据测量对象选择适当量程的压力传感器

压力传感器量程的选用一般以被测量参数处在整个量程的 80%～90%为最佳，但最大工作状态点不能超过满量程。一般小量程压力传感器的过载能力为满量程的 2～3 倍，大量程压力传感器的过载能力为满量程的 1.2～1.5 倍。

此外在选择压力传感器时，还应考虑传感器的压力连接形式、电气连接形式、是否需带现场显示、产品是否需防爆性能等方面的因素。

技术员根据上述原则进行传感器选型：用于开口管道，可以选择相对压力传感器；新产品控制压力要求为 2.6±0.05 MPa，选择量程为 3 MPa 的相对压力传感器，测量精度小于±1.5%;电器接口、压力接口均与改装前的压力传感器保持一致，画出压力传感器。

在原压力传感器位置安装、紧固传感器，先连接压力接口，再连接电器接口，通电调试。每个压力传感器都有一个输入输出数据表或方程，见表 5—3。在调试时要将新传感器输入输出数据方程输进测量系统，替代原传感器数据表。这样系统显示的压力数据为 0～3 MPa。

表 5—3　　压力传感器输入输出数据表

压力（MPa）	0	0.5	1.0	1.5	2.0	2.5	3.0
输出（mV）	195	952	1 712	2 465	3 226	3 986	4 705

思考与练习

1. 压力传感器分为哪几类?
2. 简述薄膜式应变压力传感器工作原理及其特点。
3. 压力传感器怎样与被测压力容器密封连接?
4. 量程较大的压力传感器校验时，多采用液压校准。试画出电路与气路连接图。
5. 简述压力传感器安装方法。

课题二　力的测量

◆ 教学目标

- 了解力传感器的种类与基本结构
- 了解力传感器的工作原理
- 掌握应变片的贴片方法

任务提出

桥梁是投资巨大、使用期很长的大型民用基础设施，因此其使用的安全性非常重要。在其服役过程中，由于荷载作用、疲劳效应、腐蚀效应和材料老化等不利因素对设施的长期影响，桥梁结构将不可避免地产生自然老化、损伤积累，甚至导致突发事故。近年来，国内发生的几起桥梁倒塌和报废事故，使人们逐渐认识到桥梁安全监测的重要性和迫切性。由于桥梁尺寸大、约束点较多、结构变形复杂，因此，要对桥梁的健康状况进行全面评估，需要从不同的侧面（例如，应变、挠度、振动等方面）了解桥梁的状态。

某公司技术员接到某桥梁应力监测任务，要在 30 天内监测桥梁不同部位的金属支架应力，并记录下来，便于后续分析，同时还要监控桥梁结构应力状况，且经费有限。本课题将制作一个满足上述要求的 10 路桥梁应力自动监测、记录系统方案，每一路采用力传感器（见图 5—20）进行应力测量，测量仪分时采集 10 路信号，记录数据，并存储数据。

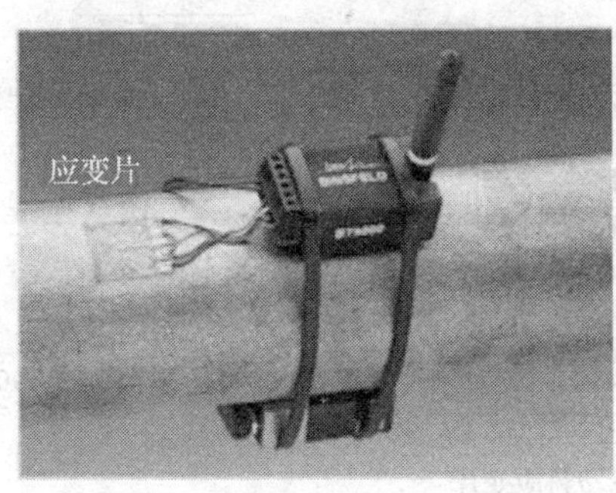

图 5—20　力传感器

任务分析

桥梁应力自动监测、记录系统中最关键的是力传感器。10 路信号采集系统可以使用通用模拟信号采集设备。应变式传感器突出的优点是结构简单，价格便宜。与其他类型的力学传感器相比，应变式传感器具有测试范围宽、输出线性好、性能稳定、工作可靠并能在恶劣环境条件下工作的特点。所以本任务可以选用应变式力传感器。要设计、制作满足要求的应力自动监测、记录系统，必须掌握如何选择、安装力传感器及测力检测系统的设计方法。本课题的任务就是学习力传感器及力传感器的测量方法。

相关知识

一、力传感器

力传感器根据制造原理不同可分为电阻应变式、电容式、振弦式、压电式等。在测量静态力（力的大小与方向不随时间变化而变化或随时间缓慢变化，称静态力）时，最常用的是电阻应变式力传感器。本课题采用电阻应变式力传感器。

电阻应变式力传感器的核心是电阻应变片。为了测量金属梁在工程中所承受的力，将电阻应变片贴在金属梁上。金属梁受到外力后，产生应变，并传递给电阻应变片，应变片敏感到应变后产生电阻变化，经测量电路转换成与外力成正比的电信号，实现了力的检测，其工作过程如图 5—21 所示。

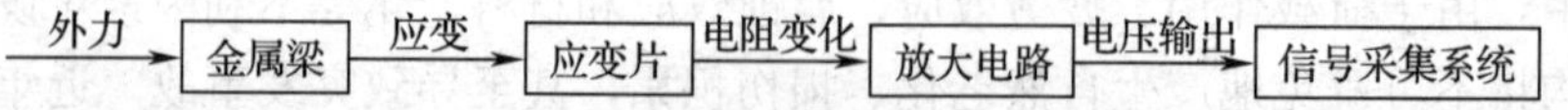

外力 → 金属梁 →应变→ 应变片 →电阻变化→ 放大电路 →电压输出→ 信号采集系统

图 5—21　力传感器工作原理

测量完成后，不会对被测物体造成任何影响，拆除也非常容易。这种方法广泛用于汽车、建筑、桥梁工程、航天等领域。应变式传感器还可用于对压力、加速度等力学量的测量。应变式传感器广泛应用于化工、冶金、机械、交通及国防等许多部门。

应变片结构简单，测量方便，根据不同测量环境，不同测量目的，不同测量对象，电阻应变片有多种形式，如图 5—22 所示。可依据具体使用情况选择不同类型的应变片。

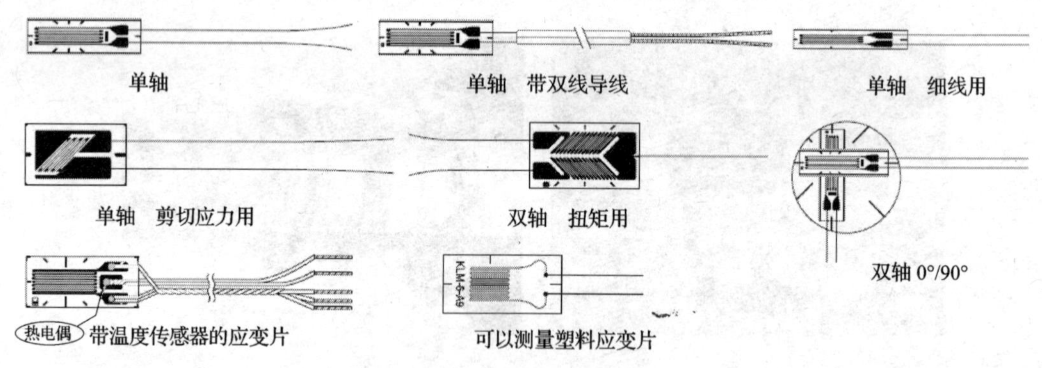

图 5—22　各种类型的应变片

电阻应变式力传感器主要以两种方式使用：

1. 将应变片直接粘贴于被测构件上，用来测定构件的应变或应力。例如，为了测量或验证机械、桥梁、建筑等某些构件在工作状态下的应力、变形等情况，将形状不同的应变片粘贴在构件的预测部位，测得构件的拉、压应力、扭矩或弯矩等，为结构设计、应力校核或构件破坏的预测等提供可靠的实验数据。

2. 将应变片贴于弹性元件上，与弹性元件一起构成应变式传感器敏感元件。这种传感器可以常用来测量力、位移、加速度等物理参数，在这种情况下，弹性元件将被测物理量转换为与之成正比变化的应变，再通过应变片转换为电阻变化输出。

二、电阻应变式力传感器的测量电路

应变电阻变化是极其微弱的，电阻相对变化率仅为0.2%左右。例如，应变电阻为300 Ω，电阻变化量为0.6 Ω，要精确地测量这么微小的电阻变化是非常困难的，一般的电阻测量仪表无法满足要求。通常采用惠斯登电桥电路进行测量，将电阻相对变化 $\Delta R/R$ 转换为电压或电流的变化，再用测量仪表对应变式传感器的测量电路进行测量。

惠斯登电桥电路如图5—23所示。R_1，R_2，R_3，R_4 为四个桥臂的电阻，电桥的供电电压为 U，电桥输出电压为 U_o。在被测物体未施加作用力时，应变为零，应变电阻没有变化，四个桥臂的初始电阻满足 $R_1/R_2=R_3/R_4$ 时，桥路输出电压 U_o 为零，即桥路平衡。

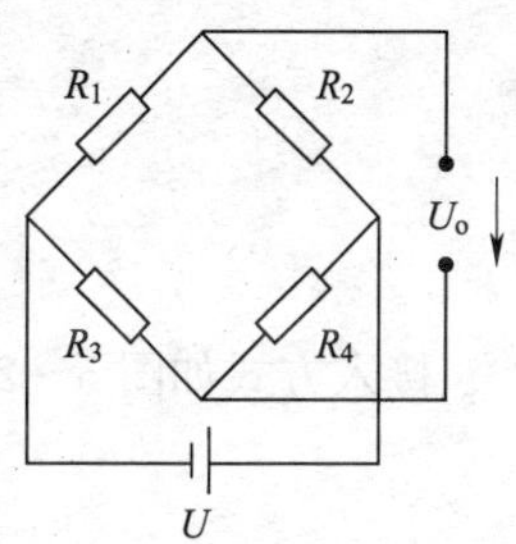

图5—23 电桥电路

如果电桥电压 U 保持不变，电桥的输出电压 U_o 可以用下式近似表示：

$$U_o \approx \frac{R_1R_2}{(R_1+R_2)^2}\left(\frac{\Delta R_1}{R_1}-\frac{\Delta R_2}{R_2}-\frac{\Delta R_3}{R_3}+\frac{\Delta R_4}{R_4}\right)U$$

如果四个桥臂的初始电位满足 $R_1=R_2=R_3=R_4$，则上式可变为：

$$U_o \approx \frac{U}{4}\left(\frac{\Delta R_1}{R_1}-\frac{\Delta R_2}{R_2}-\frac{\Delta R_3}{R_3}+\frac{\Delta R_4}{R_4}\right)$$

即

$$U_o \approx \frac{U}{4}K\ (\varepsilon_1-\varepsilon_2-\varepsilon_3+\varepsilon_4)$$

式中 ε——应变；

K——比例常数（应变片常数），不同的金属材料有不同的比例常数 K。

在测量电路中，应变片应该怎样接入电桥更有利于信号测量呢？一般应变片接入电桥可以有以下几种形式：

1. 单臂半桥电桥电路

如图5—24所示，R1为应变片，其余各桥臂电阻为固定电阻，称为单臂半桥电桥电路。其输出有：

$$U_o \approx \frac{U}{4}\times\frac{\Delta R_1}{R_1}=\frac{U}{4}K\varepsilon$$

上式中除了 ε 均为已知量，如果测出电桥的输出电压就可以计算出应变的大小，进而推算出力的大小：

$$\sigma=E\varepsilon$$

上式中 σ 为应力；E 为弹性系数或杨氏模量，不同的材料有固定的杨氏模量。

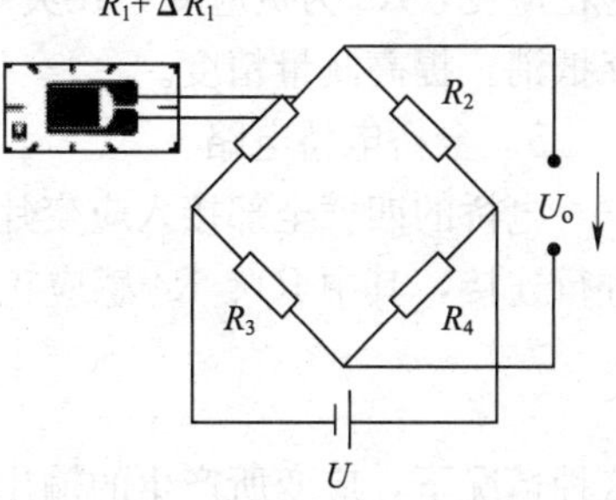

图5—24 单臂电桥

2. 双臂半桥电桥电路

如图5—25所示，在电桥中接入了两片应变片，其余桥臂为固定电阻，称为双臂半桥电桥电路。这种电路可以有两种接入方法。

当接入方式如图5—25a所示时，其输出有：

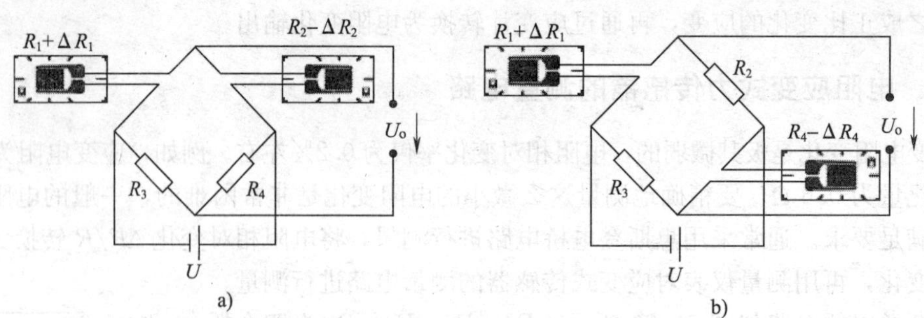

图 5—25 双臂半桥电桥电路

$$U_o \approx \frac{U}{4}\left(\frac{\Delta R_1}{R_1}-\frac{\Delta R_2}{R_2}\right)=\frac{U}{4}K(\varepsilon_1-\varepsilon_2)$$

接入方式如图 5—25b 所示时，其输出有：

$$U_o \approx \frac{U}{4}\left(\frac{\Delta R_1}{R_1}+\frac{\Delta R_4}{R_4}\right)=\frac{U}{4}K(\varepsilon_1+\varepsilon_4)$$

也就是说当接入两片应变片时，根据接入方式的不同，两片应变片上产生的应变或加或减。

例如，有一圆柱形拉力传感器，如图 5—26 所示。R1、R2 是两个完全相同的应变片，其中 R1 横贴，为径向贴片，感应的是负应变；R2 竖贴，为轴向贴片，感应的是正应变；R3、R4 为固定电阻。如果用 R1、R2 组成双臂半桥电路测量应力，则应按图 5—25a 进行连接，其输出为两应变相减，但 R1 为负应变，则输出为：

$$U_o \approx \frac{U}{2}\times\frac{\Delta R}{R}=\frac{U}{2}K\varepsilon$$

可获得较大灵敏度，便于测量。

如果用 R1、R2 都横贴或都竖贴，感应的是负应变或正应变组成双臂半桥电路，则应按图 5—25b 进行连接（即将 R2 接在 R4 的位置），其输出为两应变相加，也可获得较大灵敏度。

在实际工程中更多采用图 5—25a 所示的连接方式，其输出为相邻两桥臂应变相减，R1 为正应变，R2 为负应变，在灵敏度提高的同时，可以将应变片的温度误差和非线性误差相互抵消，提高测量精度。

3. 全桥电桥电路

电桥的四臂全部接入应变片称为全桥电桥电路。若四片应变片完全相同，按照图 5—27 进行连接，其中 R1、R4 感应正应变；R2、R3 感应负应变。其输出为：

$$U_o \approx U\frac{\Delta R}{R}=UK\varepsilon$$

这种情况下，应变所产生的输出电压是单臂电桥应变片所产生的电压的 4 倍，灵敏度最高。此时应变片的温度误差和非线性误差相互抵消，测量精度较高。

将应变片接成全桥电路时，要特别注意：相邻桥臂的应变片所感受的应变必须相反，否则上式不成立。

惠斯登电桥电路输出为差动输出，且电压比较小，一般满量程为 1.5 mV/V 左右，即如果电桥电压为 10 V，则满量程输出为 15 mV 左右。要将电桥输出信号放大 4~5 V，需采用放大倍数 300 的差动放大器。应变式传感器典型测量电路如图 5—28 所示。

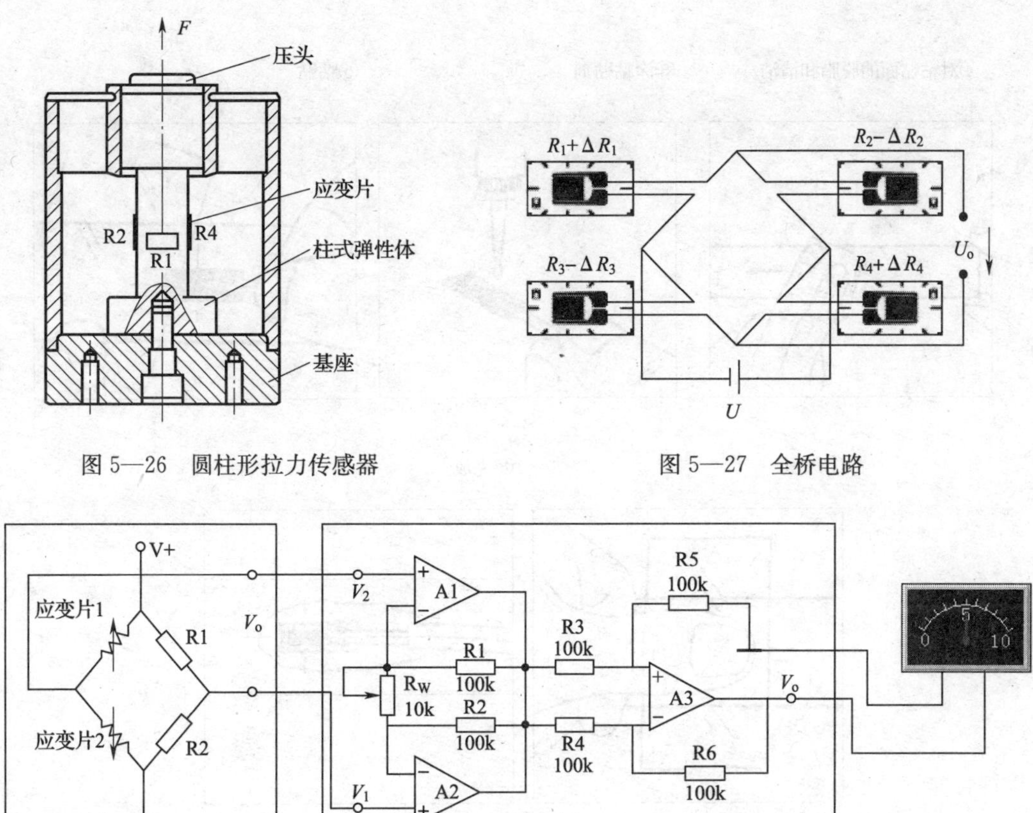

图 5—26　圆柱形拉力传感器　　　　图 5—27　全桥电路

电桥电路　　　　差动放大器　　　　测量仪表

图 5—28　应变式传感器典型测量电路

三、应变片的粘贴

在测量力时，可将应变片直接粘贴在被测部位。应变片的粘贴是应变片测量技术的关键环节之一，将直接影响胶的粘接质量及测量精度，如果贴片不严格，技术不熟练，即使使用最好的应变片也无济于事。

在粘贴应变片时，必须严格遵守应变片的粘贴工艺，按照应变片的粘贴工艺步骤逐步完成，如图 5—29 所示。

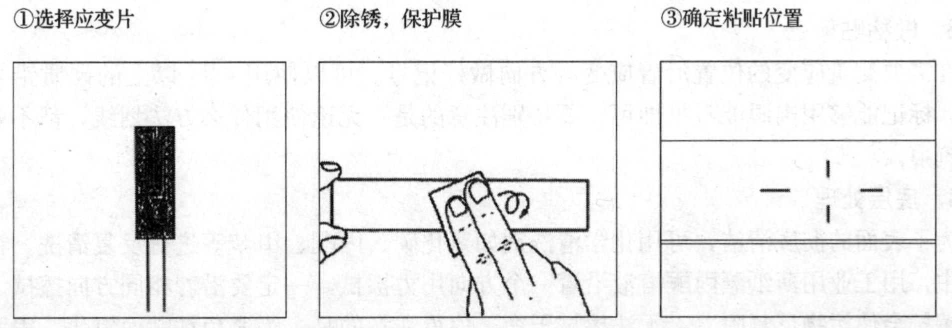

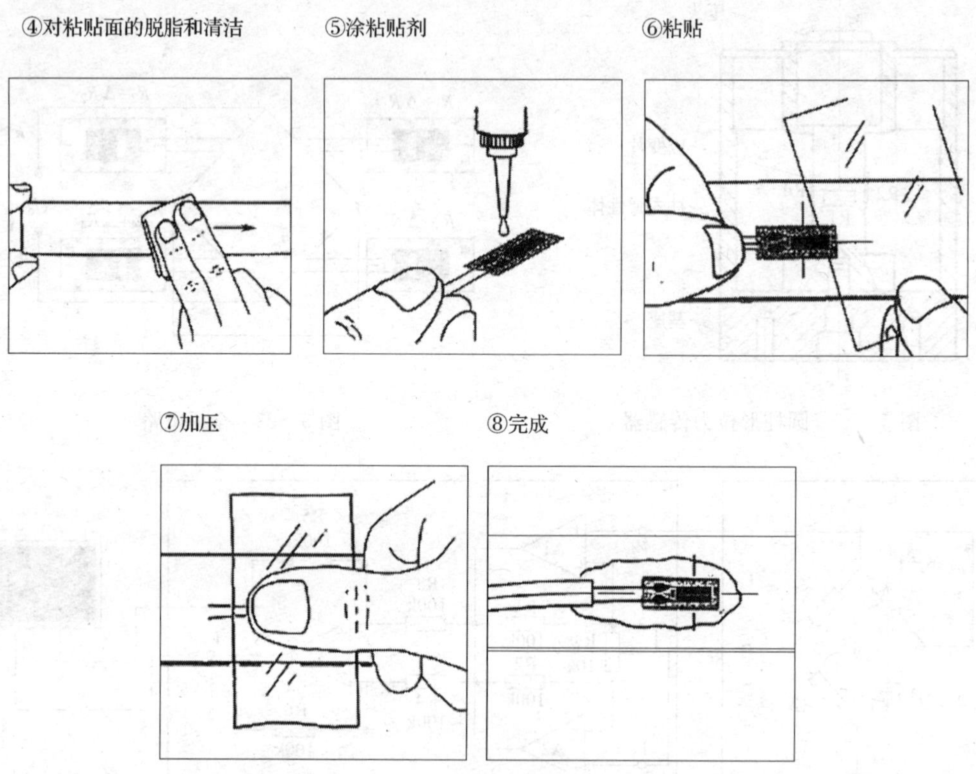

图 5—29 应变片的粘贴工艺步骤

1．应变片的选择与检查

应变片的种类较多，首先要根据被测物体及环境选择应变片。其次对采用的应变片进行外观检查，观察应变片的敏感栅是否整齐、均匀，是否有锈斑以及短路和折弯等现象。最后测量应变片的阻值，在采用全桥或半桥时，配对选用，便于电桥的平衡调试。

2．试件的表面处理

为了获得良好的黏合强度，必须对试件表面进行处理，清除试件表面杂质、油污、油漆、锈迹及疏松层等。一般的处理办法可采用砂纸打磨，较好的处理方法是采用无油喷砂法，这样不但能得到比抛光更大的表面积，而且可以获得质量均匀的结果。试件的表面处理范围要大于应变片的面积。

3．做粘贴标记

在需要测量应变的位置沿着应变的方向做好记号。可以使用 4 H 以上的硬质铅笔或划线器，标记能够用肉眼能看见即可。要特别注意的是：无论使用什么方法划线，都不要留下深的刻痕。

4．底层处理

为了表面的彻底清洁，可用化学清洗剂如氯化碳、丙酮、甲苯等进行反复清洗。在清洁过程中，用工业用薄纸蘸丙酮溶液沿着一个方向用力擦拭，一定要沿着相同方向擦拭。如果来回擦拭会使污物反复附着，无法擦拭干净。值得注意的是，为避免粘贴面氧化，表面清洁后，应尽快粘贴应变片。如果不立刻贴片，可涂上一层凡士林暂作保护。

5. 点胶

首先要确认应变片的正反面。一般光滑的绝缘面为反面（粘贴面）。将应变片反面用清洁剂清洗干净，再将胶水滴在应变片的反面。应变胶流动性较好，会自动摊开。通常不采用涂抹粘贴的方法。如果采用涂抹粘贴剂的方法，先涂抹部分的粘贴剂会出现硬化，使黏性下降。

为了保证应变片能牢固地贴在试件上，并具有足够的绝缘电阻，改善胶接性能，也常使用双组分环氧应变胶。先在粘贴位置涂上一层底胶，在试件表面和应变片底面再各涂上一层薄而均匀的黏合剂。

6. 贴片

待稍干后，将应变片对准划线位置（应变片标记与划线两点对齐），迅速贴上，然后盖一层玻璃纸，用手指或胶辊按压被测部位，挤出气泡及多余胶水，保证胶层尽可能薄而均匀。然后用拇指紧紧按住应变片停留 3 min，用力不能过大。

7. 固化

黏合剂的固化是否完全，直接影响到胶的物理机械性能。在固化过程中，要掌握好温度、时间和循环周期。无论是自然干燥还是加热固化都要严格按照工艺规范进行。为了防止应变片吸潮、受腐蚀，在固化后的应变片上应涂上防潮保护层，防潮层一般可采用稀释的黏合胶，如硅橡胶。

8. 粘贴质量检查

首先是从外观上检查粘贴位置是否正确，黏合层是否有气泡、漏粘、破损等。然后是测量应变片是否有断路或短路现象以及测量出应变片的绝缘电阻。

检查合格后即可焊接引出导线，引线应适当加以固定，防止应变片线脚与被测工件接触，导致短路，使测试无效。应变片之间通过粗细合适的漆包线或其他软线连接组成电桥回路。连接线长度应尽量一致，且不宜过多。最后检查焊接引线与组桥连线。这样就完成了整个粘贴过程。

电阻应变片安装必备工具及材料：用于应变片粘贴表面处理的清洁剂，应变片黏合剂（胶），保护应变片的涂层材料（胶），电阻丝或应变片引线，接线端子，电缆及附件，焊锡，助焊剂和焊机，必要的安装工具。

任务实施

考虑到经费有限，可制订方案如下：

第一步，选择应力传感器。桥梁监测 30 天，不是长期使用，可以选用应变式力传感器。联系厂家购买应变式力传感器，做桥梁应力自动监测、记录系统方案。要测量桥梁金属支架应力，在一个部位只测一个方向的应力，可以选择单轴应变片，为了提高可靠性并方便连线可以采用带导线引线的单轴应变片。根据测量要求，在相应部位粘贴应变片。在粘贴时要注意测量方向与应变片标注的测量方向保持一致。

第二步，搭建测量系统。将 10 路传感器信号采集并存储可以有以下两个方案：

方案一：用应变测量仪（见图 5—30）采集应变数据。应变仪可对力、荷重、压力、扭矩、位移等应变进行精确测量。仪器内部包括电源、放大器、滤波器、数据采集系统等。所有应变传感器统一由应变仪集中供电，供桥电压为 2 V（DC）；传感器接入方式有：全桥、半桥、单臂半桥等方式。数据采样方式多样：单次采样、定时采样、连续采样，可以绘制输出曲线，还可以可根据用户要求，将数据导入 EXCEL、TXT 文件。应变仪采集点数可以为 16 点采集，通道可达 16 路；测量范围：应变 0～±19 999 $\mu\varepsilon$ 。系统配置了多种前置信号调理器（ICP、应变、电荷等），实现了多种信号的同时测量。保证了数据的实时传输、实时显示、实时分析、实时存盘。因此，在测量时，只需将应变片输出线接入应变仪就可测出应变值、应力等。但该仪表属于专用仪表，价格较高，本课题经费少，无力购买。

图 5—30　应变测量仪

方案二：10 路数据采集器。先制作一个仪表放大器，将应变传感器信号进行放大，然后用已有的 10 路数据采集器将每一路采用力传感器进行应力测量，测量仪分时采集 10 路信号，记录数据，并存储数据，系统框图如图 5—31 所示。此设计工作量较大，但价格便宜、性价比高，可以选择此方案。

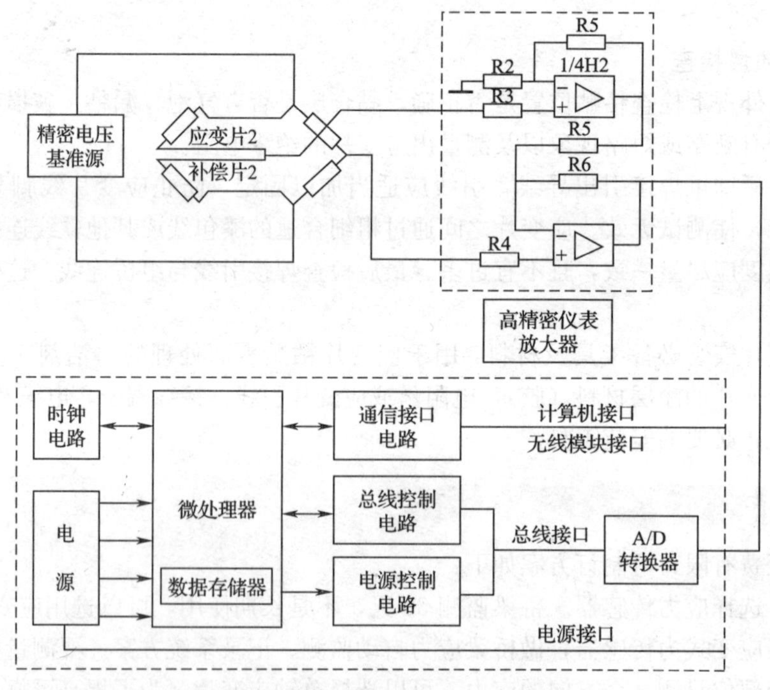

图 5—31　桥梁应力自动监测系统框图

思考与练习

1. 简述应变传感器的工作原理。

2. 一般采用什么方法测量应变片的电阻变化？写出各种测量电路输出电压与电阻相对变化的表达式。

3. 简述应变片的粘贴方法。

4. 应变式传感器一般为什么采用全桥电桥电路进行测量？

5. 有一吊车的拉力传感器如图 5—32 所示。其中电阻应变片 R1、R2、R3、R4 贴在等截面轴上。已知 R1、R2、R3、R4 标称阻值均为 120 Ω，桥路电压为 2 V，质量为 m 的重物引起各电阻变化量为 1.2 Ω。求：

(1) 四个应变片怎样组成电桥时，传感器灵敏度最大（画出电桥电路）？

(2) 计算电桥输出灵敏度和质量为 m 的重物引起的输出电压。

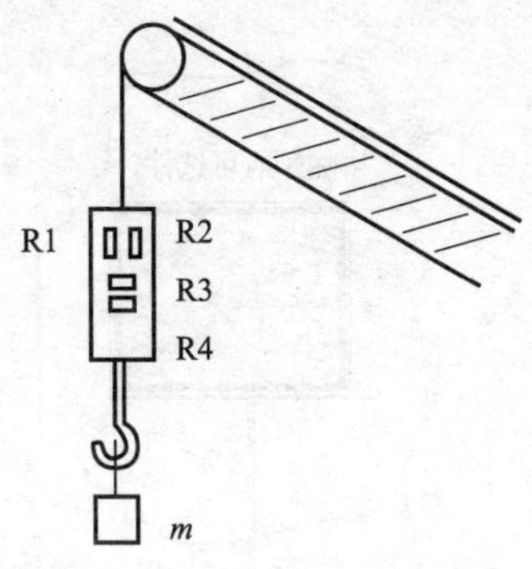

图 5—32　吊车拉力传感器

课题三　称重传感器

◆ **教学目标**

- 了解称重传感器的种类与基本结构
- 了解称重传感器的工作原理
- 掌握称重传感器的选择和使用方法

任务提出

随着科学技术的日新月异，对生产的自动化程度要求越来越高，减轻劳动强度，保障生产的可靠性、安全性，降低生产成本，提高产品的质量是企业生产必须解决的重大问题。全自动配料控制系统是集自动控制技术、计量技术、传感器技术、计算机管理技术于一体的机电一体化系统，如图 5—33 所示。在上位机人工设置当前需要的饲料配料表，PLC 控制称重传感器进行载荷测量，最后由变频器控制各阀门加料。

某饲料厂为了扩大生产规模，提高工业生产过程自动化程度，引进了全自动配料控制系统，实现对物料的快速、准确称量。可近日，8＃料斗称量的数据不稳，出现数据跳变、输出异常与报警现象。本课题的任务就是对此系统进行检修，排除故障，保证生产。根据饲料配料表，8＃称量斗最大称量 800 kg，显示分度值 0.1 kg。

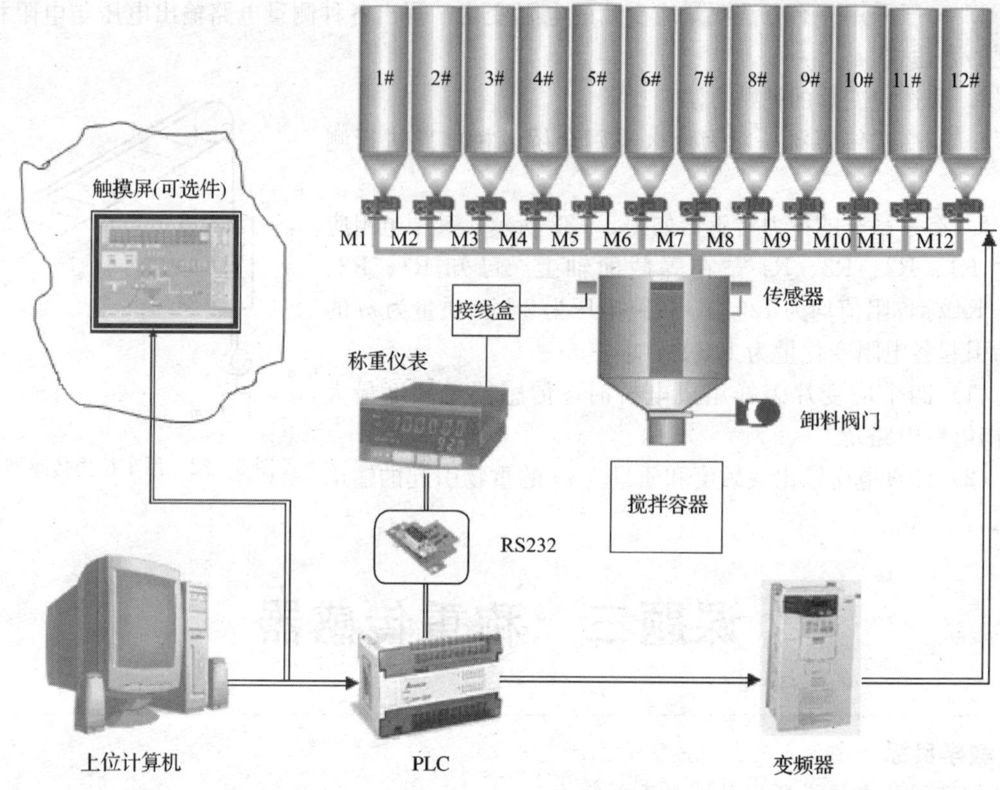

图 5—33　全自动配料控制系统

任务分析

料斗称量的数据不稳，出现数据跳变、输出异常与报警现象，可能是信号采集系统的问题，如电磁干扰问题，也可能是称重传感器故障，造成输出信号数据不稳，或者是连线接触不良。如果是称重传感器的问题，应该怎样选用、更换、调试称重传感器呢？本课题的任务目标是通过学习称重传感器基本工作原理，学会在满足设计精度的条件下如何正确选择与使用称重传感器。

相关知识

一、称重传感器

称重传感器是工业测量中使用较多的一种传感器，它是对重力敏感的敏感元件，几乎运用到了所有的称重领域。如电子秤（见图 5—34）。在混合各种原料的配料系统中、生产过程物料的进料量控制中以及生产工艺中的自动检测中，都应用了称重传感器。它将物料的重量转化成电信号，提供给 CPU，CPU 对电动机、阀门进行控制，或直接进行控制与显示。称重传感器的量程从几克到几百吨。

称重传感器根据制造原理不同可分为电阻应变式、感应式、电容式、振弦式等，其中应变式称重传感器在电子称重系统中应用最广泛。

1. 电阻应变式称重传感器的工作原理

电阻应变式称重传感器由弹性元件、应变片和外壳所组成，如图 5—35 所示，其中电子秤的称重传感器为电阻应变式称重传感器，其弹性元件是应变梁。弹性元件是称重传感器的基础，被测物的重量作用在弹性元件上，使其在某一部位产生较大的应变或位移；弹性元件上的应变片作为传感元件，将弹性元件敏感的应变量或位移完全地同步地转换为电阻值的变化量，转换成电信号后，完成重力的测量。

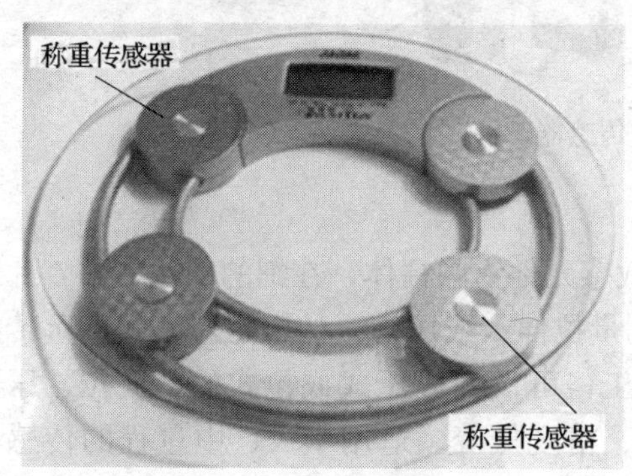

图 5—34　电子秤

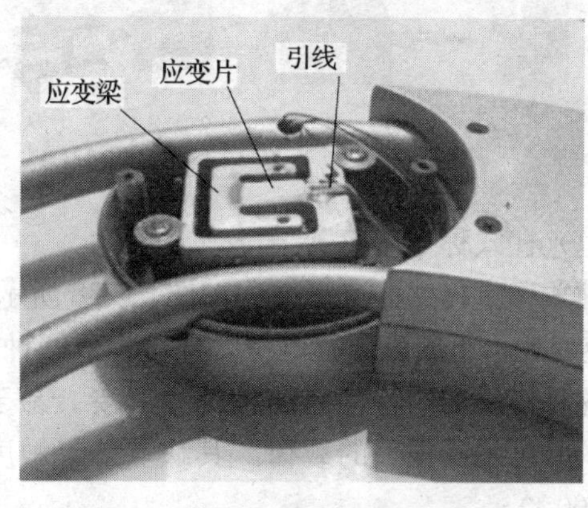

图 5—35　电子秤中的称重传感器

传感器弹性元件一般是由优质合金钢材、有色金属铝、铍青铜等材料加工成型，其外形结构多种多样。根据被测量的大小及受力方式不同，可选择不同结构的弹性元件。常见的有柱式、悬臂梁式、环式、轮辐式等，如图 5—36 所示。在弹性元件上按一定方式粘贴应变片，当弹性元件在外力作用下产生应变或位移时，不同部位的应变片电阻值变化不同，或变大或变小，更有利于组成惠斯登电桥。

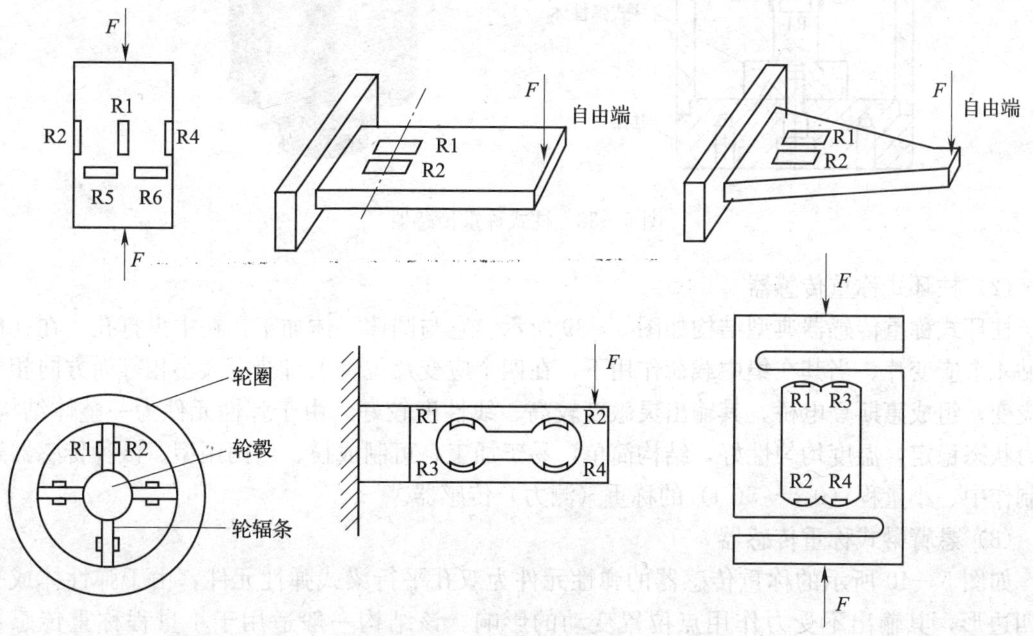

图 5—36　传感器弹性元件

2. 电阻应变式称重传感器种类

根据传感器弹性元件的结构不同，电阻应变式称重传感器分为柱式、悬臂梁式、环式、轮辐式等。常用的称重传感器外形如图 5—37 所示。不同结构传感器的量程范围、安装形式、适用场所不尽相同。应变式称重传感器主要用于测量力、荷重和扭矩。

图 5—37　称重传感器

(1) 柱式称重传感器

柱式称重传感器典型结构如图 5—38 所示，敏感元件为圆柱体，在细的部位粘贴 4 片或 8 片应变片，组成惠斯登电桥，即可构成一种能测量拉伸（或压缩）的电阻应变式称重传感器。这种传感器的特性是结构简单紧凑、易于加工，可设计成压式或拉式的，或拉、压两用型，并可承受很大的载荷。其缺点是灵敏度低、精度低等。适用于大、中量程的传感器（1～500 t）。

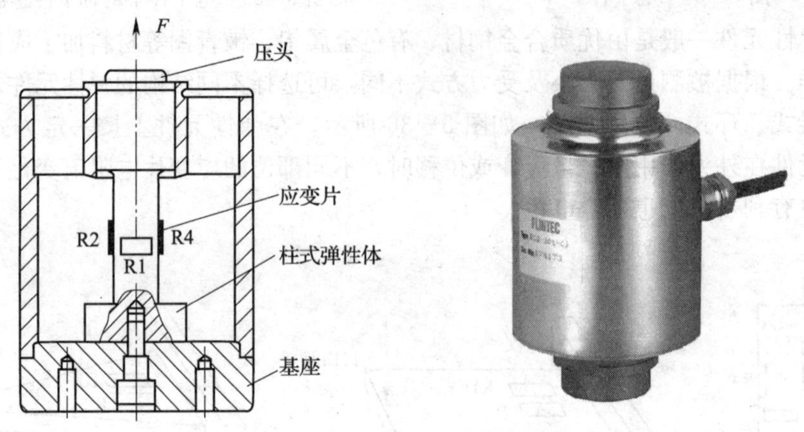

图 5—38　柱式称重传感器

(2) 柱环式称重传感器

柱环式称重传感器典型结构如图 5—39 所示，它与圆棒一体加工，在中央打孔，在孔内粘贴 4 个应变片。当其在集中载荷作用下，在四个应变片位置上可获得大小相等而方向相反的应变，组成惠斯登电桥，其输出灵敏度较高、线性度较好。由于弹性元件为一整体结构，受力状态稳定，温度均匀性好，结构简单，易于加工，可制成拉、压两用型。该种传感器适宜制作中、小量程（0.5～50 t）的称重（测力）传感器。

(3) 悬臂梁式称重传感器

如图 5—40 所示的称重传感器的弹性元件为双孔平行梁式弹性元件，由于弹性体成平行四边形，其输出不受力作用点位置变动的影响。该结构一般适用于小量程称重传感器（500 g～500 kg）。

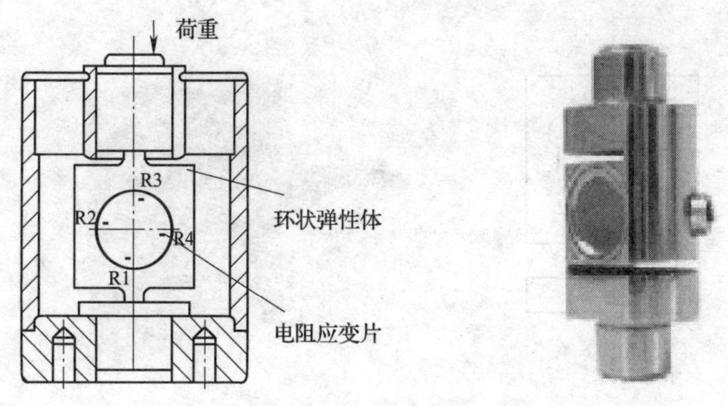

图 5—39　柱环式称重传感器

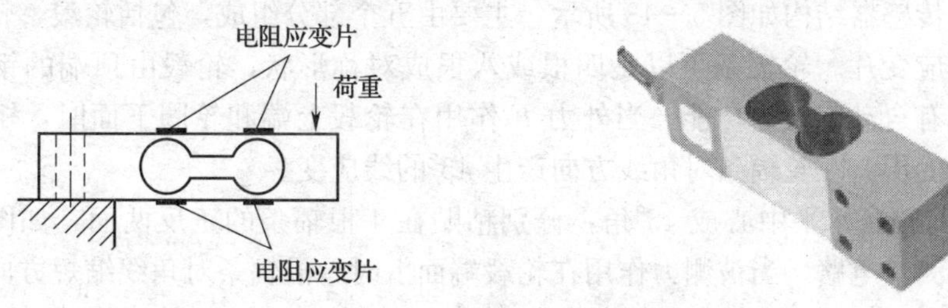

图 5—40　悬臂梁式称重传感器

如图 5—41 所示的称重传感器的弹性元件是一种常用的双梁式弹性元件，在上下梁的端部，加工成弧形截面，可以提高传感器的灵敏度。该种结构形式一般适用于数百克到 100 kg 的称重传感器，精度可达 0.01%。

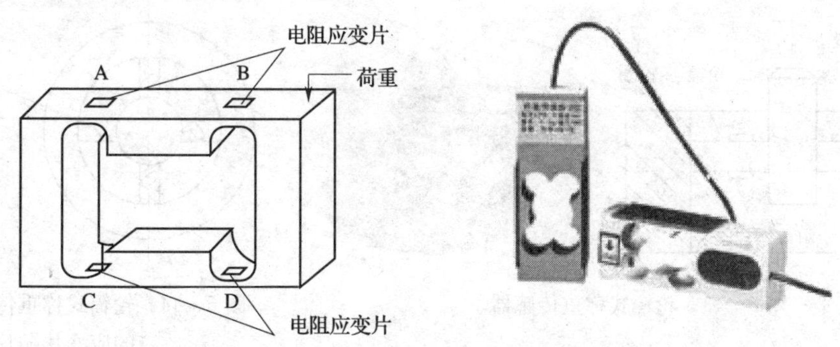

图 5—41　悬臂梁式称重传感器

（4）环式称重传感器

环式称重传感器的典型结构如图 5—42 所示。载荷的作用点和支持点在同一轴线上，受力状态稳定。称重时，利用其弯曲变形，产生信号。由于存在零弯矩区，力作用点变化对输出的影响小，测量精度高。这种结构形式一般适用 5 kg～5 t 的称重传感器，精度可达 0.02%。

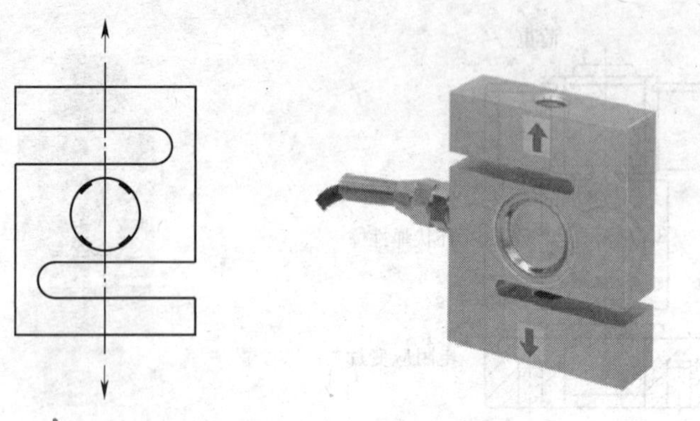

图 5—42　环式称重传感器

(5) 轮辐式称重传感器

轮辐式称重传感器结构如图 5—43 所示，主要由五个部分组成，包括轮毂、轮圈、轮辐条、受拉和受压应变片。轮辐条可以是四根或八根成对称形状，轮毂由顶端的钢球传递重力，圆球的压头有自动定位的功能。当外力 F 作用在轮毂上端和轮圈下面时，矩形轮辐条产生平行四边形变形，在轮辐条对角线方向产生 45°的线应变。

8 片应变片与辐条水平中心成 45°角，分别粘贴在 4 根辐条的正反两面，如图 5—44 所示，并接成全桥测量电路，当被测力作用在轮毂端面上时，沿辐条对角线缩短方向的应变片受压，电阻值减小；沿辐条对角线伸长方向的应变片受到拉力，电阻值增加，电桥的输出电压与被测力之间具有良好的线性特性。轮辐和轮圈的刚度很大，因此过载能力很强，线性测量范围比较宽。这种结构形式一般适用 5～50 t 的称重传感器。

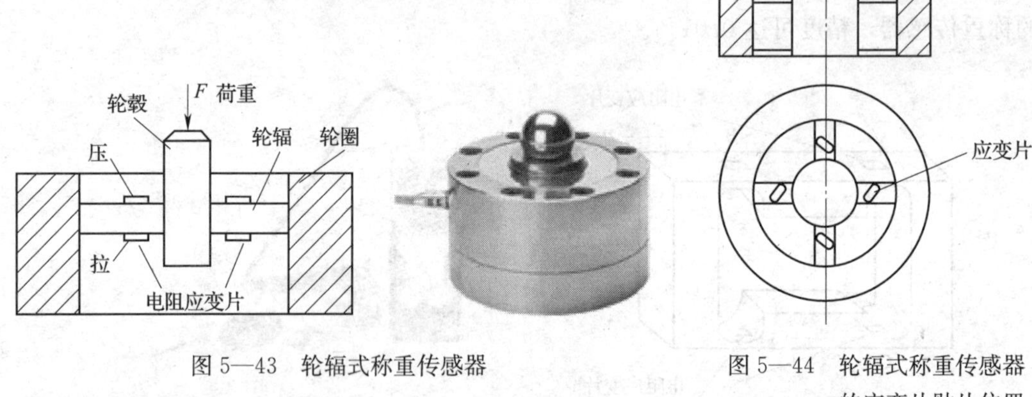

图 5—43　轮辐式称重传感器

图 5—44　轮辐式称重传感器的应变片贴片位置

二、称重传感器选择方法

1. 环境因素

选用称重传感器首先要考虑传感器所处的工作环境。因为这关系到传感器能否正常工作以及它的安全和使用寿命，甚至是整个测量系统的可靠性和安全性。环境因素主要有以下几个方面：

（1）高温环境使传感器出现涂覆材料熔化、焊点开化、弹性体内应力发生结构变化等问题。在高温环境下工作的传感器除了可采用耐高温传感器外，还必须加装隔热、水冷或气冷等冷却装置。

（2）粉尘、潮湿环境易导致传感器短路。在此环境条件下应选用密闭性很高的传感器。常见的密封有密封胶填充或涂覆；橡胶垫机械紧固密封；焊接（氩弧焊、等离子束焊）和抽真空充氮密封。

（3）腐蚀性较高的环境。如潮湿、酸性对传感器造成弹性体受损或产生短路等影响。在此环境条件下应选择在外表面进行喷塑或加装不锈钢外罩，抗腐蚀性能好且密闭性好的传感器。

（4）电磁场可干扰传感器输出信号。在此情况下，应采用具有屏蔽保护的传感器，包括信号传输的导线屏蔽。

（5）易燃、易爆的环境。在此环境条件下工作的传感器必须选用防爆传感器。这种传感器的外罩具有密闭性，且有一定的防爆强度。

2. 传感器数量和量程的选择

传感器数量的选择是根据电子秤的用途、秤体需要支撑的点数而定。一般来说，秤体有几个支撑点就选用几只传感器（见图 5—45）。但是对于电子吊钩秤等特殊用法就只能采用一个传感器。

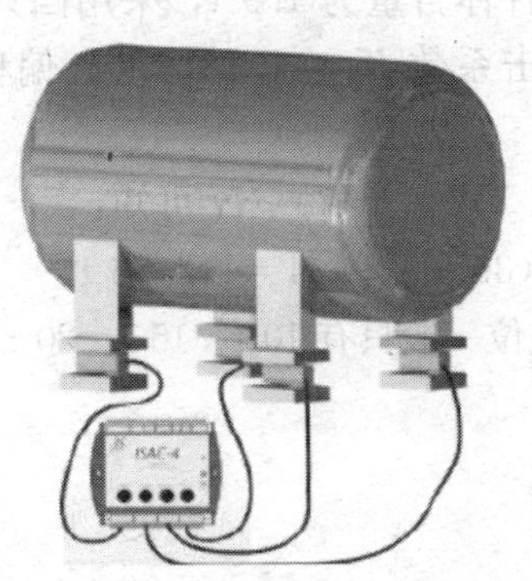

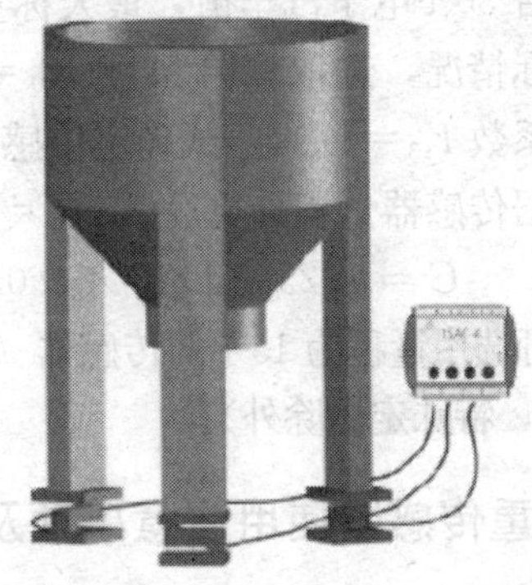

图 5—45　电子称重传感器数量

传感器量程的选择可依据电子秤的最大量程、选用传感器的个数、秤体的自重和可能产生的最大过载等因素来确定。根据经验，一般应使传感器工作在量程的 30%～70%范围内，这样有利于提高测量精度。对于一些在使用过程中存在较大冲击力的秤，如动态轨道衡、动态汽车衡、钢材秤等，在选用传感器时，要扩大其量程，使传感器工作在其量程的 20%～30%范围之内，以保证传感器的使用安全和寿命。

3. 各种类型称重传感器的适用范围

传感器类型的选择主要取决于称量范围和安装空间。要根据受力情况、性能指标、安装形式来选择称重传感器的种类，如柱环式称重力传感器适用于大、中量程，悬臂梁式称重传感器适用于小量程；称重传感器弹性元件的材质不同，传感器的适用范围不同，如铝式悬臂梁传感器适用于计价秤、平台秤、案秤等；钢式悬臂梁传感器适用于料斗秤、电子传动带秤、分选秤等；钢质桥式传感器适用于轨道衡、汽车衡、天车秤等；钢质柱式传感器适用于汽车衡、动态轨道衡、大吨位料斗秤等。

4. 称重传感器精度

传感器的准确度等级包括传感器的非线形、迟滞、重复性、灵敏度等技术指标。在选用传感器的时候，不要单纯追求精度等级高的传感器，应既要满足电子秤的精度要求，又要考虑其成本。

传感器量程的计算公式是在充分考虑到影响秤体的各个因素后，经过大量的实验而确定的。公式如下：

$$C = K_0 K_1 K_2 K_3 (W_{max} + W)/N$$

式中 C——单个传感器的额定量程；

W——秤体自重；

W_{max}——被称物体净重的最大值；

N——秤体所采用支撑点的数量；

K_0——保险系数，一般取值为 1.2～1.3；

K_1——冲击系数；

K_2——秤体的重心偏移系数；

K_3——风压系数。

例：一台 30 t 电子汽车衡，最大称量是 30 t，秤体自重为 1.9 t，采用四只传感器，根据当时的实际情况，选取保险系数 $K_0=1.25$，冲击系数 $K_1=1.18$，重心偏移系数 $K_2=1.03$，风压系数 $K_3=1.02$，试确定传感器的吨位。

解：根据传感器量程计算公式：$C=K_0K_1K_2K_3$（$W_{max}+W$）$/N$ 可知：

$$C = 1.25 \times 1.18 \times 1.03 \times 1.02 \times (30 + 1.9)/4 = 12.36 \text{ t}$$

因此，可选用量程为 15 t 的传感器（传感器的吨位一般只有 10 t、15 t、20 t、25 t、30 t、40 t、50 t 等，特殊定做除外）。

三、称重传感器使用注意事项及常见故障

将传感器安装在测量系统中时，如果使用单个秤重传感器，应使物体受力方向或物体重心通过传感器的中心线，以防止测量中产生侧向分力，影响测量精度；如果使用多个称重传感器，传感器承载点要求在同一水平面上，传感器在平面内应对称分布，无偏载现象。传感器为径向承载型（如轮辐式、柱式）时，安装后应保证传感器纵向轴心和水平秤面垂直，仅承受垂直载荷；传感器为剪切承载型（如悬臂梁式）时，安装后应保证传感器承载面和水平面平行，无倾斜现象，仅承受垂直载荷。传感器在安装时应采用高强螺栓，安装牢固无蠕动。

测量时，将传感器的输出引线根据使用说明书与变换器相连。通常变送器除了具有放大、阻抗匹配、线性补偿、温度补偿等基本功能外，还具有标准信号外调零，外调增益功能，以适应不同电桥、不同量程的传感器。最终将力转换成电流或电压信号输出，如 4～20 mA、0～10 mA、0～5 V、1～5 V 等，该信号可直接与自动控制设备的接口或计算机相连。

应变式力传感器在工作前，必须先加电预热 10 min。然后调整调零旋钮，使输出为零。

再进行加载测量，记录数据。

在使用力传感器时，应注意以下事项：

1. 传感器、变送器应定期进行静态标定，以保证使用精确度。

2. 传感器的最大载荷力不应超过满量程的120%。

3. 传感器避免与较高的非工作热辐射接触。

4. 安装传感器时，要选择与量程相应强度的紧固螺钉。

5. 变送器增益调节有两种，一种是放大倍数的调节，可以根据需要调节；一种是微调，用于静态标定时使用。在无标定设备监视下不能任意调节。

电子秤在使用过程中，会由于超载、冲击等原因，造成传感器塑性变形，影响计量准确度，严重时，使传感器损坏，无法正常使用，必须更换传感器。在更换过程中，应注意：称重传感器随着量程的增大，其灵敏度是减小的，不能随意扩大量程，应尽可能用和原来一样载荷的传感器。若想更换载荷稍大一点的，就要注意电子秤的称重显示仪表量程是否有调节余地。

任务实施

8＃料斗最大称量800 kg，显示分度值0.1 kg。维修工程师应用排查的方法进行排故：

1. 首先进行系统检测，用标准电压信号测试信号采集系统，没有发现问题。

2. 然后检查8＃料斗称重传感器的连接线，也没有发现问题。

3. 给称重传感器供电，测量其输出发现信号不稳定，说明称重传感器发生故障，需进行更换。

4. 拆下的故障称重传感器为柱环式称重传感器，这种称重传感器受力状态稳定，结构简单，量程为900 kg。但工程师发现暂时没有这种传感器，需用替代品。

5. 有一个量程为1 000 kg的环式称重传感器。环式称重传感器受力状态稳定，测量精度高，适用于5 kg～5 t的称重传感器，精度可达0.02%，技术参数满足要求。但安装尺寸不满足要求。

6. 为不影响生产进度，将加工一个转接装置，以保证传感器安装尺寸。

7. 更换安装完成后，因传感器量程不同，传感器输出值不同，需进行系统校准，调试。

目前，电子称重配料控制系统已广泛应用于建材、饲料、化工、冶金、食品等多种行业中。具有重量值数字显示、过程画面动态显示、配方修改管理、配料速度快、控制精度高等优点，采用上位计算机完全屏上控制系统，具有配料数据自动存储、配料过程清单查询和班、日、月、年报表统计及打印等功能。

思考与练习

1. 简述电子秤的工作原理。

2. 什么叫应变式称重传感器?

3. 列表对比五种称重传感器的工作方式、特点及适用量程。

4. 简述称重传感器的选择方法。

5. 某收费站需设计一台50 t电子汽车衡（即最大量程是50 t），秤体自重约为2.5 t，现有量程为15 t的称重传感器，需要采用几只这样的传感器？根据实际情况，可选取保险系数K_0=1.25，冲击系数K_1=1.2，重心偏移系数K_2=1.05，风压系数K_3=1.02。

课题四　压力变送器

◆ 教学目标

- 了解压力变送器的基本结构
- 了解压力变送器的工作原理
- 掌握压力变送器的选择和使用方法

任务提出

供水系统在人们生活和工业应用当中是必不可少的。随着人们生活水平的提高和现代工业的发展，人们对供水系统压力的稳定性和系统的可靠性要求越来越高，如为满足高层住宅楼居民的生活供水，需要在小区内设立恒压供水系统，将自来水公司的水压提升到一定的压力。因为居民用水量是随时间变化的，在不用水时或用水量较小的情况下，水管压力变化较小；当供水量大时，水管压力变化较大，致使水压不稳。变频恒压供水系统（见图5—46）能够很好地满足现代供水系统的要求。

图5—46　变频恒压供水系统

出水压力的检测是恒压供水系统的重要环节，根据小区楼层不同，出水压力一般为0.5～0.6 MPa。检测出水压力常采用压力变送器，压力变送器的测量精度、使用寿命关系到本系统能否正常工作。某小区自来水压力不稳，造成燃气热水出水忽冷忽热，遭到居民投诉，技术人员检修时发现是由于压力变送器出现故障，输出值不稳造成的，需要更换压力变送器。需要向物资部门提供一份详细的物资采购单。

任务分析

通过检测压力变送器，发现压力变送器出现故障。本课题的任务就是学习压力变送器的正确选择方法，以及压力变送器的测量、安装、检修、接线方法，能够正确使用压力变送器。

相关知识

一、压力变送器

压力变送器由压力传感器和信号转换电路、壳体及过程连接件组成。压力传感器将来自现场的液体或气体等介质的压力参数转换成为微小的电流或电压信号，通过标准的转换电路转换成 DC4～20 mA 或 DC1～5 V 工业标准信号，送至显示仪、记录仪、计算机或控制器等仪表。在工业中，常称为现场仪表或一次仪表。常见外形如图 5—47 所示。

图 5—47　各种压力变送器

压力变送器按工作原理可分为压阻式、应变式和电容式。其中电容式压力变送器因其稳定性好，测量精度高而应用广泛。

二、电容式压力变送器工作原理

电容式压力变送器的核心是电容式传感器，这里主要介绍电容式传感器的工作原理。电容式传感器是把被测量转换为电容量变化的一种传感器。电容式传感器的基本工作原理可以用如图 5—48 所示的平板电容器来说明。设两极板相互覆盖的有效面积为 A（m^2），两极板间的距离为 d（m），极板间介质的介电常数为 ε（F/m），在忽略板极边缘影响的条件下，平板电容器的电容量 C（F）为：

$$C=\frac{\varepsilon A}{d}=\frac{\varepsilon_0\varepsilon_r A}{d}$$

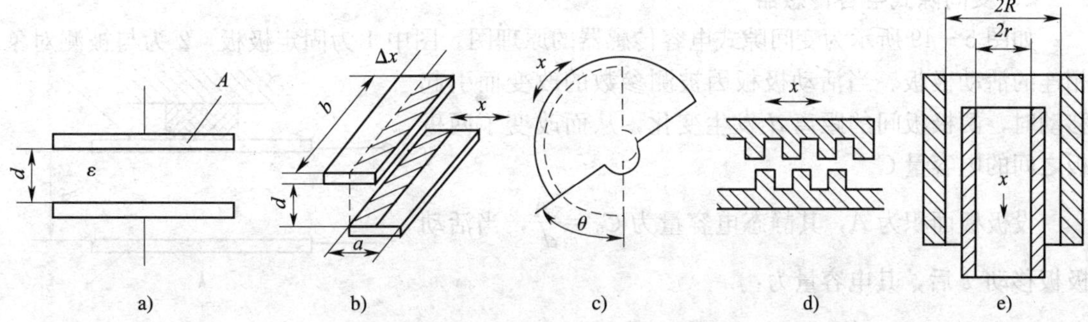

图 5—48　变面积式电容传感器

由上式可以看出，A、d、ε 三个参数都直接影响着电容量 C 的大小。如果保持其中两个参数不变，而使另外一个参数改变，则电容量就将发生变化。所以电容式传感器可以分为三种类型：改变极板面积的变面积式；改变极板距离的变间隙式；改变介电常数的变介电常数式。

1. 变面积式电容传感器

如图 5—49b 所示为一直线位移型电容式传感器的示意图。当动极板移动 Δx 后，覆盖面积就发生变化，电容量也随之改变，电容因位移而产生的变化量为：

$$\Delta C = C - C_0 = -\frac{\varepsilon b}{d}\Delta x = -C_0\frac{\Delta x}{a}$$

其灵敏度 $K = \frac{\Delta C}{\Delta x} = -\frac{\varepsilon b}{d}$，可见增加 b 或减小 d 均可提高传感器的灵敏度。

如图 5—49c 所示为角位移型电容式传感器。当动片有一角位移时，两极板间覆盖面积就发生变化，从而导致电容量的变化，此时电容值为：

$$C = \frac{\varepsilon A\left(1 - \frac{\theta}{\pi}\right)}{d} = C_0\left(1 - \frac{\theta}{\pi}\right)$$

如图 5—49d 所示，其中极板采用了锯齿板，目的是为了增加遮盖面积，提高灵敏度，便于加工。当齿板极板的齿数为 n，移动 Δx 后，其电容量为：

$$C = \frac{n\varepsilon b(a - \Delta x)}{d} = n\left(C_0 - \frac{\varepsilon b}{d}\Delta x\right)$$

$$\Delta C = C - C_0 = -\frac{\varepsilon b}{d}\Delta x = -C_0\frac{\Delta x}{a}$$

$$\text{其灵敏度 } K = \frac{\Delta C}{\Delta x} = -n\frac{\varepsilon b}{d}$$

如图 5—49e 所示为同心圆筒形变面积式传感器。当外圆筒不动，内圆筒在外圆筒内作上下直线运动时，两个同心筒的覆盖面积就发生变化，从而导致电容量的变化，此时电容值为：

$$C = \frac{2\pi\varepsilon(h_0 - x)}{\ln(R/r)} = C_0\left(1 - \frac{x}{h_0}\right)$$

由前面的分析可得出结论：变面积式电容传感器的灵敏度为常数，即输出与输入呈线性关系。

2. 变间隙式电容传感器

如图 5—49 所示为变间隙式电容传感器的原理图。图中 1 为固定极板，2 为与被测对象相连的活动极板。当活动极板因被测参数的改变而引起移动时，两极板间的距离 d 发生变化，从而改变了两极板之间的电容量 C。

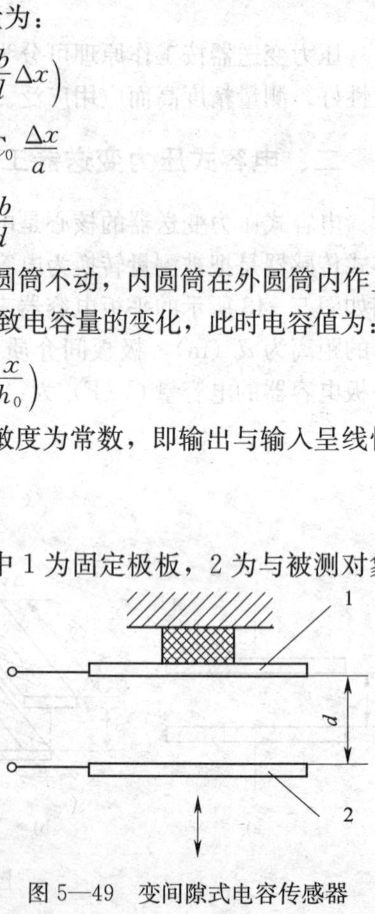

设极板面积为 A，其静态电容量为 $C_0 = \frac{\varepsilon A}{d}$，当活动极板移动 x 后，其电容量为：

$$C = \frac{\varepsilon A}{d - x} = C_0\left(1 + \frac{x}{d - x}\right)$$

1
d
2

图 5—49 变间隙式电容传感器

由上式可以看出电容量 C 与位移 X 不是线性关系，只有当 $X<<d$ 时，才可认为是最近似线性关系。同时还可以看出，要提高灵敏度，应减小起始间隙 d。但当 d 过小时，又容易引起电容击穿，同时也提高了对加工精度的要求。因此，一般是在极板间放置云母、塑料膜等介电常数高的物质来改善这种情况。在实际应用中，为了提高灵敏度，减小非线性，经常采用差动式结构，如图 5—50 所示。当之间极板上下移动时，电容 C_1、C_2 同时发生变化。

3. 变介电常数式电容传感器

当电容式传感器中的电介质改变时，其介电常数变化，从而引起了电容量发生变化。此类传感器的结构形式有很多多种，如图 5—51 所示为介质面积变化的电容式传感器。这种传感器可用来测量物位或液位，也可测量位移。

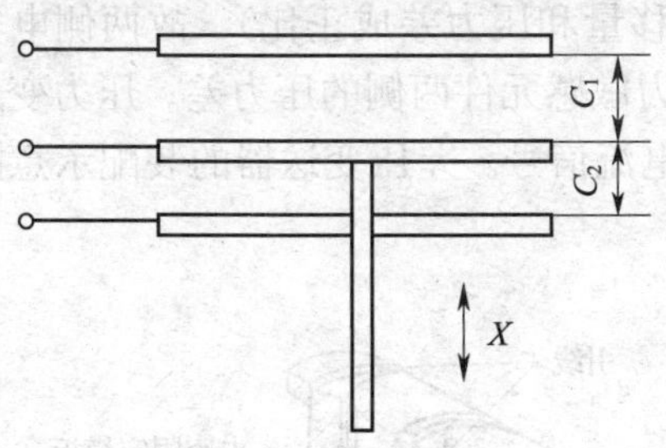

图 5—50 差动式电容传感器

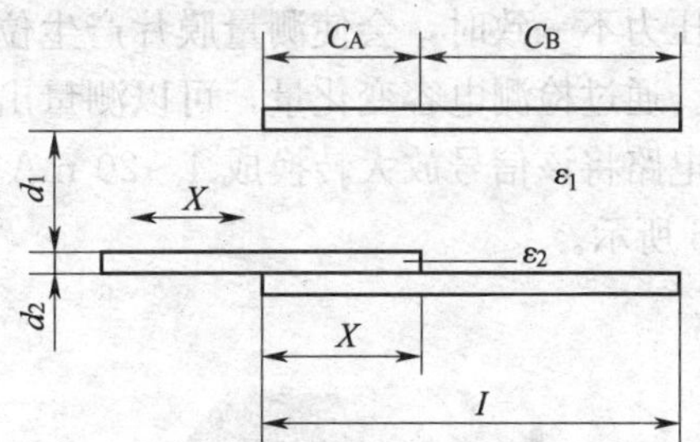

图 5—51 变介电常数式电容传感器

4. 电容式传感器的常用测量电路

用于电容式传感器的测量电路很多。常见的电路有：普通交流电桥、变压器电桥、运算放大器测量电路、脉冲调制电路、调频电路等，如图 5—52、图 5—53 所示。

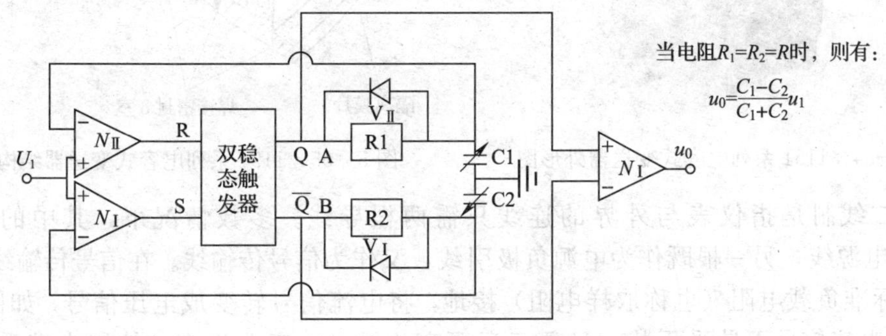

图 5—52 脉冲调制电路

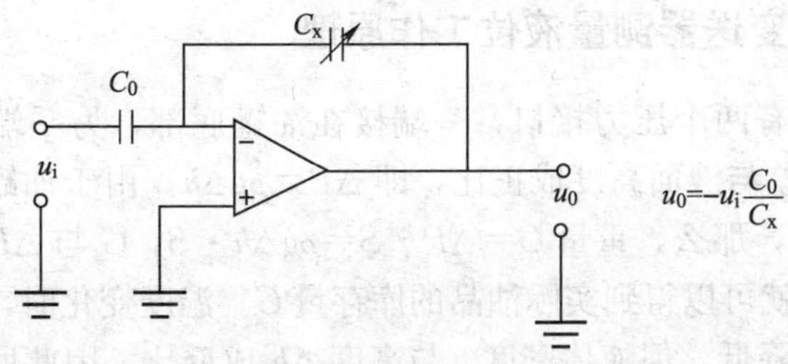

图 5—53 运算放大器测量电路

三、典型电容式压力变送器结构

1151 系列电容式变送器的外形结构如图 5—54 所示。它具有设计原理新颖、安装使用简便、本质安全防爆等特点。尤以精度高、坚固耐振、调整方便、长期稳定性高、单向过载保护特性好而著称。

压力变送器结构原理如图 5—55 所示。被测介质的两个压力分别通入高、低两压力腔内，作用在 δ 元件（即压力敏感元件）的两侧隔离膜片上，通过隔离膜片和 δ 元件内的填充液传到测量膜片两侧。测量膜片与两侧绝缘体上的电极各组成一个电容，组成差动结构。在无压力通入或两侧压力均等时，测量膜片处于中间位置，压力敏感元件的两电容量相等；当两侧压力不一致时，会使测量膜片产生位移（该位移量和压力差成正比），故两侧电容产生变化。通过检测电容变化量，可以测量出作用在压力敏感元件两侧的压力差。压力变送器的转换电路将该信号放大转换成 4～20 mA 的二线制电流信号。差压变送器的装配示意图如图 5—56 所示。

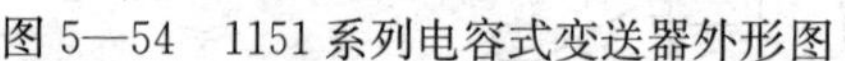

图 5—54　1151 系列电容式变送器外形图

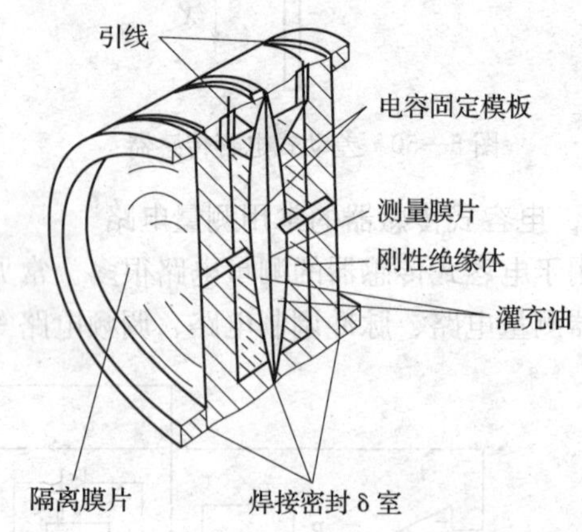

图 5—55　1151 系列电容式变送器结构

所谓二线制是指仪表与外界的连线只需两根导线。多数情况下，其中的一根线接＋24 V电源线，另一根既作为电源负极引线，又作为信号传输线。在信号传输线的末端通过一只标准负载电阻（也称取样电阻）接地，将电流信号转变成电压信号，如图 5—57 所示。由于电流信号不易受干扰，且便于远距离传输，在工业生产、控制中多采用电流输出。

四、电容式压力变送器测量液位工作原理

电容式压力变送器有两个压力接口，一端接在油罐底部，另一端接在油罐顶部，如图 5—58 所示。所测压力差与液面高度成正比，即 $\Delta P=\rho g\Delta h$。由于油罐一般是圆柱形，其截面圆的面积 S 是不变的，那么，重量 $G=\Delta P\cdot S=\rho g\Delta h\cdot S$，$G$ 与 ΔP 成正比关系。即只要准确地检测出 ΔP 值，就可以得到实际油品的库存量 G。温度变化时，虽然油品体积膨胀或缩小，实际液位升高或降低，但液体密度 ρ 与高度 Δh 成反比，因此所检测到的压力始终是保持不变的，即罐内油量的实际重量不受温度影响，保持不变。

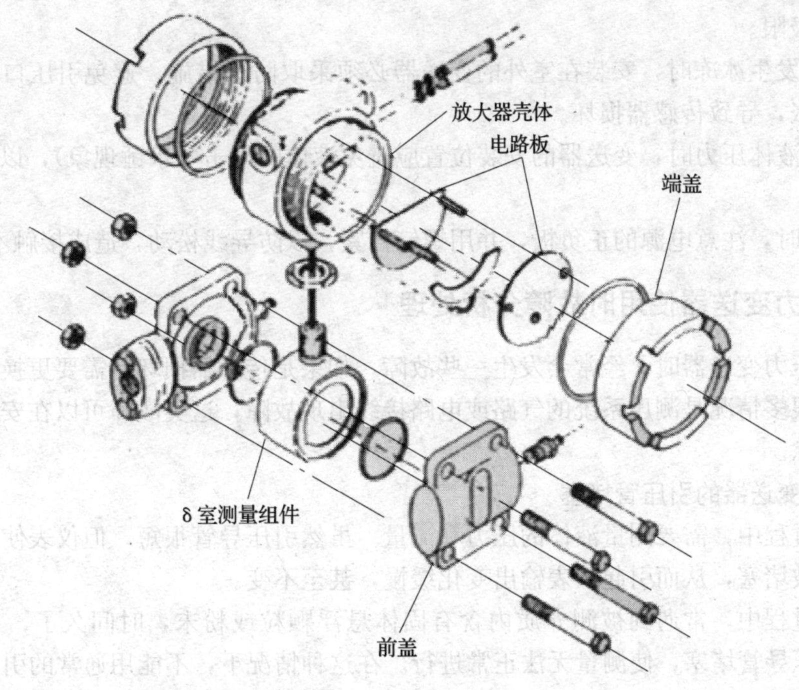

图 5—56　差压变送器的装配示意图

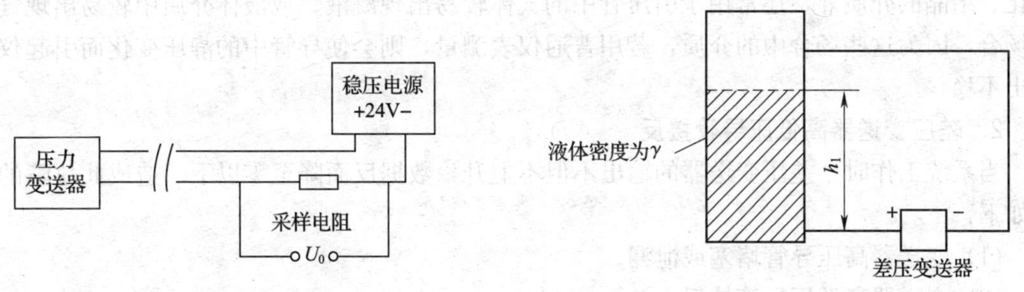

图 5—57　二线制接线方法

图 5—58　电容式压力变送器测量液位

五、压力变送器使用注意事项

变送器在工艺管道上正确的安装位置与被测介质有关。为获效得最佳的测量果，应注意考虑下列情况：

1. 防止变送器与腐蚀性或过热的介质接触。

2. 防止渣滓在引压导管内沉积。

3. 测量液体压力时，取压口应开在流程管道侧面，以避免沉淀积渣。

4. 测量气体压力时，取压口应开在流程管道顶端，并且变送器也应安装在流程管道上部，以便积累的液体容易注入流程管道中。

5. 引压管应安装在温度波动小的地方。

6. 测量蒸汽或其他高温介质时，需接加缓冲管（盘管）等冷凝器，不应使变送器的工作温度超过极限。

7. 冬季发生冰冻时，安装在室外的变送器必须采取防冻措施，避免引压口内的液体因结冰体积膨胀，导致传感器损坏。

8. 测量液体压力时，变送器的安装位置应避免液体的冲击（水锤现象），以免造成传感器过压损坏。

9. 接线时，注意电源的正负极，并用螺钉拧紧，以防导线松动，造成接触不良。

六、压力变送器使用时故障分析处理

在使用压力变送器时，经常会发生一些故障，如果是传感器损坏，需要更换传感器，返厂维修。但很多情况是测压系统的气路或电路接线出现故障，这类故障可以在安装时避免或通过维修消除。

1. 压力变送器的引压管堵塞

在生产过程中，需要测量液体的压力和流量。虽然引压导管很短，但仪表使用一段时间后，常发现被堵塞，从而引起仪表输出变化缓慢，甚至不变。

在生产过程中，常遇到被测介质内含有固体悬浮颗粒或粉末，时间久了，有的还会固化，引起引压导管堵塞，使测量无法正常进行。在这种情况下，不能用通常的引压管，而要用隔膜式压力表或法兰式变送器。法兰膜盒面积大，较易清除被测介质，并能承受较高的温度，所以现在使用十分普遍。它除了用于测量含有悬浮颗粒的浆液及过于黏稠、易于冻结、固化、结晶的介质外，还常用于引压管中的气体较易出现凝液，或液体介质中较易出现气化的场合，因为这些场合中的介质，若用普通仪表测量，则会使导管中的静压变化而引起仪表输出不稳。

2. 差压变送器高低压导管接反

当系统工作时，差压变送器的输出不但不上升，数据反而降至零以下。造成此故障的原因如下：

（1）变送器高压导管堵塞或泄漏。

（2）变送器高低压导管接反。

（3）工艺管道内的介质流动方向相反。

（4）变送器有故障。

对于以往的气动变送器和某些电动变送器来说，处理高低压导压管接反的问题是比较困难的，需要重新安装，需要动的工程较大，特别对于正在投运的工艺装置和装有保温散热的仪表系统，更是一件麻烦的事情。

3. 差压变送器输出值长时间不变

差压变送器的显示表长时间无变化，应对变送器正压侧进行排污检查，对引压管做疏通处理。差压变送器在使用过程中常常导致其引压管堵塞。变送器正常工作一段时间后，若正压侧引压管堵塞，正压侧感受不到容器的压力变化，因而测量值保持不变，造成检测失真。

4. 差压变送器波动

若变送器指示持续波动，如不及时处理甚至会导致整个系统停止工作。由于差压变送器生产工艺本身的原因，测量介质的波动会引起输出的变化。可以先调整变送器阻尼器，如经调整后仍然波动，应返回变送器重新校验，看膜片是否损坏。如果经校验一切正常，检查周围有无环境电磁干扰等噪声。

任务实施

恒压供水是指主水管出口压力恒定。变频调速恒压供水系统通过实时监测供水主管出口压力，然后与设定值进行比较，经 PLC 运算处理后，在线自动调节变频器输出频率，控制泵的转速，调整压力变化，最终达到主水管出口压力稳定在设定值上的目的。恒压供水的原理图如图 5—59 所示。变频恒压供水设备可根据用水量的变化，自动改变水泵转速或增减水泵工作台数以达到恒压供水的目的，减少了对管网压力冲击，使得管网不易破裂，取代了高位水塔或水箱、气压罐，解决了水的二次污染问题。

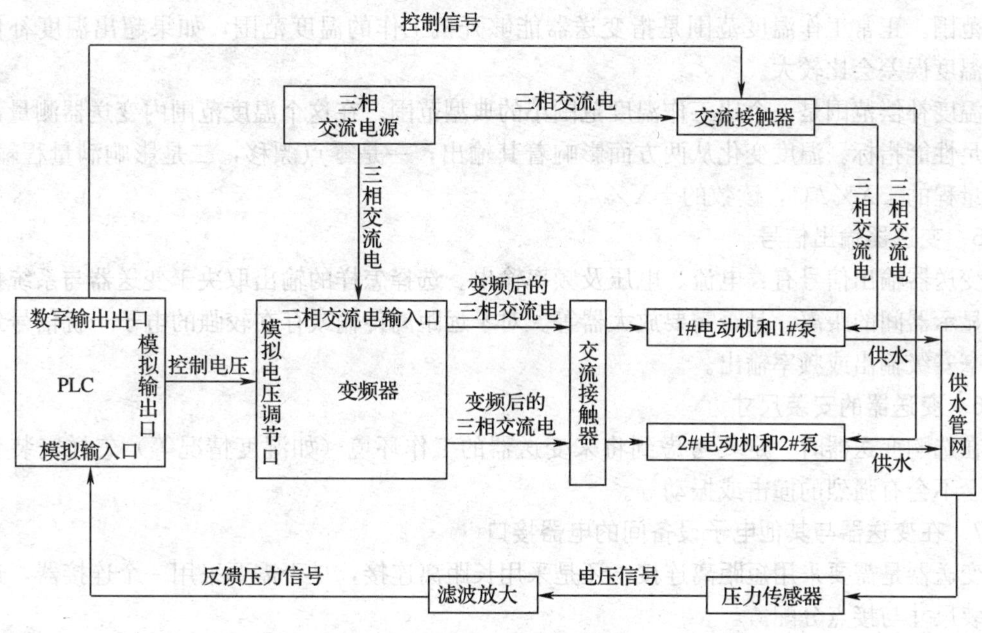

图 5—59　恒压供水系统原理图

在采用变频调速进行恒压供水时，通常在同一路供水系统中，设置多台常用泵，供水量大时多台泵全开，供水量小时开一台或两台。变频恒压供水设备的应用方式有两种，其一是所有水泵配用一台变频器；其二是每台水泵配用一台变频器。自动化控制克服了人工控制可能带来的误操纵，同时大大降低了操纵工人的劳动强度和人数，并可实现远程操纵和远程监控，功能齐全。

技术人员在更换压力变送器前，先要进行压力变送器选型，确定所需压力变送器型号，再向物资部门提交物资采购单。在选型时，应考虑以下因素：

1. 测量压力范围

先确定系统中测量压力的最大值，一般而言需要选择一个具有比最大值还要大 1.5 倍左右的压力量程的变送器。这主要是在许多系统中，尤其是水压测量和加工处理中，有峰值和持续不规则的上下波动，这种瞬间的峰值容易破坏压力传感器。所以在选择变送器时要充分考虑压力范围与其稳定性。

2. 测量介质特性

如果测量介质是黏性液体、泥浆，会堵上压力接口；如果测量腐蚀性溶剂或工作环境中有腐蚀性的物质会破坏变送器中与这些介质直接接触的材料。这些因素将决定选择什么样的隔离膜及直接与介质接触的材料。

3. 变送器精度

决定变送器精度的有：非线性，迟滞性，非重复性，温度、零点偏置，温度误差，其中非线性，迟滞性，非重复性是主要因素。变送器精度越高，价格也就越高。

4. 变送器的温度范围

通常一个变送器会标定两个温度段，其中一个温度段是正常工作温度，另外一个是温度补偿范围。正常工作温度范围是指变送器能够开机工作的温度范围，如果超出温度补偿范围，温度误差会比较大。

温度补偿范围是一个比工作温度范围小的典型范围。在这个温度范围内变送器测量误差应满足性能指标。温度变化从两方面影响着其输出，一是零点漂移，二是影响满量程输出。如满量程的$\pm X\%/℃$，读数的$\pm X\%/℃$。

5. 变送器输出信号

变送器输出信号有：电流、电压及频率输出。选择怎样的输出取决于变送器与系统控制器或显示器间的距离、是否需要放大器等。对于远距离传输或存在较强的电子干扰信号最好采用毫安级输出或频率输出。

6. 变送器的安装尺寸

在选购变送器时一定要考虑到将来变送器的工作环境（如湿度情况等）怎样安装变送器，会不会有强烈的撞击或振动等。

7. 在变送器与其他电子设备间的电器接口

变送器是需要采用短距离连接，还是采用长距离连接，是否需要采用一个连接器，连接器安装尺寸与接点分配。

根据以上分析和原装传感器数据，向物资部门填写物资采购单。

表 5—4 **物资采购单**

物资采购申请单

申请部门： 申请日期： 年 月 日

序号	采购品种	规格型号	数量	单位	备注
1	压力变送器	0.8 MPa（g）	1	支	技术要求、压力接口尺寸见下图
2					
3					
4					
5					

申请理由：原压力变送器失效，更换压力变送器

技术要求：电源电压 24 V

工作温度：－20～80℃

精度：±0.5％

外形及接口尺寸见下图，压力接口为 M20×1.5。

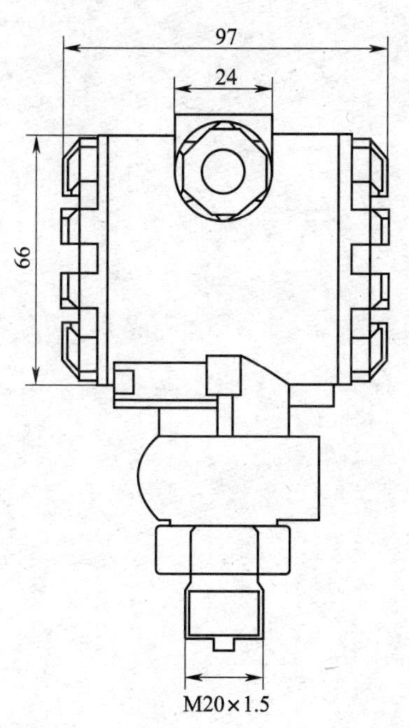

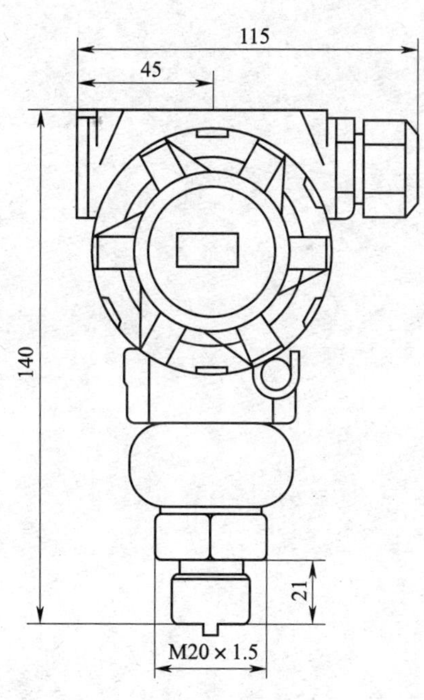

申请人（签名） 部门负责人（签名）：

财务处 （采购主管部门）意见：	领导意见：	备注：

思考与练习

1. 电容式传感器分为哪三类?

2. 简述电容式压力变送器测量液位的工作与原理。

3. 有一台两线制压力变送器，量程为 0～1 MPa，对应的输出电流为 4～20 mA。求：

(1) 压力 P 与输出电流 I 的关系表达式。

(2) 计算当 P 为 0.5 MPa、0.8 MPa、1 MPa 时，压力变送器的输出电流。

(3) 如果希望在信号的传输终端将电流信号转换成 1～5 V 的电压信号，应选择多少欧姆的取样电阻?

(4) 如果测得电流为 6 mA，此时压力为多少?

模块六 振动测量

振动是一种常见的物理现象，是物体在平衡位置附近发生的往复变化。狭义的振动指机械振动，如图 6—1 所示，是机械系统的组成元件在其平衡位置附近所作的往返运动，是本书研究的范畴。机械振动的存在可能会影响机器的正常运转，利用振动现象又可以设计出许多仪器设备。因此，测量和分析振动十分必要。振动测量是利用振动传感器采集振动信号，研究振动现象的产生和变化规律，为控制设备振动寻求解决依据的检测过程。振动测量所用的设备虽然不尽相同，但振动信号的采集都是由振动传感器（又称拾振器）来完成。

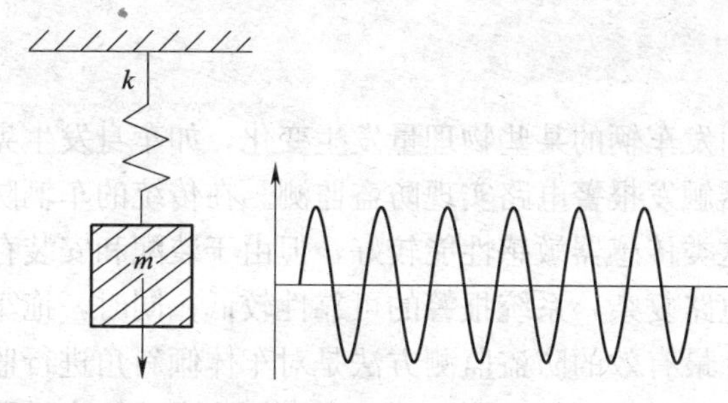

图 6—1　振动示意图

课题一　电容式振动传感器

◆ **教学目标**

- 了解振动的基本概念
- 了解振动传感器的主要类型和技术参数
- 了解电容式振动传感器的工作原理
- 掌握电容式传感器的振动测量系统

任务提出

城市中汽车和各种轻便车辆的普及使车辆安全受到人们的关注，于是车辆防盗系统、各类防盗锁、防盗报警器应运而生，如图 6—2 所示。从原理上看，很多防盗措施是通过监测车体的冲击、振动来实现的，其功能的实现建立在性能良好的传感器和测量电路的基础之上。本课题的工作任务就是为一款车辆防盗产品选择一个合适的传感器并配置测量电路，实现车辆因窃贼的碰撞、移动产生振动时，蜂鸣器发出报警声，引起人们注意，吓退盗贼。

图 6—2 车辆防盗产品

任务分析

车辆被盗时必然会引发车辆的某些物理量发生变化，如车身发生晃动，因此可以通过安装在车辆上的振动传感器触发报警电路实现防盗监测。在传统的车辆防盗系统中，传感器多为磁效应振动传感器。这类传感器敏感性能较好，但由于装配和安装存在误差，其频率响应不稳定，造成后续测量电路复杂，系统报警的可靠性较低；同时，拖车、整车搬运等盗窃方式下振动监测效果不佳。最有效的防盗监测方法是对车体倾斜角进行监测，此时磁效应传感器因无法测量静态加速度而无法进行监测。因此，车辆防盗系统中需要选择新型的振动传感器，可以同时监测振动和角度变化；同时设计相应的测量电路，满足防盗监测的要求。

相关知识

一、振动测量基础

1. 振动信号

振动测量中通常用到振动位移、振动速度和振动加速度三种信号（参数）。振动位移用 s 表示，单位为 mm 或 m；振动速度用 v 表示，单位为 m/s 或 mm/s；振动加速度用 a 表示，单位为 m/s^2，工程上还常用重力加速度 g 的倍数来表示（$1\ g \approx 9.81\ m/s^2$）。振动位移、振动速度和振动加速度之间可通过简单的微积分运算进行换算。

2. 振动三要素

振动信号存在周期（或频率）、振幅、相位角三个要素，称为振动三要素，如图 6—3 所示。

（1）周期

物体振动一次所需的时间，通常用 T 表示，单位为秒（s）。频率是周期的倒数，即每秒钟物体振动的次数，用 f 表示，单位为赫兹（Hz）。

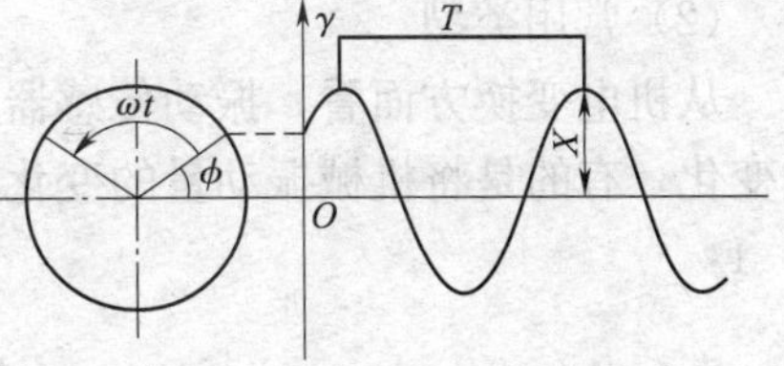

图 6—3　机械振动基本原理

（2）振幅

振幅是振动物体偏离平衡位置的最大距离，表示振动的能量。振幅的符号和单位根据所测振动信号的不同有所差异。振动位移测量中常用 x 表示，单位为毫米（mm）。

（3）相位角

相位角是反映振动运动状态的物理量，可用于诊断旋转机械的平衡、比较两个简谐振动间步调上的差异性等，单位为度（°）或弧度。有关概念还有同相、反相、超前、滞后等，待用到时再进行详述。初相位是 $t=0$ 时刻的相位角，可用于确定振动信号采集时初始点的位置。

3. 振动系统的基本性质

作往复运动的振动系统的基本性质有惯性、恢复性和阻尼等。惯性使系统当前的运动状态持续下去，恢复性使系统位置恢复到平衡状态，阻尼则是使系统能量消耗掉的性质。在分析振动系统时这三个性质通常由质量 m、刚度 k 和阻尼 c 等物理量表示。

4. 振动测量过程

振动测量过程中首先要组建振动测量系统，包括选择适当的振动传感器、信号转换电路、采集和分析仪器，对测量系统进行标定等；然后选择测振点，安装振动传感器，采集振动信息；最后对信号进行分析，送去显示或反馈到输入端实现自动控制。

5. 振动传感器

（1）基本工作原理

惯性式振动传感器工作原理如图 6—4 所示，图中主要部件为质量块 m，弹簧 k 和阻尼器 c。测振时传感器安装在被测物体的测点上，当传感器壳体随被测物体一起振动时，由弹簧支承的质量块将与被测物体发生相对运动，且与被测物体绝对振动值之间存在对应关系。利用物理效应将相对运动量转换为电信号，就能实现用输出的电量反映被测物体振动（输入量）的目的。根据上述相对振动值与被测物体振动之间的关系不同，可以制造出振动位移传感器、振动速度传感器（速度计）和振动加速度传感器（加速度计），用于不同的测量场合。

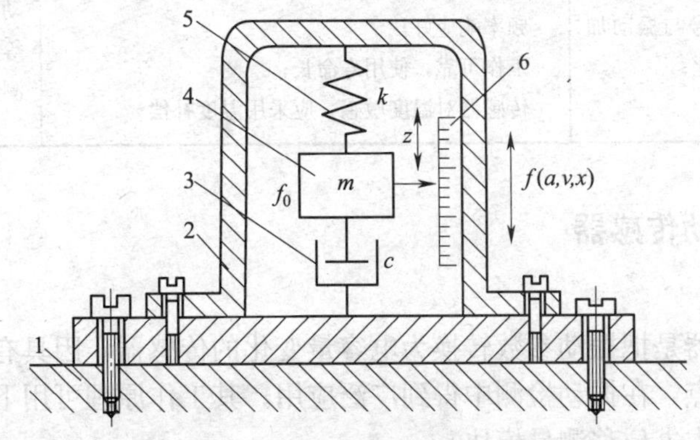

图 6—4　振动传感器的工作原理

1—振动体基座　2—振动壳体　3—阻尼器　4—质量块　5—弹簧　6—标尺

(2) 常用类型

从机电变换方面看，振动传感器差异较大，有的是将机械量的变化转换为电动势、电荷的变化，有的是将机械振动量的变化转换为电阻、电感等的变化。振动传感器分类情况见表6—1：

表 6—1　　典型振动传感器及特点

名称	工作原理	特点	应用领域
电涡流位移传感器	电涡流效应； 输出信号与被测物体振动位移成正比	非接触测量； 可用于静态和动态测量； 材料不同影响线形范围和灵敏度； 需外加电源和前置器，安装复杂	振动位移的测量； 常用于旋转机械中监测转轴的振动
磁电式速度传感器	电磁感应原理； 输出信号与振动速度成正比	安装简单，适用于大多数机器环境； 无须外加电源，振动信号可直接使用； 体积较大，部件易损坏，低频响应不好； 标定较麻烦，只可作动态测量，价格较贵	常用于汽轮发电机组振动速度测量，有合适的频响范围
电容式加速度传感器	电容量变化； 输出信号与振动速度成正比	测量精度较高； 频响范围宽、量程大； 可用于静态和动态测量	较高加速度值的测量
压电式加速度传感器	压电效应； 输出信号与振动加速度成正比	频率范围宽、量程大； 体积小、重量轻，安装使用方便； 结构紧凑，不易损坏； 噪声、传感器安装对测试影响较大； 输出信号微弱，需配备放大器和屏蔽电缆	最常用的振动测量传感器之一，用于振动、冲击测量、动平衡校准等
应变式加速度传感器	电阻应变效应； 输出信号与振动加速度成正比	低频信号可以从零开始； 测量精度高，输出稳定； 低噪声，低漂移，抗干扰能力强	常用于低频传感器，适于振动分析、车辆振动监测、惯性导航等
压阻式加速度传感器	压阻效应； 输出信号与振动加速度成正比	灵敏系数大、分辨率高； 结构尺寸小、重量轻、成本低； 频率响应好； 工作可靠，使用寿命长； 传感器对温度敏感，应采用温度补偿	航天、航空、石油化工、动力机械、生物医学工程等多个领域的振动和压力测量

二、电容式振动传感器

1. 基本工作原理

电容式振动传感器是把振动参数转换为电容量变化的传感器，因具有结构简单、灵敏度高、动态特性好等优点，在振动检测中得到广泛应用。其工作原理可用下式（平板电容器计算公式）说明（详见本书位移测量模块）。

$$C=\frac{\varepsilon \cdot A}{d}=\frac{\varepsilon_0\varepsilon_r A}{d}$$

式中　C——电容量，F；

ε——两极板间介质的介电常数，F/m；

ε_0——极板间的真空介电常数，等于 8.85×10^{-12} F/m；

ε_r——两极板间介质的相对介电常数，F/m；

A——极板相互遮盖的有效面积，m^2；

d——两极板间的距离，m。

保持其中两个参数不变，仅改变另外一个参数，并且使该参数与被测量参数间保持某一函数关系，则被测量的变化就可以由电容量 C 的变化反映出来，通过转换电路转变为电压、电流或频率的变化，实现用输出的电量反映被测物体振动的目的。

2. 典型结构和类型

(1) 电容式振动加速度传感器

振动测量中使用的电容传感器多为加速度输出形式，典型的结构如图 6—5 所示。该传感器采用差动式结构，有两块固定电极（1），极板间有一个用弹簧支撑的质量块（2），此质量块的两个端面经过磨平抛光后作为可动极板，构成两个可变电容 C1 和 C2。当传感器测量垂直方向上的振动时，由于质量块的惯性作用，使两块固定极板相对质量块产生位移，使 C1、C2 中一个的电容量增大，另一个的电容量减小，它们的差值正比于被测的加速度值。电容式振动加速度传感器精度较高，频响范围宽、量程大，可用于较高的加速度值的测量。

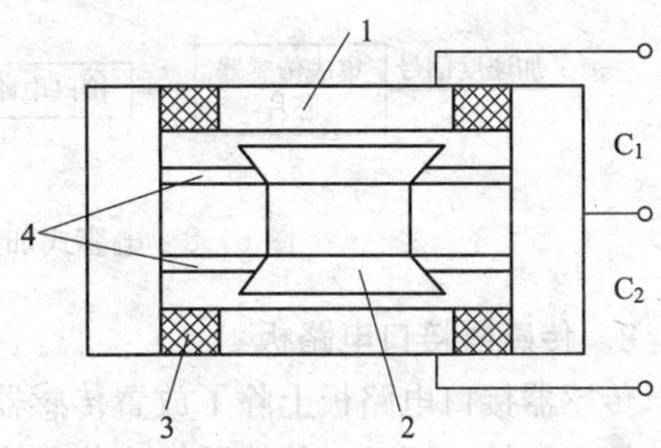

图 6—5　电容式加速度传感器结构示意图

1—固定极板　2—质量块（动电极）

3—绝缘体　4—簧片

(2) 集成微硅加速度传感器

随着 MEMS（微机电系统）技术的发展，电容式加速度传感器越来越多地采用表面微加工技术制造。其典型结构如图 6—6 所示，三个多晶硅层组成差动电容，第一层和第三层不动，第二层是悬梁，在加速度作用下可运动。这些传感器和振荡器、相敏检波器、放大器等检测电路集成在一起，组成了集成微硅加速度芯片（见图 6—7）。这类芯片除电容式外，还有压阻、隧道、共振、热对流等多种形式。

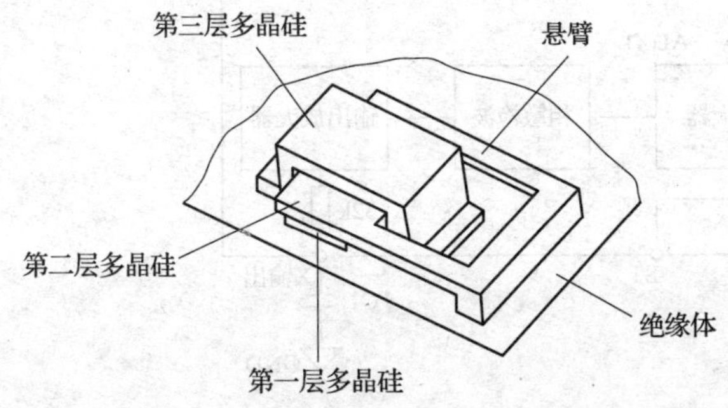

图 6—6　表面微加工的电容式加速度传感器

图 6—7　集成微硅传感器芯片外形

三、电容式传感器振动测量系统

考虑到电容集成传感器芯片应用的广泛性，下面以这种传感器为例介绍电容式传感器振动测量系统。

1. 电容式传感器振动测量系统的构成

以电容集成加速度传感器芯片为核心的典型振动测量系统如图 6—8 所示。集成传感器芯片采集被测物体 1～3 个方向上的振动加速度信号，输出模拟信号或 PWM（脉宽输出）数字信号，送入采集设备采集，通过输入接口进入控制器（数据采集系统中多为工业控制计算机），经相关运算或变换后送显示设备显示，输出报警信号或控制信号。过程控制中也可以在输出端向输入侧回送反馈信号，实现闭环反馈控制。上述测量系统的核心是集成传感器芯片及其外围接口电路，它们常被制作在同一块接口电路板上。

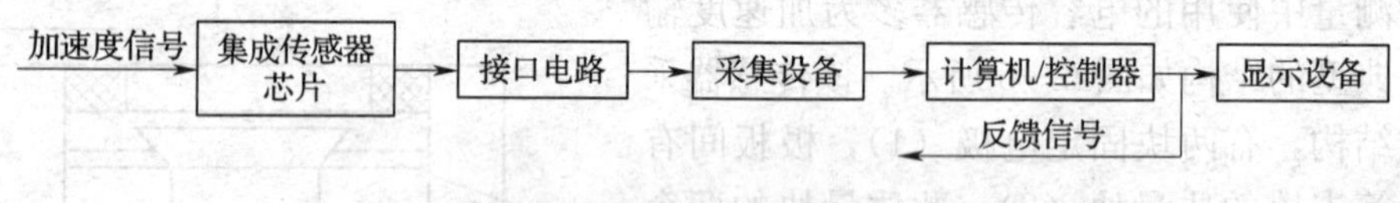

图 6—8 电容式加速度传感器构成的振动测量系统

2. 传感器接口电路板

传感器接口电路板上除了放置传感器芯片外，通常还包括稳压电路、抗混滤波电路、温度补偿电路等，用于对传感器输出信号在进入采集设备前进行适当的处理，以消除高频噪声干扰等。

以 ADI 公司的某款传感器集成芯片为例，其内部组成及基本外围元件如图 6—9 所示。传感器接口电路板上除了放置传感器芯片外，通常还包括由外部器件组成的简单电路，用于对传感器输出信号、电源、温漂等进行适当处理。典型微硅电容加速度传感器的内部组成及外围电路如图 6—9 所示。传感器芯片产生的信号经放大、检波后转为与振动加速度成比例的电压信号，由“X 输出”引脚输出。为了对输出信号进行预先处理，在输出端串接电容 C1 组成 RC 低通滤波器；为了消除电源中噪声的干扰，在电源端串入电阻 R_s 同时并入旁路电容 C2。

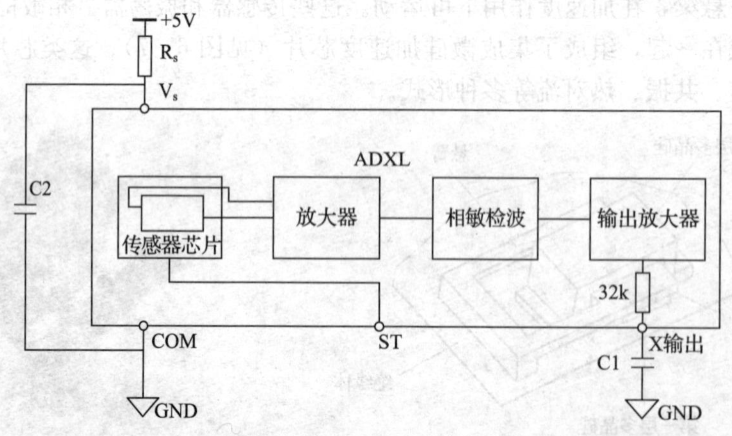

图 6—9 集成加速度芯片与外围器件的连接

任务实施

一、传感器选型

在本任务中，为实现车辆防盗，需要同时监测车体振动和倾角的变化。因为车体角度变化为低频信号，而振动频率则相对较高，因此要求传感器的频率响应范围较宽。同时，考虑到使用场合，要求传感器应小巧、可靠、能耗低。集成微硅加速度传感器（如电容式集成微硅加速度计）可满足以上要求。这种传感器可以检测静态和动态加速度值，响应速度快，小巧便捷，很适合组建车辆防盗系统。本任务中选择 ADI 公司的 ADXL202 电容式集成双轴加速度计（见图 6—10）。它可以测量 0～5 kHz、$\pm 2g$ 范围内的动态或静态加速度信号，具有数字、模拟信号输出，可同时监测盗窃车辆时所引起的车体微小振动和整车倾斜角度。

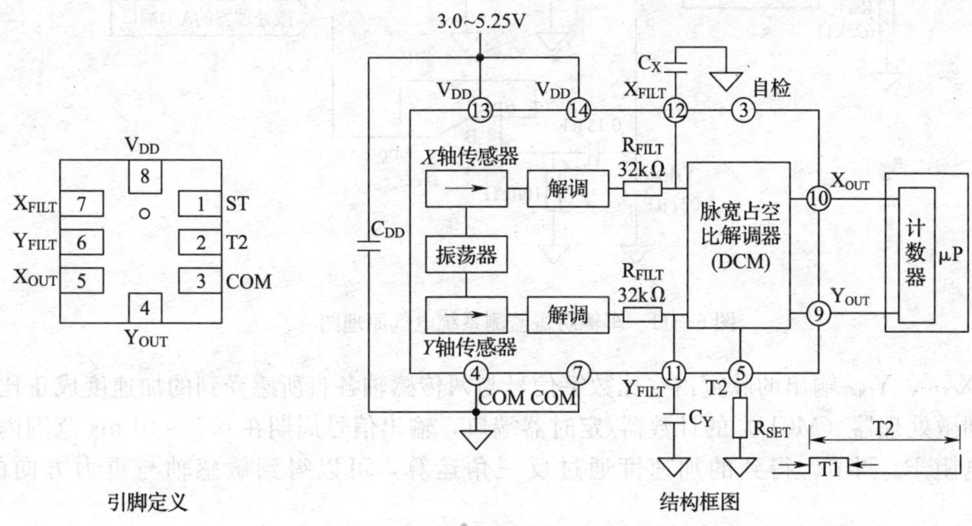

图 6—10　ADXL202 引脚及结构框图

二、测量系统方案设计

采用这款传感器的车辆防盗监测系统方案确定为：

1. 对传感器两个敏感轴方向上动态加速度的测量，用于振动检测；而对敏感轴方向重力加速度分量的监测，用于确定物体空间方向变化。

2. 传感器输出的数字信号直接送到微控制器的计数器/定时器端口，进行敏感轴方向重力加速度分量的测量；输出的模拟信号经 A/D 转换后，对车体微小振动进行测量。

3. 车体角度相对于初始状态改变 5°，就认为有盗车情况发生；在较短时间段内车辆微小振动能量超过设定的阈值，就认为有破坏车辆的情况发生。

三、接口电路设计

根据设计方案及功能要求，设计监测系统的电气原理图如图 6—11 所示。图中除了前面介绍过的传感器芯片的一般接口电路外，还要特别注意其特有的模拟、数字两种输出方式：

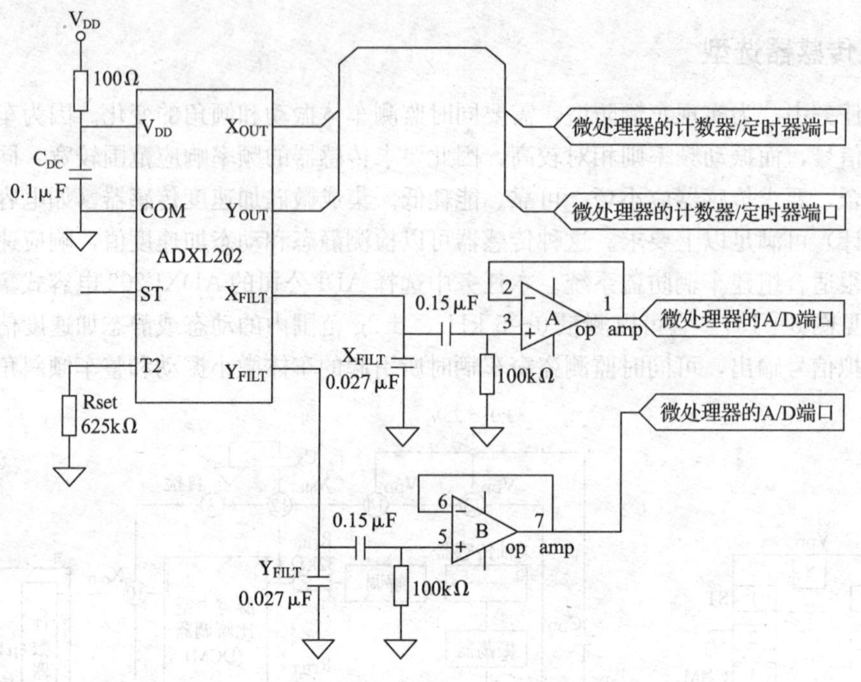

图 6—11　车辆防盗监测系统电气原理图

1. X_{OUT}、Y_{OUT}输出的脉宽占空比数字信号与两传感轴各自所感受到的加速度成正比，直接送到微处理器（MCU）的计数器/定时器端口，输出信号周期在 0.5～10 ms 范围内，用外接电阻 R_{set} 调节。得到的加速度通过反三角运算，可以得到敏感轴与重力方向的夹角。

2. 从 X_{FILT}和 Y_{FILT}管脚输出的模拟信号经电压跟随器 A、B 提高负载能力后，送入微处理器的 A/D 端口，用于测量微小振动。模拟信号输出端设置 RC 低通滤波器以滤除输出信号中的高频干扰和噪声，其中，电阻 R 为芯片内部集成的电阻（阻值为 32 kΩ），电容 X_{FILT}和 Y_{FILT}的大小由滤波器的 3 dB 截止频率 f_c 决定，可通过以下公式计算：

$$C=\frac{1}{2\pi Rf_c}$$

结论：利用这款电容式加速度传感器芯片组成的防盗监测装置，不但拥有传统车辆防盗传感器件的灵敏性，而且扩大了监测范围（可对拖车和整车搬运的盗窃方式进行预警），简化了系统的电路结构，提高了可靠性。

知识链接

一、振动传感器性能指标

1. 静态指标

振动传感器的静态指标包括量程、精度、灵敏度、分辨力、稳定性等，这里仅着重说明各指标参数在使用中应注意的要点。

在确定传感器的量程时，要知道被测量的变化范围，通常使被测量的变化范围在满量程的2/3左右。精度是包含准确度、线性度、迟滞、重复性等的综合指标。灵敏度与测量范围、固有频率等相互制约，过高的灵敏度会减小测量范围，还会使信号的稳定性变差。测试系统的分辨力应小于绝对误差的1/3、1/5或1/10，可通过改善传感器敏感元件的灵敏度来提高分辨力。稳定性是衡量传感器性能优劣的重要标志，振动测量中常用传感器的灵敏度漂移和零点漂移表示。

2. 动态指标

动态指标可以从时域和频域两方面来考虑。在以时间为自变量的时域分析中使用的响应时间，是指测量系统的输出信号达到稳态值的95%或98%所需要的时间。而以频率为自变量的频域分析中主要考虑测量系统的通频带、工作频带以及固有频率。通频带是指在测量信号幅值衰减到3 dB（幅值为原来的70.7%，功率为原来的1/2）时的频带宽度；工作频带是测得的振动信号不出现较大失真的频率响应范围。

二、振动传感器选用要点

选择振动传感器时，主要考虑被测振动参数（位移、速度和加速度）、测量的频率范围、量程及分辨率、使用环境等，同时考虑各类振动传感器的性能特点。

1. 根据测量目的选择适当的测量参数

振动位移通常用于判别振动强度和物体变形，振动速度决定噪声的高低、反映振动能量，振动加速度用于研究外部作用力的强度。由于数学运算可能导致信号失真，因此应根据测量参数选择传感器，避免使用微积分方法获取参数。

2. 根据被测量选择适当的传感器类型

测量振动位移时可采用电感、电容或电涡流原理的位移传感器；测量振动速度时，可采用电磁感应原理的速度传感器；测量振动加速度时，可采用压电、电容、应变式加速度传感器。在测量低频大振幅振动时应优先选用位移传感器，而测量高频振动时则选择加速度传感器。

思考与练习

1. 振动测量中常用的信号有哪些？测量中选择什么信号与哪些因素有关？
2. 常用的振动传感器有哪些？分别用于什么场合？
3. 简述微硅集成振动加速度传感器的优势和应用领域。
4. 绘制汽车防盗监测系统中振动测量部分框图，说明各部分的作用。
5. 绘制ADXL202传感器芯片与外围器件的接口电路图，说明各外围元器件的作用，各电阻、电容大小的确定方法。

课题二 压电式振动传感器

◆ **教学目标**

- 了解压电效应的基本概念
- 了解压电式振动传感器的主要技术参数
- 了解压电式振动传感器的工作原理
- 掌握压电式振动传感器的振动测量系统
- 掌握压电式振动传感器的应用

任务提出

矿用提升机系统（见图6—12）是各类矿井中广泛使用的类似民用电梯的运输设备。由于我国矿井中使用的提升机很多都存在老化现象，提升机的提升容器在运行过程中远没有高层电梯轿厢那样平稳，存在较大的振动。为了保证矿井主运输通道的安全，相关部门对提升机各部件的检测周期及标准作出明确规定，提升容器振动检测是其中的重要环节。

a)

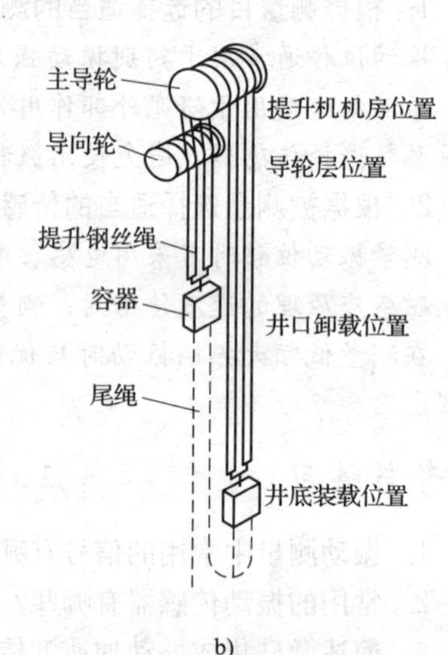

b)

图6—12 矿用提升机系统

a）矿用提升机机房 b）矿用提升机系统构成

提升容器振动测量通常是利用振动传感器把容器的振动信息转化为电信号送给后续设备，经放大器放大后传送给采集装置，由采集装置采集数据信息并保存到存储设备中，对其离线分析后提供振动测试报告。本课题的工作任务就是选择一个合适的传感器类型，满足上述需要，并确定测量系统需要配备的其他电气元件。

任务分析

选择传感器类型，一方面需要了解测量的实际需要，一方面需要掌握常用传感器的主要性能特点。本课题在上一课题所学电容式振动传感器的基础上，介绍一种压电式振动传感器的相关知识。通过对测量需求的分析，确定适合本任务的传感器类型和相关配套元件。

相关知识

一、压电效应和压电传感器

1．压电效应

压电效应也称为正压电效应或顺压电效应，是指某些物质沿一定方向上受到外力作用变形时，内部被极化，其表面会产生电荷，外力去除后其又会重新回到不带电的状态的现象。逆压电效应（电致伸缩效应）：当在某些物质的极化方向上施加电场时，这些物质就在一定方向上产生机械变形或机械压力；当外电场撤去后，这些变形或应力也随之消失的现象。

压电效应与施加外力的关系可用如图 6—13 所示的石英晶体来说明。该晶体有三个晶轴：z 轴（光轴）、x 轴（电轴）和 y 轴（机械轴）。当沿着 x 轴或 y 轴对压电元件施加力时，会使晶格变形，正负电荷中心分离，在垂直于 x 轴的表面上产生电荷，出现压电效应；而沿着 z 轴方向受力时，晶格变形不会引起正负电荷中心分离，不产生压电效应。

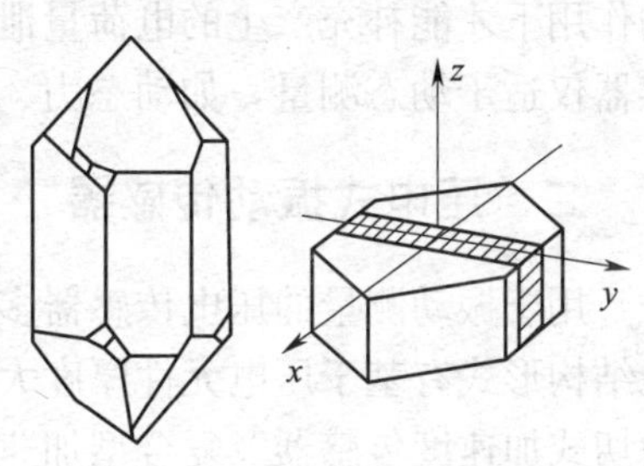

图 6—13　石英晶体外形图

在晶体的弹性限度内，在 x 轴方向上施加压力 F_x 时，在 x 面上产生的电荷为：

$$Q = d_{11} F_x$$

式中　d_{11}——某种材料的压电常数，石英晶体 $d_{11} = 2.3 \times 10^{-12}$ C/N。

在 y 轴方向施加力时，在 x 面上产生的电荷为

$$Q = -d_{11} \frac{l}{\delta} F_y$$

式中　l、δ——石英晶体的长度和厚度，μm。

可见，沿机械轴方间的力作用在晶体上时，产生的电荷与晶体切面的几何尺寸有关；沿机械轴的压力引起的电荷极性与沿电轴的压力引起的电荷极性恰好相反。

2．压电材料

具有压电效应的物质称为压电材料（压电元件），常见的压电材料有压电单晶体、多晶体压电陶瓷和高分子压电材料等。前面提到的石英晶体是压电单晶体的典型代表。石英晶体的突出优点是性能稳定、机械强度高、绝缘性能好。但也存在价格昂贵，压电常数小，受到外力作用时产生的电荷量较小等不足，因此多用在标准传感器、高精度传感器中。一般的测振装置中多采用制造成本低的压电陶瓷作为压电材料。常用的压电陶瓷材料有钛酸钡（BaTiQ3）、锆钛酸铅系列（PZT）、铌镁酸铅系列（PMN）等。某些合成高分子聚合物薄膜经

延展拉伸和电场极化后具有一定的压电性能，称为高分子压电薄膜。它是一种柔软的压电材料，可根据需要制成薄膜或电缆套管等形状，用在防盗等不要求定量测量精度的场合。缺点是温度升高时灵敏度会降低，不宜暴晒。

3. 压电传感器

压电传感器是利用压电元件在敏感轴方向上受到外力作用时，在电介质表面产生电荷来实现非电量测量的目的，其工作过程如图 6—14 所示。在压电元件两个工作面上进行金属蒸镀形成金属膜，构成两个电极。当压电元件受到压力 F 的作用时，分别在两个极板上积聚数量相等、极性相反的电荷，形成电场，通过外部测量电路形成电流输出，通过测量电流大小可以测得 F 的大小。

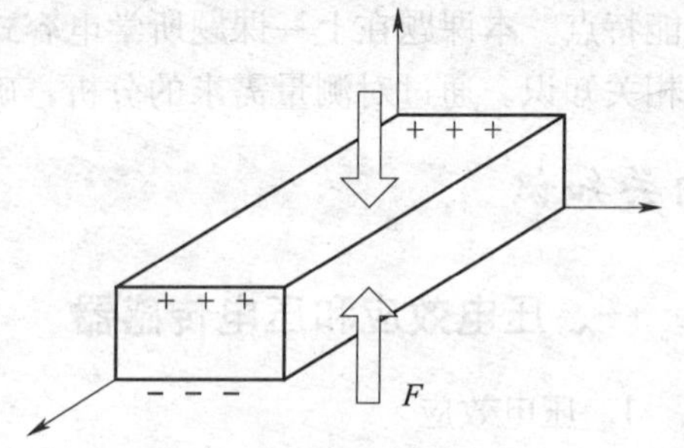

图 6—14　压电传感器工作过程

如果施加于压电元件的外力不变，极板上的电荷无泄漏，那么电荷量将保持不变，与外力 F 成正比。但这需要测量回路具有无限大的输入阻抗，实际上不能实现。只有在动态力的作用下才能补充产生的电荷量泄漏，对外部测量电路形成稳定的电流输出。因此，压电传感器仅适于动态测量，如动态力、动态压力及动态振动加速度的测量等。

二、压电式振动传感器

用于振动测量的压电传感器多为加速度传感器，外形如图 6—15 所示。该类传感器的常见结构形式有基于压电元件厚度大小变形的压缩式加速度传感器、基于压电元件剪切变形的剪切式加速度传感器及复合型加速度传感器等。下面以压缩式加速度传感器为例介绍这种传感器的工作情况。

如图 6—16 所示，该类传感器由压电元件、质量块、预压弹簧、基座、外壳等部分组成。整个部件装在外壳内，用螺栓固定，压电片用高压电系数的压电陶瓷制成，压电系数为 d_{11}。两个压电片并联，质量块 m 采用高密度金属块。测量时，将底座与被测量加速度的物体刚性地连接在一起，使质量块感受与物体完全相同的运动，加速度为 a。则压电元件上产生的电荷增量为 $\Delta Q = d_{11} \times ma$。

图 6—15　PCB 公司压电加速度传感器

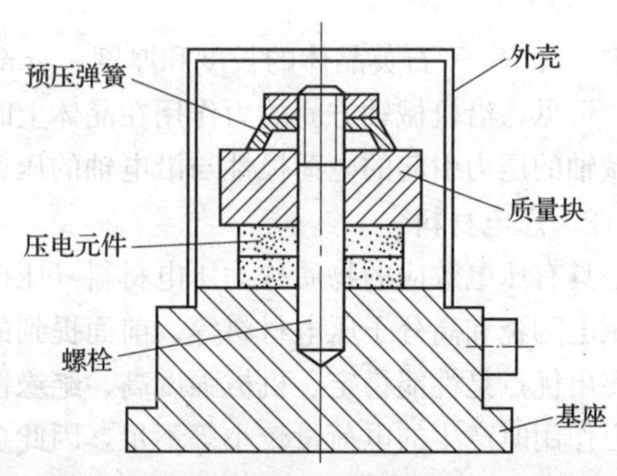

图 6—16　压电加速度传感器基本结构

利用放大器可以将上述电荷变化转化为输出电压的变化，即放大器的输出电压的增量与加速度 a 成正比，只要测出输出电压，即可获得所测物体的加速度。

三、工作参数及选型

1. 常用工作参数

(1) 灵敏度

灵敏度即每一单位输入所得到的输出量。振动加速度传感器的输出为电荷量，输入为加速度，因此灵敏度的单位是 pC/（ms^{-2}）或 pC/g（g 为标准重力加速度，1g≈9.8 m/s^2）。通常灵敏度的范围为 10～100 pC/g。灵敏度并不是越高越好，灵敏度低的传感器可用于动态范围很宽的振动测量，如打桩机的冲击振动、汽车的撞击试验等。高灵敏度传感器可用于测量微弱振动，如寻找地下管道泄漏点，测量楼房基础或机床床身的振动等。

(2) 测量范围

常用的压电加速度传感器的测量范围为 0.1～100g。冲击振动可选用 100～10 000g 的加速度传感器，路桥、地基等微弱振动则往往选择 0.001～10g 的高灵敏度低频加速度传感器。据有关研究表明，即使在高速重载运行的工况下，本任务中关注的提升容器运行过程中的振动加速度幅值也不大，一般为 0～5g。

(3) 频响范围

频率响应范围（频响范围）与上一任务中提到的工作频带是同一类概念，都是指没有较大失真的最低有效输入信号频率到最高有效输入信号频率之间的范围。大多数压电加速度传感器的频率响应范围为 0.1 Hz～10 kHz，从其频率范围下限大于 0 Hz 可知，这种传感器不适于测量静态加速度值，该结论与前面工作原理部分的描述相一致。

同时还需明确，该传感器选型时除考虑频率范围、动态范围、灵敏度等主要特性参数是否符合要求，体积、重量是否符合结构需要外，还要考虑所选设备的工作环境、温度等条件能否满足现场测试的要求。

2. 选型要点

(1) 从使用工况的角度考虑，当被测结构是机械结构时，如车辆底盘、机床、动力机械等，振动在几十 g 至 100g，频率在十几赫兹至几百赫兹，选择通用型压电加速度传感器。

(2) 在冲击、爆破等测试工况下，要求动态响应快，且不能因传感器的质量改变被测物的状态，就需要选择自重轻、频率范围宽的小型振动加速度计。

(3) 土木结构、大型钢结构等的振动测量属于低频低幅值振动，应选择低频振动传感器，要求传感器与电荷放大器的自身绝缘阻抗高，安装面平整度高。

(4) 多点测量时可考虑采用 ICP 压电集成加速度计，该传感器不需外配测量转换电路，直接输出电压信号，抗干扰好。但长期使用要考虑信号漂移问题。

(5) 对频率响应要求较高时可选用中心压缩型传感器或环型剪切型传感器，而剪切型传感器对环境适应性、信号更稳定。

四、压电式振动传感器测量系统

1. 测量系统的组成

压电式振动传感器测量系统主要由压电式振动传感器、测量转换电路、数据采集装置、数据记录存储装置、信号分析仪器、显示输出装置等部分组成（见图 6—17）。需要参与控制的情况下还需要相应的控制器、执行机构等。随着计算机技术的发展，目前振动测量系统中广泛采用以计算机为核心的虚拟仪器技术，数据存储、信号分析、显示输出等装置的功能都可以用一台工业计算机或者笔记本型计算机来完成；网络传输条件的改善也使得在现场条件恶劣的情况下，可将数据采集设备采集到的数据通过无线网络传递到远方的数据记录装置中，进行后续的处理。

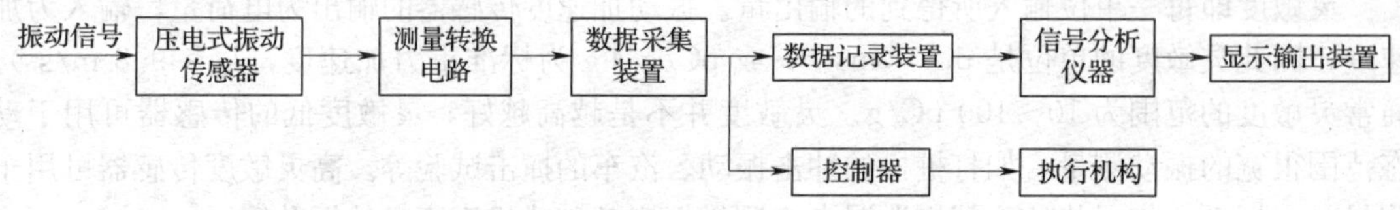

图 6—17　压电式振动传感器测量系统组成

2. 测量转换电路

压电式传感器输出的信号微弱，通常需要经过转换电路或设备的调理后才能达到信号采集与处理的输入要求。放大、滤波、微积分是常用的信号调理手段。

（1）放大电路

压电式加速度传感器的输出端通常需要接入一个高输入阻抗的前置放大器，既可以把传感器的高阻抗输出变换为低阻抗输出，又能把传感器的微弱信号放大。不同类型的输出要求不同的转换电路，压电传感器的输出可以是电压，也可以是电荷。电压输出易受电缆长度影响，且对放大器的要求高，通常压电传感器采用电荷输出，配用电荷放大器，如图 6—18 所示。

图 6—18　多功能电荷放大器

电荷放大器的基本作用是将压电传感器产生的电荷转换为电压，输出电压仅与传感器的电荷量及反馈电容有关，与电荷成正比，测量电缆对传感器灵敏度的影响小，可采用长电缆远距离测量。产品级电荷放大器兼有电荷转换、低通滤波和信号放大的功能，常见的有多通道型、双积分型、准静态型、多功能型等类型。

（2）滤波电路

由于测得的现场振动信号中常混有干扰信号，因此要在多个部分设置滤波电路。根据滤波效果的不同，可分为低通滤波、高通滤波、带通滤波和带阻滤波；根据使用手段不同分为硬件滤波和软件滤波。对于较复杂的测试系统，多采用硬件滤波和软件滤波结合的方式。

（3）从系统角度分析测量系统

分析振动测量系统应从系统的角度进行。振动测试工作能否顺利完成、精度能否保证，依靠振动传感器、信号调理电路、屏蔽电缆、信号采集和处理装置等各部件的共同作用，测量误差也存在于各环节中。

五、振动测量的方法

1. 传感器校准与测量系统标定

压电式振动传感器使用一段时间后灵敏度会发生改变，进行测量前一般要进行校准（也称标定)。常用方法有绝对法、相对法和校准器法。

绝对法是将被校准的传感器固定在校准工作台上，用激光干涉测振仪测量振动台振幅，与被校准传感器的输出比较，确定被校准传感器的灵敏度。该方法精度高，但设备、技术复杂，仅适合计量部门采用；相对法又称背靠背比较校准法，是将待校准传感器和校准过的传感器背靠背地安装在振动台上承受相同振动，将两个传感器的输出相比较以此来计算灵敏度的方法；实际工作中常采用信号叠加的方法获得绝对振动值，该方法对设备和技术要求较低，适合现场采用。

选定了传感器和转换电路后，除了可以用公式法计算测量系统的灵敏度，通常还要将各部分连接起来，用仪器标定灵敏度。在要求不高的情况下，可在实验室利用激振台进行标定（人为给定激振频率和振幅，记录测量系统输出的电压，绘制特性曲线）；要求严格的情况下还需要到现场标定。

（2）测点选择及传感器安装

振动测量中，压电式加速度传感器的安装位置（测点）不同，所得到的测定值有较大差异。测点的选择首先要根据测量目的来确定，如测量齿轮箱振动，可将测振点选在轴承座上；同时建议对测点做好标记，以保证每次测定部位不变；另外要保证测点表面光滑洁净。

现场测量时，可根据测量目的和对象选择不同的传感器安装方法。如图 6—19 所示，压电式加速度振动传感器的安装固定通常有如下几种方式可供选择：

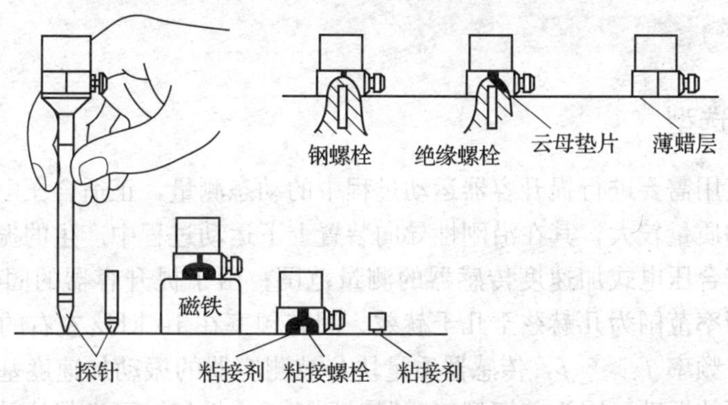

图 6—19　压电式加速度传感器的安装

1）螺钉安装。用于长期监测振动机械工作状态时，可在被测工件表面钻孔，然后用双头螺栓将传感器牢固地固定在测点上。安装前建议对工件表面进行打磨，以保证安装牢靠。

2）磁吸盘安装。短时间监测中、低频振动时，可用磁吸盘将钢质传感器底座吸附在监测点测量。这种方式不破坏被测物体外形，传感器安装、移动方便，在现场应用普遍。缺点是使传感器的频响范围有所降低，对表面为铜、铝等非铁磁性物体测量时也不适用。

3）粘贴安装。当被测物体不允许钻孔且振动微弱时，可选用“502”瞬干胶、环氧树脂胶等黏结剂将传感器粘接在监测点工件表面上。传感器底座与被测物质间的胶层应越薄越好，否则会使高频响应变差，测量频率上限下降。

4）云母片安装。当被测物工作温度较高（100℃左右）时，需用厚度为 0.02 mm 左右的云母片垫置在测点和传感器之间，再用螺钉安装，以有效地隔离高温物体，同时频响降低很小。

5）工装安装。为适应特殊场合的需要，有时需要自制一些传感器安装块进行安装。

6）在对多个测点振动定期巡检时，也可采用如图 6—20 所示的手持式测振仪。其传感部分是带有磁吸头的压电式加速度传感器，通过屏蔽电缆连接到上部螺纹上；显示部分为液晶屏，用不同挡位以显示振动位移、振动烈度或振动加速度。这种方法使用方便，但测量误差较大，重复性较差。

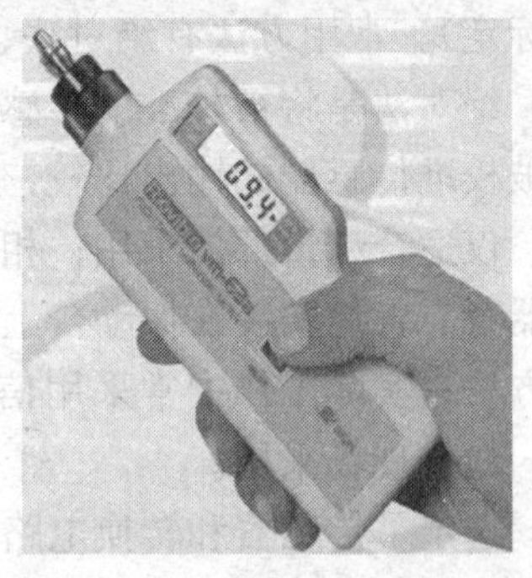

图 6—20 手持式测振仪

（3）配套电气设备的使用

制造一个稳定性好、适合多种测量环境的电荷放大器极不容易，因此使用者应根据使用条件精心选择电荷放大器。如果需要测量系统具有良好的低频测量效果和低噪声，电荷放大器的输入阻抗要高；同时，良好的抗强磁电场等干扰的能力也很重要，需要做好屏蔽。在对可测量程和温度特性要求不高的情况下，还可选用 ICP（IC）传感器，因其将电荷放大级置入传感器内，传感器外壳形成有效屏蔽层，大大提高了抗干扰能力。

电荷放大器中的滤波器用于滤除无用的干扰信号。高通滤波器是让有用高频信号通过，滤除低频干扰；低通滤波器则反之。要合理选择滤波器类型和截止频率挡位，挡位与被测频率结合不好会影响测量的准确性。通常，低通滤波器挡位应高于测量频率的 3 倍，高通滤波器挡位应低于测量频率的 1/10。如测 100 Hz 的信号，低通应放在 0.3 kHz 挡以上，高通应放在 10 Hz 挡。

任务实施

一、传感器选型

因为该测试应用需要进行提升容器运动过程中的动态测量，正适合压电式传感器的工作特点；提升容器的质量较大，其在沿刚性导向装置上下运动过程中产生的振动频率在各频率段都有分布，也符合压电式加速度传感器的测量范围；由于提升容器的固有频率 f 一般为数十赫兹，选择频率范围为几赫兹至几千赫兹、固有频率在 10 kHz 左右的压电式加速度传感器，可使其固有频率 $f_0>5f$，传感器质量块与被测容器的振动加速度基本一致，可以很好地反映提升容器的振动；因为剪切型传感器对环境适应性好，可选择这种结构的压电加速度传感器。

综合上述分析并考虑成本，可选择 KD1010 压电式加速度传感器，其主要参数见表 6—2。在淋水较大的井筒中，可选择简易防水型压电式加速度传感器。

表 6—2　压电式振动传感器选型

技术指标 / 型号（KD）	电荷灵敏度（g）	安装谐振频率（kHz）	使用频率范围（Hz）	最大横向灵敏度比	最大量程（g）	内部结构	使用温度范围（℃）	输出端位置	重量（g）	尺寸（mm）	适用场合及特点
1005	50 pC	～25	0.5～8 k	<5	800	剪切	−20～100	顶端	28	ϕ15×26	振动、冲击
1005C	50 pC	～25	0.5～8 k	<5	800	剪切	−20～100	侧端	29	ϕ15×21	振动、冲击、侧端输出
1010	100 pC	～23	0.5～7 k	<5	600	剪切	−20～100	顶端	29	ϕ15×26	振动、冲击

二、配套电气设备的选型

为突出灵活、便捷，放大器可选用 3 个小型密封结构的电荷放大器。该仪器主要用于机械振动的在线检测与研究，灵敏度 10～100 mV/pC，频响范围为 1 Hz～100 kHz，线性度 0.1%，输出偏置电压±50 mV，采用±6～15 V DC 双极性电源供电。通过更换内部电阻将放大器的灵敏度调整为 10 mV/pC。

数据采集设备选用南京汽轮机厂的 QL－108R 多功能数据采集箱，其具备 8 路模拟输入，12 位 A/D 分辨率，通过串口与计算机相连，以便后期数据处理。

三、测量系统构成

利用上述所选设备，组建测控系统的结构及其在提升容器中的布置如图 6—21 所示。

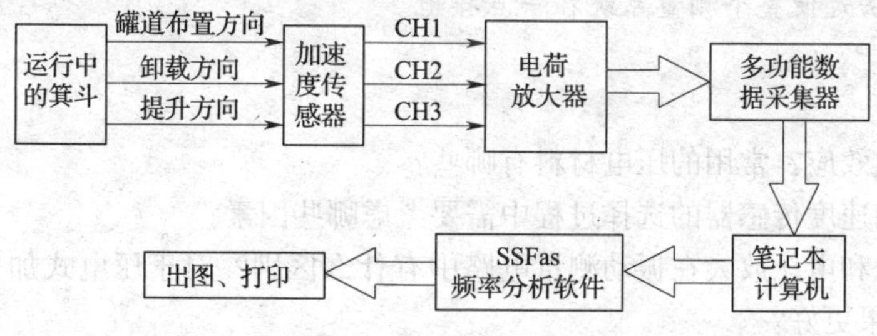

图 6—21　提升容器振动测试系统构成

四、测量方案确定

(1) 测量方案

将测量设备和振动传感器安装在提升容器中，启动采集和振动分析程序，开启提升机，上下全速运行两个工作循环，同时采集水平、垂直三个方向上提升容器的振动加速度信号，存储到便携式 PC 机中。结束后利用分析软件离线分析数据。

(2) 测点的选择

分析发现，测点设在提升容器顶部中心位置最为理想。结合实际情况，最后确定为：提升容器为运输煤炭的箕斗时，顶部维修平台更适于测试设备的安装固定；提升容器为运输人员的罐笼时，罐笼底层中心位置的测试结果更有利于分析乘坐舒适度，故选择该位置为测点。

(3) 传感器安装

由于提升容器传感器安装处的振动加速度频率范围通常小于 500 Hz，故可将振动传感器通过磁吸座在三个正交方向固定在提升容器上。

知识链接

引起压电式加速度传感器测量误差的原因除去测量频率外，还有环境影响及噪声，处在这种场合下的传感器应采取措施，消除可能带来的误差。

1. 减小环境影响的防护措施

常见的恶劣环境有高温、潮湿、电磁场等。环境温度、湿度的变化会引起压电元件的压电常数、介电常数以及绝缘电阻的变化，从而使传感器的灵敏度等参数随之变化。在测试现场潮湿或油污严重时，除采用特殊设计的加速度计外，还可采取接头处用热缩套管或硅胶密封等措施；有条件的情况下，还可模拟现场温度情况作系统标定，以提高测试结果的可信度。

周围磁场和声波也会使传感器的输出产生误差。为有效消除强磁电场对测试的影响，可采取如下措施：对加速度计进行二次屏蔽；将测试系统的一点接地；将加速度传感器作绝缘安装或把电荷放大器的电气地端与壳体的机械地端分开。

2. 消除和降低噪声的抗干扰措施

噪声主要来源于电缆噪声与接地回路噪声。在电缆被突然拉动或振动时，会产生电缆噪声，特别在测量频率较低时影响更大。解决的方法是选择低噪声电缆，同时将传输电缆固定，避免其运动。当系统内多个电路各自接地而各接地点间又有电位差时，会产生接地回路噪声，解决的方法是使整个测量系统在一点接地。

思考与练习

1. 何谓压电效应？常用的压电材料有哪些？

2. 压电式加速度传感器的选择过程中需要考虑哪些因素？

3. 电荷放大和电压放大在振动测量电路中有什么区别？对于压电式加速度传感器，用哪一种放大器效果更好？

4. 如何选择振动测量的测点？压电式振动传感器该如何安装？

课题三　磁电感应式振动传感器

◆ **教学目标**

¤ 了解磁电感应式振动传感器的结构和工作原理

¤ 了解磁电感应式振动传感器的主要技术参数

¤ 掌握压电感应式振动传感器的安装使用

任务提出

随着国内电能需求的日益增加，单机容量的不断扩大，大容量汽轮机发电机组成为电网的主力设备，其可靠性具有重要的社会和经济意义。振动监测是汽轮机安全监视系统（TSI）（见图 6—22）的重要组成部分，通过连续监测发电机机组关键部件的振动，TSI 监视系统能及时发出报警或跳机信号，帮助判别机器故障，保护汽轮机设备的安全运行。

现有一 300 MW 汽轮机发电机组 TSI 监视系统项目，主要由传感器、智能板件、控制机柜、上位机监视软件等组成。其中振动监测部分要求采集垂直和水平方向的振动信号，作为机组跳闸保护的参数。本课题要完成的工作任务是该部分振动传感器的选型、安装及相关测量电路的选型设计。

图 6—22　汽轮机发电机组及其安全监视系统

任务分析

查阅资料可以发现：该发电机组是典型的旋转机械，轴系长、振动因素多而复杂，机组振动过大时轻者产生噪声、影响机组寿命，重者会造成破坏性灾难。转子径向振动振幅是衡量机组的振动状态的最基本的指标，因为转子是旋转机械的核心部件，旋转机械能否正常工作主要决定于转子能否正常运转；转子的运动也不是孤立的，要通过轴承支撑在轴承座及机壳上，构成了转子一支撑系统。因此目前汽轮机轴的状态监测主要包括转子轴振动（轴振）、轴承振动（瓦振或盖振）和振动相位角的测量。

对于轴承座的振动，可以通过接触式的惯性速度传感器测量振动的变化速度，也可通过接触式的压电加速度传感器测量振动变化的加速度，习惯上将测得的振动速度值或加速度值再通过积分变换成位移量。磁电式速度传感器因具有直接输出振动速度、不需要辅助供电电源、测量频率宽、抗干扰性好、使用方便等特点，成为轴承座振动测量的主要设备。

根据以上资料，确定本项目的重点是考察磁电感应式速度传感器的选型、安装和使用。

相关知识

一、磁电感应式振动传感器

1. 工作原理

振动速度传感器是磁电感应式传感器在振动测量中的应用，常用的有两种型式，相对式和惯性式（绝对式），在轴承座振动测量中多选用后者。其外形和基本结构如图 6—23 所示，由弹簧支架、测量线圈、永久磁钢、外壳和输出引线端等部分构成。传感器的永久磁钢产生恒定磁场，软弹簧一端与测量线圈连接，另一端与外壳连接。传感器紧固在测点上并随被测物体一起振动时，带动磁钢和外壳上下振动，测量线圈由于有软弹簧支撑，保持相对静止不动。测量线圈切割磁力线产生感应电动势，该电动势与机组的振动速度成正比。用转换电路将电动势转换为电压信号输出，以反映被测物体振动速度的大小。经过微分和积分后，该传感器还可以测出振动加速度和振动位移。

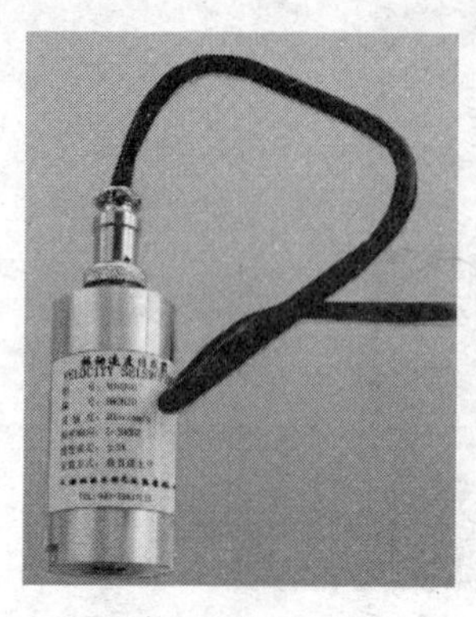

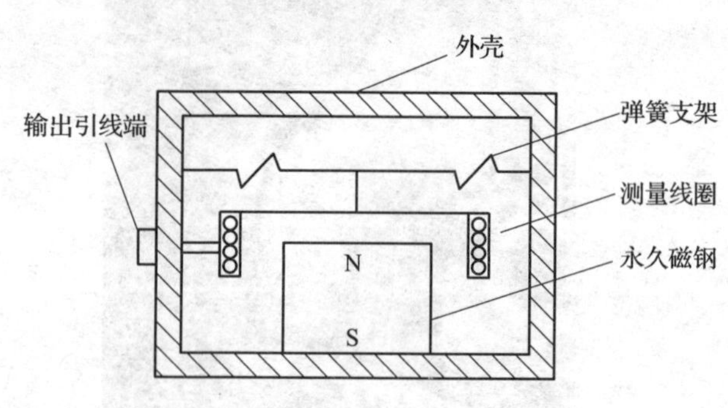

图 6—23　磁电感应式振动传感器外形及结构示意图

磁电感应式振动传感器的输出电动势与线圈内的磁通量变化直接相关。当振动速度频率过低时，磁通量变化少，输出的电动势会因过小而无法测量。磁电感应式振动传感器存在一定的工作频率范围，低于频率下限值的振动将无法测量。

2. 结构及工作过程

以原北京测振仪器厂生产的 CD—1 型磁电感应式振动速度传感器为例介绍该类传感器的实际结构和工作过程。这款传感器属于动圈式恒磁通传感器，其结构如图 6—24 所示。永久磁铁 3 通过铝架 4 和圆筒形导磁材料制成的壳体 7 固定在一起，形成磁路系统。磁路中有两个环形气隙，右气隙中放有工作线圈 6，左气隙中放有圆环形阻尼器 2。工作线圈和圆环阻尼器用心轴 5 连在一起组成质量块，用圆形弹簧片 1 和 8 支撑在壳体上。

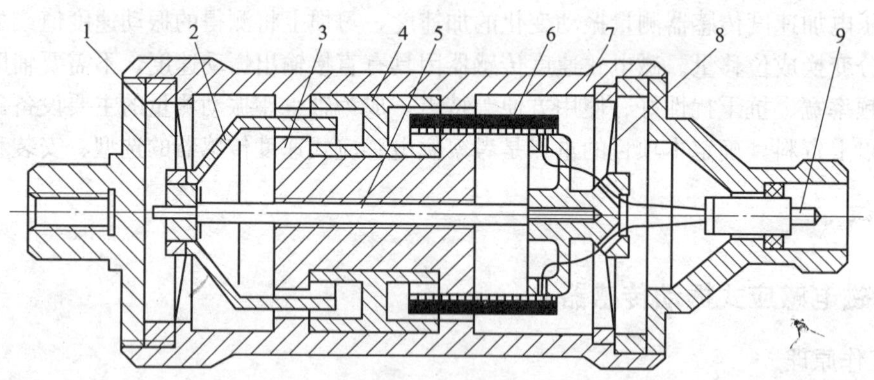

图 6—24　CD—1 型振动速度传感器结构

1、8—弹簧片　2—阻尼器　3—永久磁铁　4—铝架　5—心轴　6—线圈　7—壳体　9—引线

使用时，将传感器固定在被测振动体上，永久磁铁、铝架和壳体一起随被测体振动。由于质量块有一定的质量，而弹簧片非常柔软，当振动频率远大于传感器固有频率时，线圈相对永久磁铁运动，以振动体的振动速度切割磁力线，产生感应电动势，通过引线 9 接到测量电路。同时阻尼器也在磁路系统气隙中运动，产生涡流，形成系统的阻尼力，起衰减固有振动和扩展频率响应范围的作用。

3. 技术指标和选型

上文所述CD系列磁电感应式振动速度传感器的主要技术指标见表6—4，其他指标还包括固有频率、工作线圈内阻、质量等。这类传感器常用于测量轴承座、机壳或结构的振动，其输出电压与振动速度成正比，也可以把振动速度积分后转换成振动位移输出。如果与振动烈度监视仪、瓦振监视仪等二次仪表配接，既可直接显示振动量的大小，也可以输送到其他二次仪表或交流电压表进行测量，以对旋转或往复机械设备的综合运行状况进行评价。

表6—4　**CD—1型磁电感应式振动传感器技术指标**

型号	CD—1	CD—4 CD—4a	CD—6 CD—6a	CD—7—c CD—7—s	CD—21—c CD—21—s CD—21—t
灵敏度 mV/(cm·s^{-1})	600	600	800/1 500	600，6 000	200，280
频率范围 Hz	10～500	2～300	1～300	0.5～20	10～1 000
最大可测位移 mm	±1	±7.5/±20	±3	±0.6，±6	±1
最大可测加速度 m/s^2	50	100	100	10	500（冲击）
线性度（%）	5	5	5	5	5
测量方式	绝对	相对	相对	绝对	绝对
尺寸（mm）	ϕ45×160	ϕ65×170 ϕ65×210	ϕ45×56 ϕ48×98	70×70×113	ϕ36×80
应用范围	稳态	动平衡	动平衡	低频	监视用

选择磁电感应式振动速度传感器时，要参考产品系列号说明，注意传感器测量方式、灵敏度、最低工作频率，铠装或非铠装电缆总长度，电缆末端连接方式的选择等。同时注意，这种传感器按照信号输出方向分为单向型（垂直或水平向）和通用型（垂直或水平向均可使用）两类，选用时应注意传感器的使用方向和系列号说明，确保接头连接方式正确。

二、磁电感应式传感器的使用注意事项

现场安装和检修维护中的不规范行为或对细节的忽视，都可能对磁电感应式振动测量系统的可靠运行产生影响。安装过程中要注意：

1）现场安装时，要注意磁电感应式速度传感器的工作方向，即安装角度。通常，这种传感器的工作方向有三种型式：垂直向（0°±2.5°）、水平向（90°±2.5°）和通用型（0°±100°，垂直或水平方向均可使用）。

2）现场安装时，应保证使传感器的敏感轴与正弦激振方向垂直度偏差在±5°以内，以减少测量误差。

3）传感器安装时应采用浮地方式，输出引线插座应绝缘浮空，电缆宜采用两芯屏蔽电缆，屏蔽层在现场侧应绝缘浮空。

任务实施

一、测量方案

本任务的 TSI 汽轮机安全监视系统组成和振动监测方案为：

1. TSI 装置由传感器系统和监视仪表两部分构成。传感器系统包括探头、预制电缆、前置器、传感器安装支架等；监视仪表包括框架、电源、测量模块、软件及机柜等。

2. 监视轴承座振动，采取在每道轴承 90°夹角方向各安装一只振动位移传感器；监视轴振动为每道垂直轴承座垂直安装一只振动速度传感器。信号通过前置器，输出到监测模块，经模块处理后，输出到指示仪表和上位机软件。

3. 保护方式确定为：振动保护采用轴承座振动（绝对振动）保护，而轴振动（相对振动）仅用来报警。如轴振动过大，运行人员认为需要停机时，可采取手动停机。

二、传感器选型

为了实现振动监测部分转子轴振动（轴振）和轴承振动（瓦振）的测量，需要为其选择合适的传感器。

1. 轴承振动（瓦振）传感器

轴承座的振动，可以通过惯性速度传感器测量振动的变化速度，也可通过压电加速度传感器测量振动变化的加速度（往往通过积分电路转换为振动速度）。两种方式在现场都有应用，如前者出现在美国本特利公司 Bently 3300、Bently 3500 系列及德国飞利浦公司 MMS6000 系列 TSI 产品中，后者则出现在日本新川公司的监视系统中。因为磁电感应式振动速度传感器不需要安装供电电源，输出电压值较大、电路简单、抗干扰性能好，本任务设计的系统中选用了这种传感器，具体型号为国产 CD 系列中的 CD－21—T（见图 6—25），为通用型，可在垂直或水平方向安装。其灵敏度为 280 mV/（cm・s^{-1}），频响范围 10～1 000 Hz，最大可测位移 ±1 mm，最大可测加速度达 500 m/s^2。

图 6—25　CD－21－T 磁电感应式速度传感器

2. 转子振动传感器

测量轴振时，利用安装在轴承座上相互垂直的两个电涡流传感器，测量轴相对于轴承壳的振动，合成转子轴心的振动轨迹。本任务选择了德国飞利浦公司（epro）的 PR6423 传感器探头。

三、安装和调试

1. 测点的选择

本任务设计的汽轮机监视系统需要在 1－6＃轴承处测轴振和瓦振，测点分布和传感器布置如图 6—26 所示。其中 BV＊为＊号轴承的瓦振，SV＊X 为＊号轴承 X 方向轴振，SV＊Y 为Y 方向轴振。

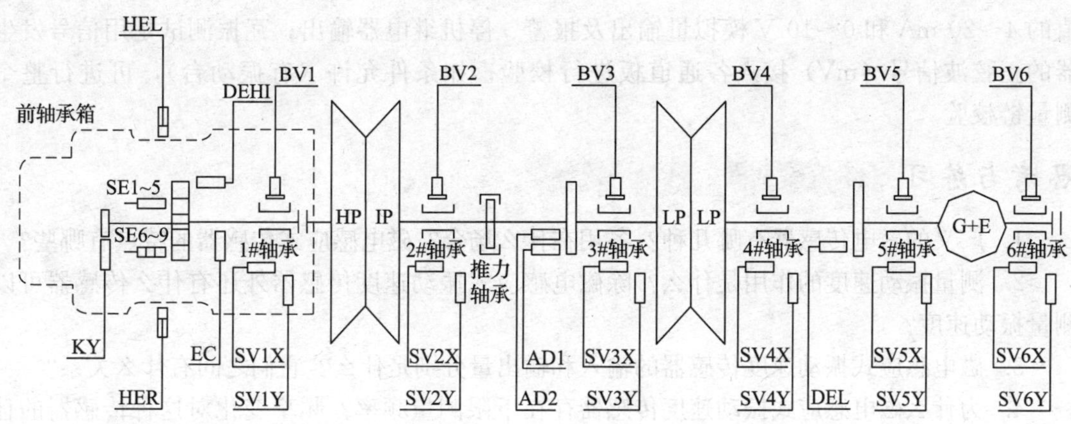

图 6—26 汽轮机 TSI 测点图

2. 传感器的安装和调试

如图 6—27 所示，瓦振的测量是将磁电感应式速度传感器垂直安装到轴承座上，利用其测量机壳相对于自由空间的运动速度，板件把从传感器来的速度信号进行检波和积分，变成位移值，计算出相应的峰一峰值位置信号。通常瓦振的变化范围为 0～100 μm。

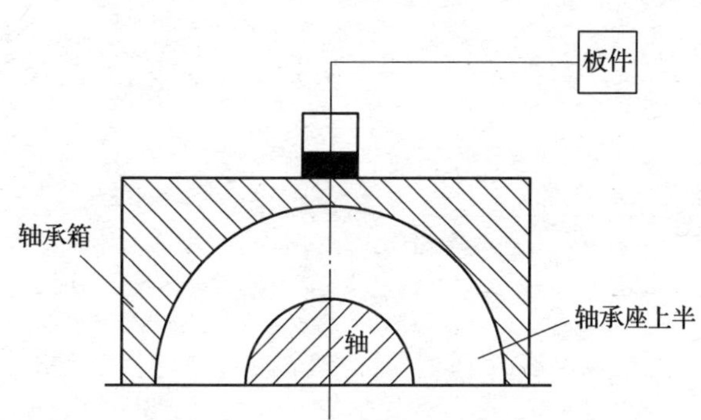

图 6—27 瓦振传感器安装示意图

安装和使用过程中，需要注意：

(1) 新机组安装或校验周期到期后的检修安装前，振动传感器应由具有检定资质的机构检验合格。

(2) 现场安装时，传感器应配套使用，错用会引起较大测量偏差。安装后，确认安装方向和接线正确，接线和连接头无松动；用万用表测量传感器两端的输出电阻值。

(3) 在机组和 TSI 系统正常工作时，用万用表测量传感器两端输出交流电压，同时记录传感器配套的二次仪表显示的振幅指示值，计算传感器的灵敏度并与出厂值对比，偏差一般为±5%，偏离较大时应及时更换传感器。

3. 传感器联动调试

当各探头准确可靠地装于支架上后，把各探头连线接到相应的接线盒内，对各部分进行调试。其中，轴振动测试是用千分表验证轴振动态峰－峰值，用万用表测试相应振动值的 4～20 mA 和 0～10 V 模拟量输出及报警、停机继电器输出；瓦振测试是用信号发生器的正弦波信号（mV）接入各通道板进行校验；如条件允许（有振动台），可进行整个测量链校验。

思考与练习

1. 广义的磁电传感器有哪几种？各用在什么场合？磁电感应式传感器的特点有哪些？

2. 测量振动速度的作用是什么？除磁电感应式振动速度传感器外还有什么传感器可以测量振动速度？

3. 磁电感应式振动速度传感器的输入和输出量分别是什么？它们之间有什么关系？

4. 为什么磁电感应式振动速度传感器存在下限测量频率？频率变化对这种传感器的什么指标有影响？是如何影响的？

5. 磁电感应式传感器在汽轮机安全监视系统中有什么作用？需要与哪些电气元件配合？

7 模块七 速度测量

速度的测量主要是应用速度传感器将机件的速度信号转变成电信号。速度测量可以分为线速度的测量及角速度（转速）的测量。常用的有发电机测速、编码器测速、计数测速和超声波测速等。

课题一　发电机测速

◆ **教学目标**

- 了解发电机测速的基本工作原理
- 了解发电机测速传感器的主要技术参数
- 掌握发电机测速传感器的使用方法

任务提出

在工业控制中，龙门刨床（见图 7—1）速度控制系统就是按照反馈控制原理进行工作的。通常，当龙门刨床加工表面不平整的毛坯时，负载会有很大的波动。但为了保证加工精度和表面粗糙度，一般不允许刨床速度变化过大，因此必须对速度进行控制。龙门刨床对速度的测量和控制主要是利用了测速发电机。本课题的工作任务就是利用测速发电机测量龙门刨床的速度。

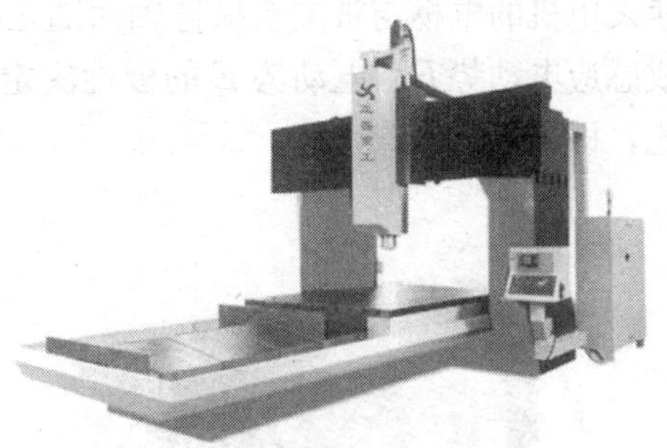

图 7—1　龙门刨床

任务分析

在自动控制系统中，测速发电机常作为检测元件、解算元件、角加速度信号元件等。例如，在速度控制系统中，测速发电机常作为速度敏感元件，从它输出电信号的变化来反映系统速度的微小变化，达到检测的目的，或通过反馈信号自动调节电动机的转速，以提高系统的跟随稳定性和精度。测速发电机还可代替测速计，直接测量运动机械的转速。但无论哪种原理的测速发电机，它们都具有一个共同的特点，那就是将它们自身运动部分的运动（直线运动或旋转运动）速度转换成电信号（电压幅值或者频率）输出，而且输出电信号和机械运动的速度呈线性关系。本任务将首先学习发电机测速的基本原理，然后进一步掌握测速发电机的基本使用原则和注意事项。

相关知识

一、测速发电机

测速发电机分为直流测速发电机和交流测速发电机两大类。

1. 直流发电机测速的工作原理

（1）基本结构

直流测速发电机在结构上与普通小、微型直流发电机相同，如图 7—2 所示。通常是两极电机，分为电磁式和永磁式两种。

电磁式测速发电机的磁极由铁心和励磁绕组构成，在励磁绕组中通入直流电流便可以建立极性恒定的磁场。它的励磁绕组电阻会因电机工作温度的变化而变化，使励磁电流及其生成的磁通随之变化，产生线性误差。

永磁式测速发电机的磁极由永久磁铁构成，不需励磁电源。磁极的热稳定性较好，磁通随电机工作温度的变化而变化的程度很小，但易受机械振动的影响而引发不同程度的退磁。

（2）基本工作原理

直流测速发电机的工作原理如图 7—3 所示。当励磁电压 U_f 恒定且主磁通 Φ 不变时，测速发电机的电枢与被测机械连轴而随之以转速 n 旋转，电枢导体切割主磁通 Φ 而在其中生成感应电动势 E。电动势 E 的极性决定于测速发电机的转向，电动势 E 的大小与转速成正比，即 $E=C_e\Phi n$

图 7—2　直流测速发电机

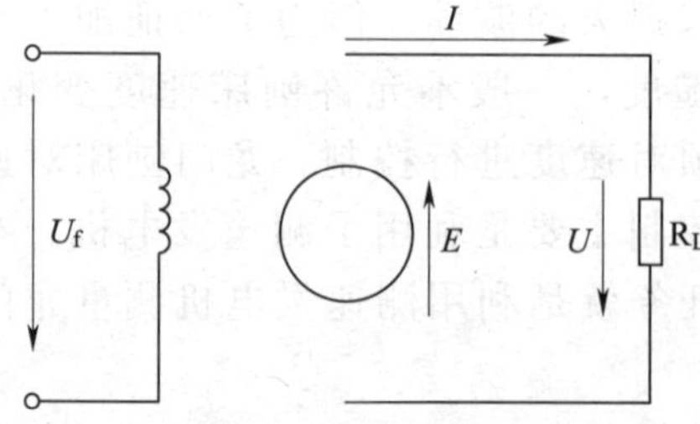

图 7—3　直流测速发电机原理图

测速发电机空载时，其输出电压 U 为：

$$U=E=C_e\Phi n$$

测速发电机带负载时，电枢绕组中因流过电枢电流 I 而在电枢绕组电阻 r_a 上产生电压降

$I \cdot r_a$。如果忽略电枢反应、工作温度对主磁通 Φ 的影响，忽略电刷与换向器之间的接触压降，则由 $U=E-i \cdot r_a=E-\frac{U}{R_L}r_a$ 得

$$U=\frac{E}{1+\frac{r_a}{R_L}}=\frac{C_e\Phi}{1+\frac{r_a}{R_L}} \cdot n$$

由上式可见，只要主磁通 Φ、接触电压降、电枢电阻 r_a、负载电阻 R_L 为常数，则输出电压 U 与电动机的转速 n 呈线性关系。输出电压 U 随电动机转速 n 变化而变化的关系曲线 $U=f(n)$ 称为输出特性，如图 7—4 所示。负载电阻 R_L 的值越大时，$U=f(n)$ 的斜率也越大，测速发电机的灵敏度就越高。

2. 交流发电机测速的工作原理

(1) 基本结构

异步测速发电机是自动控制系统中应用较多的一种交流测速发电机，它的结构与交流伺服电动机相似，如图 7—5 所示。它主要由定子、转子组成。根据结构的不同转子分为笼式转子和空心杯转子两种。空心杯转子的应用较多，它由电阻率较大、温度系数较小的非磁性材料制成，以使测速发电机的输出特性线性度好、精度高。杯壁通常只有 0.2～0.3 mm 的厚度，转子较轻以使测速发电机的转动惯性较小。

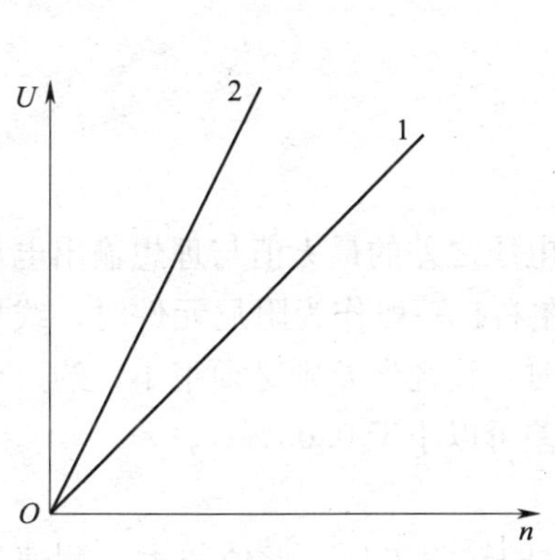

图 7—4 直流测速发电机的输出特性

1—R_L 较小 2—R_L 较大

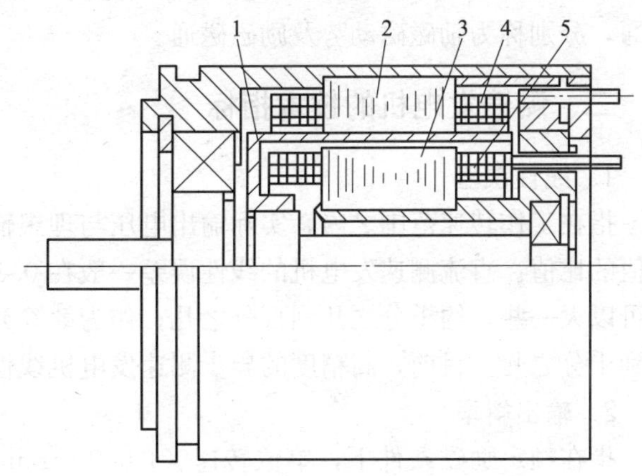

图 7—5 空心杯转子测速发电机结构

1—空心杯转子 2—外定子 3—内定子

4—励磁绕组 5—输出绕组

空心杯转子异步测速发电机的定子分为内、外定子。内定子上嵌有输出绕组，外定子上嵌有励磁绕组，并使两绕组在空间位置上相差 90°电角度。内外定子的相对位置是可以调节的，可通过转动内定子的位置来调节剩余电压，使剩余电压为最小值。

(2) 基本工作原理

异步测速发电机的工作原理可以由图 7—6 来说明。图中 N_1 是励磁绕组，N_2 是输出绕组。由于转子电阻较大，为分析方便起见，忽略转子漏抗的影响，认为感应电流与感应电动势同相位。

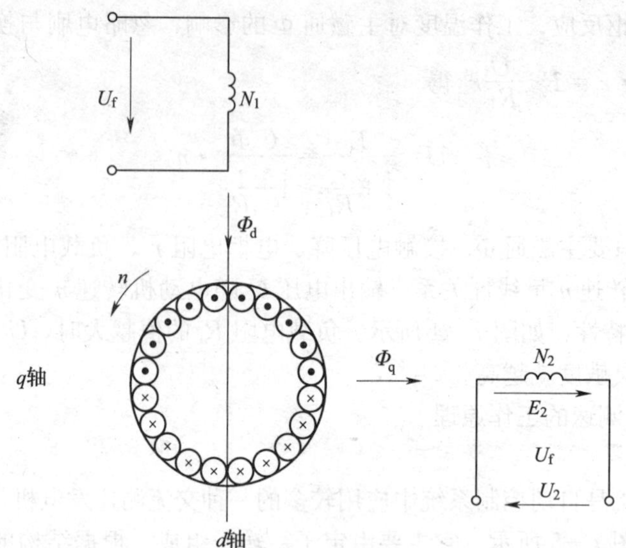

图 7—6　异步测速发电机的原理图

给励磁绕组 N_1加频率 f 恒定，电压 U_f恒定的单相交流电，测速发电机的气隙中便会生成一个频率为 f、方向为励磁绕组 N_1轴线方向（即 d 轴方向）的脉振磁动势及相应的脉振磁通，分别称为励磁磁动势及励磁磁通。

二、测速发电机的技术指标

1．线性误差

指在工作转速范围之内，实际输出电压与理想输出电压之差的最大值与理想输出电压最大值的比值。直流测速发电机的线性误差一般在 0.5％左右。一般作为阻尼元件时，线性误差可以大一些，约千分之几到百分之几；作为解算元件时，线性误差则必须很小，约万分之几到千分之几。目前，高精度的异步测速发电机线性误差可以小于 0.05％。

2．输出斜率

指在额定励磁条件下，单位转速（1 000 r/min）时的输出电压。此值越大，测速发电机对转速的灵敏度就越高。对于直流测速发电机，增大负载电阻，可以提高输出斜率。交流测速发电机的斜率一般为（0.5～5）V/1 000（r/min）。

3．最大线性工作转速

指保证输出特性在误差范围之内的转子最高转速。一般额定转速就是最大线性工作转速。

4．负载电阻

指保证输出特性在误差范围之内的最小负载电阻值。实际使用时负载电阻应不小于此值，否则电枢电流过大，电枢的去磁作用将使输出特性的线性度变差。

5．不灵敏区

指由于电刷和换向器间的接触压降而导致输出特性斜率显著下降的转速范围。在不灵敏区内，电枢电动势主要用于平衡接触压降，输出电压基本为零。

6. 不对称度

指在相同转速下，测速发电机正、反转时输出电压绝对值之差与两者平均值的比值。正、反转输出特性不对称是由于电刷没有严格地与几何中性线上的元件（换向元件）相连接所致，一般不对称度为 0.35%～2%。

7. 纹波系数

指在一定转速下，输出电压交流分量的峰值与直流分量之比。

8. 剩余电压

指发电机转子不转时的输出电压，又称为零速电压。异步测速发电机的剩余电压一般只有几十毫伏，但是它的存在却使输出特性不再从坐标原点出发，如图 7—7 所示。它是异步测速发电机输出特性误差的主要部分。

三、测速发电机转速自动调节系统

如图 7—8 所示为转速自动调节系统的方框图。测速发电机耦合在电动机轴上，作为转速负反馈元件，其输出电压作为转速反馈信号送回到放大器的输入端。调节转速给定电压，系统可达到所要求的转速。当电动机的转速由于某种原因（如负载转矩增大）减小时，测速发电机的输出电压减小，转速给定电压和测速反馈电压的差值增大。差值电压信号经放大器放大后，使电动机的电压增大，电动机开始加速，测速发电机输出的反馈电压增加，差值电压信号减小，直到近似达到所要求的转速为止。同理，若电动机的转速由于某种原因（如负载转矩减小）增加时，测速发电机的输出电压增加，转速给定电压和测速反馈电压的差值减小，差值信号经放大器放大后，使电动机的电压减小，电动机开始减速，直到近似达到所要求的转速为止。通过以上分析可以了解到，只要系统转速给定电压不变，无论由于何种原因企图改变电动机的转速，由于测速发电机输出电压反馈的作用，使系统都能自动调节到所要求的转速（有一定的误差，近似于恒速）。

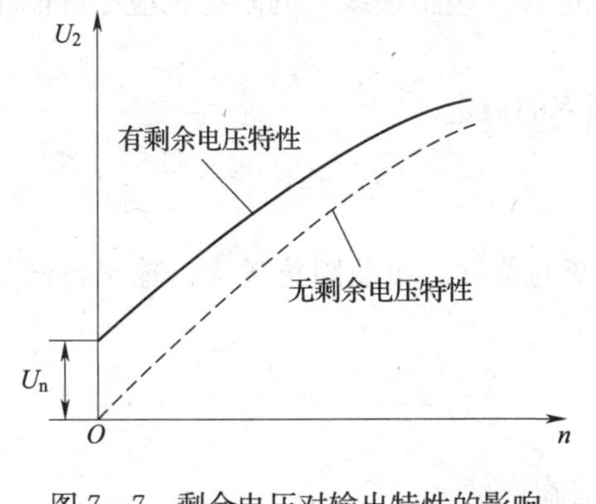

图 7—7　剩余电压对输出特性的影响

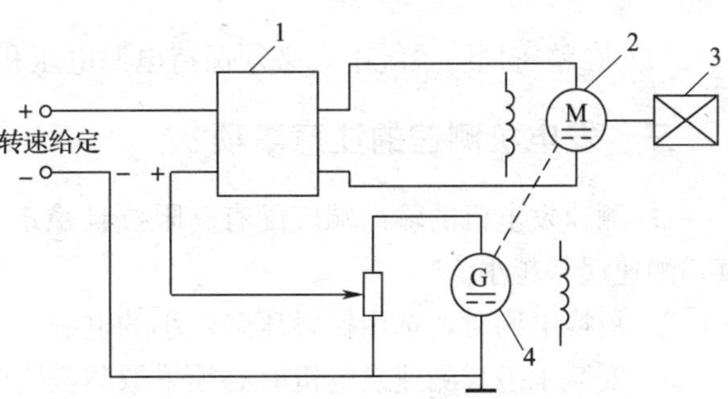

图 7—8　转速自动调节系统原理图

1—放大器　2—电动机　3—负载　4—测速发电机

任务实施

一、发电机测速传感器的选用

要对旧的龙门刨床进行改造，就要对测量电动机速度的传感器进行选择和替换，龙门刨床的转速分两挡，低挡转速 6～60 m/min，高挡转速 9～90 m/min，当刨床刀具超速时，刨床自动停车。所选择的传感器需满足龙门刨床电机转速范围变换的要求。依据前面所学的直流、交流测速发电机的主要技术数据，以及所测龙门刨床的情况选择合适的测速传感器。

二、测速发电机的使用

测速发电机的使用方法在电动机与变压器等课程中已经学过，在使用过程中，应注意以下原则。

1．直流测速发电机的使用原则

（1）测速机与伺服机之间相互耦合的齿轮间隙必须尽可能小，或者选用同轴连接的直流伺服测速机组。

（2）当作为解算元件或用于恒速控制时，应首先考虑其线性度和纹波电压，即选择精度高或线性误差小、输出电压稳定的直流测速发电机，而对输出斜率的要求则放在第二位。

（3）当作为阻尼元件或测速用时，应首先考虑其输出斜率，即选择静态放大倍数大的直流测速发电机，而对其线性度和纹波电压的要求则放在第二位。

（4）如确定选择直流测速发电机，则还要在电磁式和永磁式中选择。在低速伺服系统中，一般应选用永磁式低速直流测速发电机作为速度反馈元件，因为它具有耦合刚度好、灵敏度高、反应快、低速精度高等优点。

2．交流测速发电机使用原则

（1）测速机与伺服机之间相互耦合的齿轮间隙必须尽可能小，或者选用同轴连接的交流伺服—测速机组。

（2）测速机的输出阻抗较大时，要求其负载阻抗不能太大，一般应小于 100 kΩ。

（3）测速发电机的输入阻抗较小时，要求其励磁电源（包括馈线）的阻抗也应尽可能小一些。

（4）在精密伺服系统中，必须保持电源电压和频率的稳定。

三、发电机测速的注意事项

1．测速发电机的输出端应配有高阻抗且稳定不变的负载。负载阻抗越大，输出特性越直，测速误差越小。

2．更换电刷时，选用接触压降较小的电刷。

3．安装永磁式测速发电机时必须采取防震措施。

4．直流测速发电机的励磁电源，必须采取稳压措施。

5．直流测速发电机的电刷与换向器的压力调整要合适。

思考与练习

1．简述直流测速发电机的基本结构和工作原理。

2．简述交流测速发电机的基本结构和工作原理。

3．直流测速发电机按励磁方式分为哪几种？各有什么特点？

课题二　编码器测速

◆ 教学目标

¤ 了解编码器的主要类型

¤ 掌握编码器测速的基本原理

¤ 掌握编码器的使用注意事项

任务提出

风力发电机（见图 7—9）不仅曝露于自然环境中，而且必须在最恶劣的环境条件下可靠地运行。即使运行 20 或 30 年后，人们仍然希望它们能够在任何天气中保持最佳的运行状态，提供最高的经济效益，并具有最短的停机时间。要实现这些目标，需要采用精密的具有安全和性能可靠的传感器技术。它们必须同时满足可靠性和耐用性方面的苛刻要求。在这种恶劣的自然环境中，应该选用什么样的速度传感器？该传感器的技术参数应该怎样满足该系统的工作要求？这就是本课题的工作任务。

图 7—9　风力发电机

任务分析

为了确保风力发电机能实现顶级性能和最佳效率，必须根据风力、风向调节转子速度。用于监测转速的增量式传感器可直接安装在转子轮毂上或者安装在风力发电机的传动系统上，用以获取当前的转子速度，并将信息传输至主控制器。本任务将首先学习编码器测速传感器（见图 7—10）的种类、原理等基本知识，通过对测量需要的分析，选择合适的传感器类型。

图 7—10　编码器测速传感器

相关知识

一、编码器的分类

1．根据检测原理分类

编码器可分为光电式、电磁式、感应式和电容式等，本书只介绍较常见的光电式和电磁式编码器。

（1）光电式编码器

光电式编码器的最大特点是非接触测量，允许高速转动，它是采用光电原理制成的。光电式编码器的构成包括光源、光学系统、码盘、光电元件和测量电路。

（2）电磁式编码器

在数字式传感器中，电磁式编码器是近年发展起来的一种新型电磁敏感元件，它是随着光电式编码器的发展而发展起来的。光电式编码器的主要缺点是对潮湿气体和污染敏感，可靠性差，而电磁式编码器不易受尘埃和结露的影响，同时其结构简单紧凑，可高速运转，响应速度快（达500～700 kHz），体积比光电式编码器小，而成本更低，且易将多个元件精确地排列组合，比用光学元件和半导体磁敏元件更容易构成新功能器件和多功能器件。

2．根据其刻度方法及信号输出形式分类

可分为增量式、绝对式以及混合式三种。

（1）增量式编码器

增量式编码器是直接利用光电转换原理输出三组方波脉冲 A、B 和 Z 相；A、B 两组脉冲相位差 90°，从而可方便地判断出旋转方向，而 Z 相为每转一个脉冲，用于基准点定位。它的优点是原理构造简单，机械平均寿命可在几万小时以上，抗干扰能力强，可靠性高，适合于长距离传输。其缺点是无法输出轴转动的绝对位置信息。

（2）绝对式编码器

绝对式编码器是直接输出数字量的传感器，在它的圆形码盘上沿径向有若干同心码道，每条码道上由透光和不透光的扇形区相间组成，相邻码道的扇区数目是双倍的关系，码盘上的码道数就是它的二进制数码的位数。在码盘的一侧是光源，另一侧对应每一码道有一光敏元件。当码盘处于不同位置时，各光敏元件根据受光照与否转换出相应的电平信号，形成二进制数。这种编码器的特点是不需要计数器，在转轴的任意位置都可读出一个固定的与位置相对应的数字码。显然，码道越多，分辨率就越高，对于一个具有 N 位二进制分辨率的编码器，其码盘必须有 N 条码道。目前国内已有16位的绝对编码器产品。

绝对式编码器是利用自然二进制或循环二进制（格雷码）方式进行光电转换的。绝对式编码器与增量式编码器的不同之处在于圆盘上透光、不透光的线条图形，绝对编码器可有若干编码，根据读出的码盘上的编码检测绝对位置。编码的设计可采用二进制码、循环码、二进制补码等。它的特点是：

1）可以直接读出角度坐标的绝对值；

2）没有累积误差；

3）电源切除后位置信息不会丢失。但是分辨率是由二进制的位数来决定的，也就是说精度取决于位数，目前有 10 位、14 位等多种。

（3）混合式编码器

混合式编码器，它输出两组信息：一组信息用于检测磁极位置，带有绝对信息功能；另一组则与增量式编码器的输出信息完全相同。

二、编码器的结构及工作原理

1. 光电式编码器

（1）光电式编码器的结构

光电式编码器的最大特点是非接触测量，允许高速转动，它是采用光电原理制成的。包括 LED 发光管、圆形径向光栅（码盘）、与码盘相对应的遮光板、光电接收器、处理电路、连接法兰、轴以及外壳等，如图 7—11 所示。

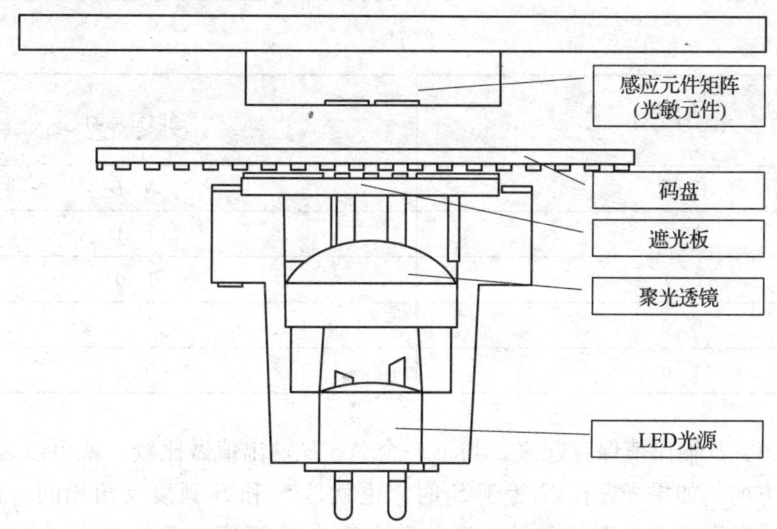

图 7—11　光电式编码器的结构

光电式编码器的码盘是一块圆形的光学玻璃，采用照相腐蚀工艺，在码盘上刻出透光和不透光的码形。并采用光电转换元件代替接触式编码器的电刷。

（2）光电式编码器的工作原理

光电式编码器是一种通过光电转换将输出轴上的机械几何位移量转换成脉冲或数字量的传感器。这是目前应用最多的传感器。光电式编码器由光栅盘和光电检测装置组成。光栅盘是在一定直径的圆板上等分地开通若干个长方形孔。由于光电码盘与电动机同轴，电动机旋转时，光栅盘与电动机同速旋转，经发光二极管等电子元件组成的检测装置检测输出若干脉冲信号，其原理示意图如图 7—12 所示。通过计算每秒光电编码器输出脉冲的个数就能反映当前电动机的转速。此外，为判断旋转方向，码盘还可提供相位相差 90°的两路脉冲信号。

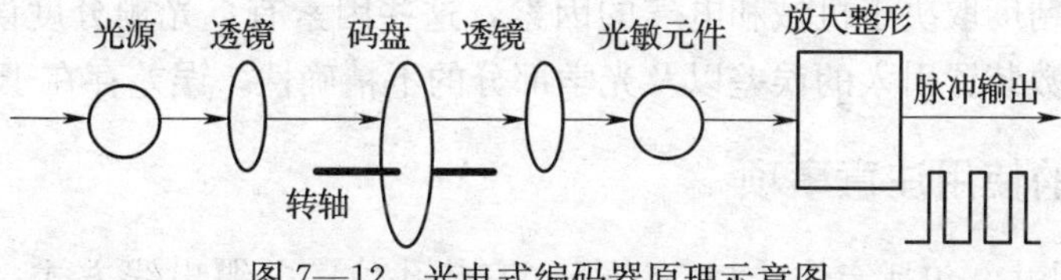

图 7—12　光电式编码器原理示意图

2. 增量型编码器

如图 7—13 所示为增量型编码器的原理示意图。A、B 两点对应两个光敏接收管，A、B 两点间距为 S_2，角度码盘的光栅间距分别为 S_0 和 S_1。当角度码盘以某个速度匀速转动时，可知输出波形图中的 $S_0:S_1:S_2$ 比值与实际图的 $S_0:S_1:S_2$ 比值相同。同理角度码盘以其他的速度匀速转动时，输出波形图中的 $S_0:S_1:S_2$ 比值与实际图的 $S_0:S_1:S_2$ 比值仍相同。如果角度码盘做变速运动，把它看成为多个运动周期的组合，那么每个运动周期中输出波形图中的 $S_0:S_1:S_2$ 比值与实际图的 $S_0:S_1:S_2$ 比值仍相同。通过输出波形图可知每个运动周期的时序为：

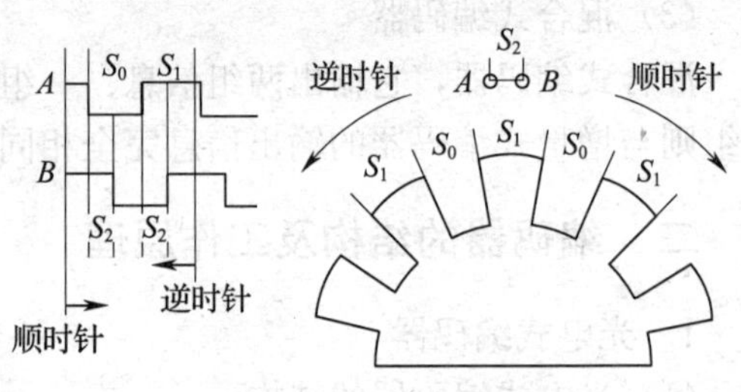

图 7—13 增量型编码器

顺时针运动	逆时针运动
A B	A B
1 1	1 1
0 1	1 0
0 0	0 0
1 0	0 1

把当前的 A、B 输出值保存起来，与下一个 A、B 输出值做比较，就可以轻易地得出角度码盘的运动方向。如果光栅格 S_0 等于 S_1 时，也就是 S_0 和 S_1 弧度夹角相同，且 S_2 等于 S_0 的 1/2，那么可得到此次角度码盘的运动位移角度为 S_0 弧度夹角的 1/2，除以所消耗的时间，就得到此次角度码盘运动位移角速度。

S_0 等于 S_1 时，且 S_2 等于 S_0 的 1/2 时，1/4 个运动周期就可以得到运动方向和位移角度；如果 S_0 不等于 S_1，S_2 不等于 S_0 的 1/2，那么要 1 个运动周期才可以得到运动方向和位移角度。

增量型编码器一般给出两种方波，它们的相位差 90°，通常称为通道 A 和通道 B。只有一个通道的读数给出与转速有关的信息，与此同时，通过所取得的第二通道信号与第一通道信号进行顺序对比，得到旋转方向的信号。还有一个可利用的信号称为 Z 通道或零通道，该通道给出编码器轴的绝对零位。此信号是一个方波，其相位与 A 通道在同一中心线上，宽度与 A 通道相同。

增量型编码器精度取决于机械和电气的因素，这些因素有：光栅分度误差、光盘偏心、轴承偏心、电子读数装置引入的误差以及光学部分的不精确性，误差存在于任何编码器中。

三、编码器的使用注意事项

1. 机械安装尺寸，包括定位止口，轴径，安装孔位；电缆出线方式；安装空间体积；

工作环境防护等级是否满足要求。

2. 分辨率，即编码器工作时每圈输出的脉冲数，是否满足设计使用精度要求。

3. 电气接口，编码器输出方式常见的有推拉输出（F 型 HTL 格式），电压输出（E），集电极开路（C，常见 C 为 NPN 型管输出，C2 为 PNP 型管输出）输出，长线驱动器输出。其输出方式应和其控制系统的接口电路相匹配。

4. 测角度是在 360°内（单圈），还是可能超过 360°（多圈）。

5. 使用环境：粉尘，水气，振动还是撞击。

任务实施

发电机转速是风力发电厂运行的重要因素。首先是确保稳定的电网供电，其次是在超过最高转速极限时使风机紧急停止。风力发电工作的条件比较恶劣，且是在几十年内一直不停地旋转，在 20 年时间中需完成 25 000 000 000 多圈，这显然超出了球轴承的能力。而无轴承编码器每转产生 500 000 多个脉冲，凭借这一高分辨率可以精确采集相对较低的转子转速。因此选用增量式编码器。增量式编码器可随时提供转子位置反馈，其最大分辨率为 17 位，并常常采用并联增量通道来获得冗余速度反馈。总之，对于风力发电机的测速，增量式编码器是一种可靠的选择。

思考与练习

1. 编码器是如何分类的？
2. 简述光电编码器的工作原理。
3. 简述编码器的使用注意事项。

课题三　计 数 测 速

◆ **教学目标**

¤ 了解计数测速传感器的基本工作原理

¤ 了解计数测速传感器的主要技术参数

¤ 掌握计数测速传感器的使用方法

任务提出

在车辆上，发动机转速是一个重要的参数。发动机转速的高低，关系到单位时间内做功次数的多少或发动机有效功率的大小，即发动机的有效功率随转速的不同而改变。因此，在说明发动机有效功率的大小时，必须同时指明其相应的转速。在发动机产品标牌上规定的有效功率及其相应的转速分别称作标定功率和标定转速。本课题的任务就是选择合适的传感器，对发动机的转速进行测量。

任务分析

要测量发动机的转速，首先要知道发动机转速的范围才能选择合适的传感器，其次，这个传感器是如何安装在汽车的发动机上的，又是如何工作的呢？对发动机转速的测量，应使用计数测速传感器。计数测速传感器又分为多种类型，为正确地进行选择，首先要了解这些基本知识。

相关知识

一、计数测速传感器的分类及工作原理

常用的计数测速传感器有霍尔式、电涡流式、光电式等。

1. 霍尔式计数测速传感器

霍尔式计数测速传感器的主要工作原理是霍尔效应。霍尔式转速传感器在测量机械设备的转速时，被测量机械的金属齿轮、齿条等运动部件会经过传感器的前端，引起磁场的相应变化。当运动部件穿过霍尔元件产生磁力线较为分散的区域时，磁场相对较弱；而穿过产生磁力线较为集中的区域时，磁场就相对较强。

霍尔式转速传感器就是通过磁力线密度的变化，在磁力线穿过传感器上的感应元件时，产生霍尔电势。霍尔式转速传感器的霍尔元件在产生霍尔电势后，会将其转换为交变电信号。最后传感器的内置电路会将信号调整和放大，输出矩形脉冲信号。

2. 电涡流式计数测速传感器

电涡流式计数测速传感器根据电涡流效应制成，其组成如图 7—14 所示。

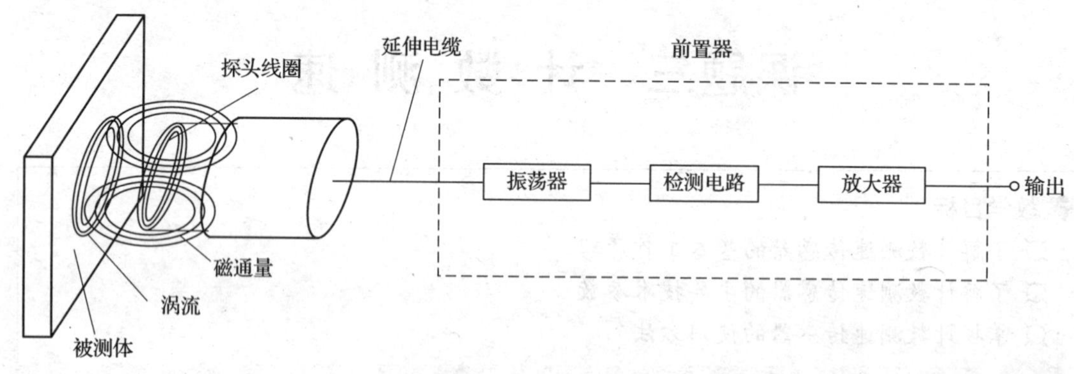

图 7—14　电涡流式计数测速传感器的组成

在前置器中产生的高频振荡电流通过延伸电缆流入探头线圈，在探头头部的线圈中产生交变的磁场。当被测金属体靠近这一磁场时，则在此金属表面产生感应电流。与此同时，该电涡流场也产生一个方向与头部线圈方向相反的交变磁场。由于其反作用，使头部线圈高频电流的幅度和相位得到改变（线圈的有效阻抗），这一变化与金属体磁导率、电导率、线圈的几何形状、几何尺寸、电流频率以及头部线圈到金属导体表面的距离等

参数有关。通过控制相关参数不变，即可实现由输出信号的变化反应探头线圈与金属导体的距离变化。电涡流传感器就是根据这一原理实现对金属物体的位移、振动等参数的测量。

对于所有旋转机械而言，都需要监测旋转机械轴的转速，转速是衡量机器是否正常运转的一个重要指标。旋转测量通常有以下几种传感器可选：电涡流转速传感器、无源磁电转速传感器、有源磁电转速传感器等。具体需要选择哪类传感器，则要根据转速测量的要求决定。转速发生装置有以下几种：用标准渐开线的齿数（M1～M5）作转速发生信号，在转轴上开一键槽、在转轴上开孔眼、在转轴上凸键等转速发生信号装置。

电涡流式计数测速传感器测量转速的优越性是其他任何传感器测量没法比的，它既能响应零转速，也能响应高转速。对于被测体转轴的转速发生装置要求也很低，被测体齿轮数可以很少，被测体也可以是一个很小的孔眼、一个凸键、一个小的凹键。电涡流式计数测速传感器测转速，通常选用 ϕ3 mm、ϕ4 mm、ϕ5 mm、ϕ8 mm、ϕ10 mm 的探头。转速测量频率为 0～10 kHz。传感器输出的信号幅值较高（在低速和高速整个范围内），抗干扰能力强。电涡流式计数测速传感器有一体化和分体两种。一体化的取消前置器放大器，安装方便，适用于工作温度在－20～100℃的环境下；分体的带前置器放大器，则适合在－50～250℃的环境中工作。

3．光电式计数测速传感器

光电式计数测速传感器对转速的测量，主要是通过将光线的发射与被测物体的转动相关联，再以光敏元件对光线进行感应来完成的。从工作方式划分，可分为透射式和反射式两种。光电式计数测速传感器的优点很多，可实现非接触测量、结构紧凑、抗干扰性好、测量能力强等。

二、计数测速传感器的技术参数

这里以反射式光电计数测速传感器为例说明。根据检测方式的不同，反射式光电计数测速传感器又包括使用光纤维的和使用可见光的两种，其技术参数见表 7—1。

表 7—1　　反射式光电计数测速传感器技术参数表

检测方式	使用光纤维的光电反射方式	使用可见光的光电反射方式
检测距离	最大 20 mm （使用边长 12 mm 的方形专用反射标签）	70～200 mm （使用边长 12 mm 的方形专用反射标签）
响应时间	0.6 ms	0.5 ms
输出电压	“Hi”电平：＋5±0.5 V　“Lo”电平：＋0.5 V 以下 （负荷电阻 100 kΩ 以上）	“Hi”：＋5±0.5 V “Lo”：＋0.5 V 以下 （负荷电阻为 100 kΩ 以上）
输出阻抗	1 kΩ 以下	
使用温度范围	－10～60℃	

续表

检测方式	使用光纤维的光电反射方式	使用可见光的光电反射方式
电源	DC（12±2）V，60 mA 以下	DC（12±2）V、85 mA 以下
外形尺寸	21 mm（W）×24 mm（H）×117 mm（L）	23 mm（W）×29 mm（H）×76.5 mm（D） 电线外径 5 mm
重量	约 150 g	约 200 g

任务实施

一、传感器的选型

转速传感器（见图 7—15）主要用于检测发动机转速、车速等。目前汽车使用的转速传感器主要有霍尔效应式和光电式等，其测量范围为 0°～360°，精度±0.5°以下，测弯曲角达±0.1°。

转速传感器种类繁多，有敏感车轮旋转的、也有敏感动力传动轴转动的，还有敏感差速从动轴转动的。当车速高于 100 km/h 时，一般测量方法误差较大，需采用非接触式光电转速传感器，其测速范围 0.5～250 km/h，重复精度 0.1%，距离测量误差优于 0.3%。

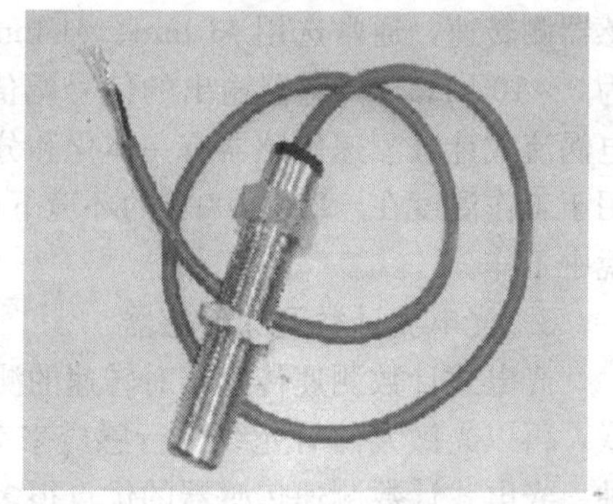

图 7—15　转速传感器

二、发动机转速测量

光电式传感器测速装置如图 7—16 所示，主要由被测旋转部件、反光片（或反光贴纸）、反射式光电传感器组成。在可以进行精确定位的情况下，在被测部件上对称安装多个反光片或反光贴纸会取得较好的测量效果。当旋转部件上的反光贴纸通过光电式传感器前时，光电式传感器的输出就会跳变一次。通过测出这个跳变频率 f，就可知道转速 n。

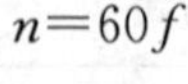

$$n=60f$$

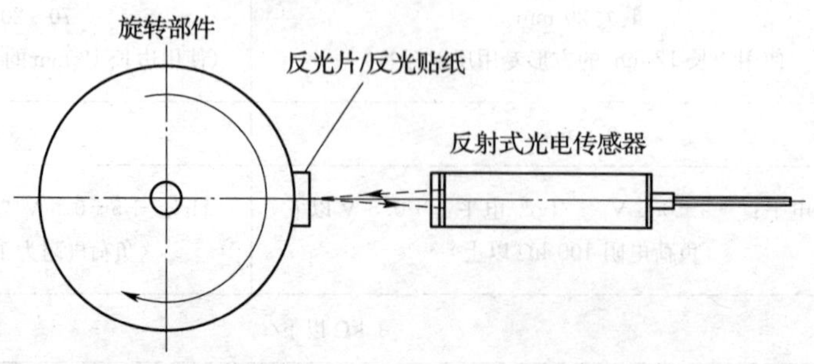

图 7—16　光电转速传感器测速装置图

如果在被测部件上对称安装多个反光片或反光贴纸，那么，$n=60f/N$。N 为反光片或反光贴纸的数量。一般轿车发动机的最高转速在 5 000 r/min 左右，因此，选择传感器时要选择测量频率大于 83 Hz 的。

思考与练习

1. 汽车发动机上是如何实现车速测量的？常用的发动机测速传感器有哪些？
2. 简述霍尔式传感器的工作原理。
3. 简述电涡流式传感器的工作原理。

8 模块八 流量测量

流量通常指流动的气体、液体、固体等流体在单位时间内流过管道或设备某横截面积的数量。与温度、压力、物位一样，流量是重要的过程参数。测量流量用的传感器称为流量传感器或流量计，流量测量和流量计在工农业生产和科学研究中发挥着重要作用。如石油化工行业产品检测与控制中为了有效操作、控制和监测，需要利用流量计掌握各种流体的流量变化；供水、供气、供暖等资源计量中，水表、煤气表、天然气仪表等流量仪表的准确测量是关键环节；环保工程中，废水再生设备、城市垃圾处理设备、水循环利用系统等更需要借助种类繁多的流量测量仪表。

课题一　涡轮流量计

◆ **教学目标**

- 了解涡轮流量计的特点及应用
- 了解涡轮流量计的工作原理
- 掌握涡轮流量计的选择和使用方法

任务提出

工业过程控制（PCS）是以温度、压力、流量、液位等连续变化的工艺参数为控制对象的自动控制，是工业自动化领域的重要分支。学习工业过程控制，首先需要通过实验了解过程控制仪表、熟悉过程控制方法。如图 8—1 所示的设备是模拟小型电热锅炉运行、可完成多种过程控制实验的实验装置。锅炉的液位、出水温度、进水压力、流量等过程参量经测量后传送给 PLC，与给定值比较后对出现的偏差用算法运算后，输出控制指令给变频器、晶闸管等执行器，控制其运行，保证过程参量稳定在给定值附近。

本课题的任务就是，为这套过程实验设备选择合适的流量传感器，并确定它与其他设备的连接和安装方式。

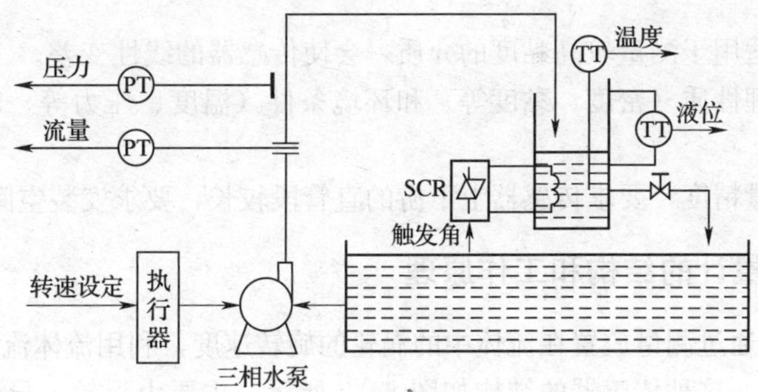

图 8—1　过程控制实验装置示意图

任务分析

本课题任务的关键点在于流量传感器的选型及与相关设备的配套使用。

要选择合适的流量传感器，需要了解过程控制对流量测量的要求和该实验装置的使用条件，并熟悉常用流量传感器的特点和使用场合。完成传感器选型后，还要熟悉该传感器的输出接口和安装要求等。

涡轮流量计是过程控制中常用的流量传感器，具有精度高、测量范围宽、重复性好、压力损失小、数字信号输出等特点。本任务中需要测量的是洁净的水。小型实验系统的流量不大、精度要求不高，希望价格较低，使用、维护方便。传感器的输出信号要求为 4～20 mA 的标准输出，带数字显示功能和数字接口。综合考虑，应组建以涡轮流量计为检测元件的流量测量系统。

相关知识

一、涡轮流量计的特点及应用

涡轮流量计是叶轮式流量传感器的主要品种，是利用流体中叶轮的旋转角速度与流体流速成比例的关系来反映通过管道的体积流量的大小，广泛用于轻质成品油、水、空气、天然气等低黏度流体的测量。这种传感器具有如下优点：

1. 精度高。测量精度可达 0.5%～0.2%。

2. 测量范围宽。最大和最小线性流量比通常为 6∶1～10∶1，适用于流量变化幅度大的场合。

3. 重复性好。短期重复性可达 0.05%～0.2%。

4. 数字信号输出。输出是与流量成正比的脉冲频率信号，便于远距离传送和计算机处理，抗干扰能力强。

5. 此外，这种传感器还具有压力损失小、安装维修方便、结构简单、耐腐蚀等特点。

但同时，也存在一些使用局限性：

1. 不能长期保持校准特性，需要定期校验。

2. 对被测介质的清洁度要求较高，含有悬浮物或磨蚀性液体时容易造成轴承磨损或被卡住。

3. 普通型不适用于测量较高黏度的介质，会使传感器的线性变差。

4. 流体的物理性质（密度、黏度等）和环境条件（温度、压力等）对流量计量的影响较大。

5. 为保证测量精度，要求传感器上下游的直管段较长，要求安装空间较大。

二、涡轮流量计的结构和工作原理

涡轮流量计是通过测量放置在流体中的涡轮的旋转速度，利用流体流速与涡轮转速的近似线性关系工作的。这种传感器的结构如图 8—2 所示，主要由涡轮、导流器、壳体和磁电式传感器等组成。壳体 11 前端固定有辐射状布置的导流片 3，导流片中心为导流体 2，导流片和导流体用于调整流体的形状，不锈钢涡轮 8 通过轴 4、10 和轴承 9 支撑在导流体上。磁电式传感器安装在非导磁的壳体上，永久磁铁 7 产生的磁力线穿过壳体，经涡轮叶片形成磁回路。

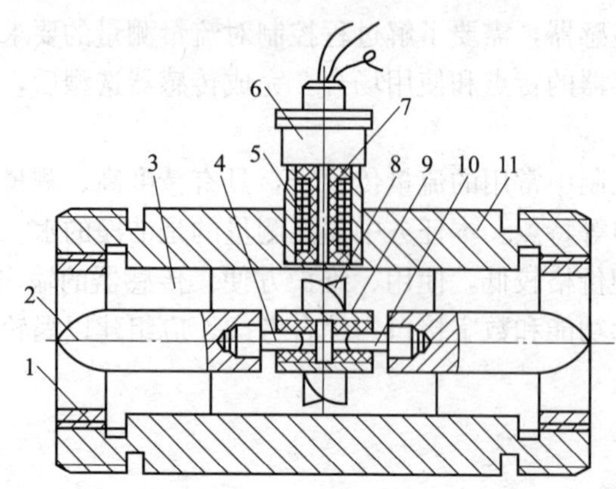

图 8—2　涡轮式流量计结构图

1—导流器压圈　2—导流体　3—导流片　4—轴　5—感应线圈

6—前置放大器　7—磁铁　8—涡轮　9—轴承　10—轴　11—壳体

当涡轮流量计中有流体流过时，涡轮叶片前后的流体流动形成压差，产生作用力推动涡轮旋转。叶片每次转过磁铁下面都会产生脉动的感应电动势信号，经过放大器放大后送至显示仪表进行流量计算和显示。在某一范围内，这种流量计所输出脉冲信号的频率 f 与所测流体体积流量 q_v 之间成正比关系：

$$f = Kq_v$$

式中，K 是传感器的仪表系数（单位为 1/L 或 $1/m^3$），在使用范围内 K 为常数，在流量计的校验合格证上会标明。

三、涡轮流量计组成的测量系统

1. 测量系统的组成

涡轮流量计的传感元件（磁电式传感器）所产生的信号是脉冲型的微小电压，需要经前置放大器放大、整形后方能输出可供使用的脉冲信号。因此，涡轮流量传感器测量系统通常由涡轮流量计、放大器和流量积算显示仪表组成（见图 8—3）。检测放大器通常与传感器集成在一起，流量计厂家一般提供多种组合方式，选定后只要配备积算显示仪表即可使用（有些显示仪表也集成在传感器上）。涡轮流量计输出的脉冲信号有效值在 10 mV 以上时，也可以直接输送给集散控制系统（DCS）中的检测计算机，利用计算机上的组态监控程序实现流量的积算、显示、报警等。

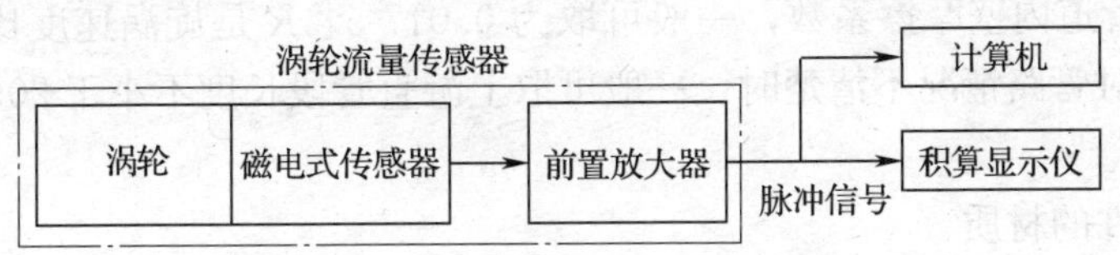

图 8—3　涡轮流量计组成的测量系统

2. 流量积算显示仪表

流量积算显示仪表用于对各种液体、气体的流量进行显示、累积计算、报警控制、数据采集及通信等。目前使用较多的是集成了微控制器芯片的多功能智能流量积算仪（见图 8—4a）或是集成在一体化涡轮流量计上的积算显示单元（见图 8—4b）。其中多功能智能流量积算仪可以实现对瞬时流量、累积流量、温度和压力（需要输入温度、压力信号）等多种参数的累积计算和显示，厂家还可以根据需求为积算仪配备不同的模块，实现很多拓展功能。如流量输入模块可以接收单路频率信号、单路 0～5 V 电压信号、单路 4～20 mA 电流输入等。这类仪表通常备有标准的 RS232/RS422/RS485/Modem 通信输出，方便与计算机通信或实现远程数据传输。

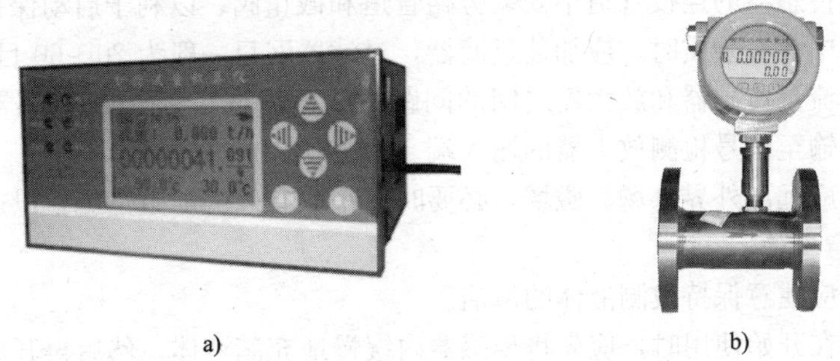

a)　　b)

图 8—4　流量积算显示仪表

a）多功能智能型流量积算仪　b）一体化涡轮流量计

四、流量仪表的选型和使用

1. 涡轮流量计和管道的选型

（1）明确测量的流体

涡轮流量传感器适于测量洁净（或基本洁净）的低黏度气体或液体，如水、轻油、石油溶剂、酸、碱、液氧、液氮、液氢、空气、氧气等。

（2）涡轮流量计的口径

流量计的口径一般由流量范围决定。使用时的最小流量不得低于该口径允许测量的最小流量，最大流量不得高于该口径允许测量的最大流量。在断续使用的场合（每日运行 8 h 以下），一般按实际使用最大流量的 1.3 倍选择；连续使用（每日运行 8 h 以上）时按实际使用最大流量的 1.4 倍选择。

管道长度的选择：传感器上游直管段长度 L 与管道内径 D 的比值一般应满足：

$$L/D=0.35R/f$$

式中，f 是管道内壁摩擦系数，一般可取为 0.017 5，R 是旋涡速度比，取决于上游局部阻流件类型。对管路情况不清楚时，一般可取上游直管段长度不小于 20D，下游直管段长度不小于 5D。

（3）主要部件的材质

涡轮流量计本体最好选用不锈钢材料以防腐蚀；流量计轴承一般有碳化钨式、聚四氟乙烯式、碳石墨式三种，碳化钨式的精度最高，常作为工业控制的标准件，其他两类在化工场所应优先考虑。

此外，还需要考虑流体温度、流体的公称压力、环境条件、压力损失等指标。

2. 涡轮流量计的安装

（1）在涡轮流量计安装前可先与显示仪表或示波器接好连线，通上电源，用口吹或手拨叶轮，使其快速旋转观察有无显示。当有显示时再安装传感器。

（2）涡轮流量计一般为水平安装，流体流向必须和箭头指向一致，确需垂直安装时流体方向必须向上。

（3）与传感器连接的前后管道的内径应与传感器口径一致，管道中心和传感器中心一致。

（4）在流量传感器的连接管道中安装旁路管道和截止阀，以利于启动保护和维修。

（5）当流体中含有杂质时，应加装过滤器，过滤器网目一般为 20～60 目。

（6）分离式流量传感器和放大器之间的间距一般不超过 3～5 m，传感器输出信号采用双芯屏蔽电缆传输至信号检测放大器的输入端。

（7）传感器应远离外界电场、磁场，必要时应采取有效的屏蔽措施，以避免外来干扰。

3. 使用注意事项

（1）使用时应注意保持被测液体的清洁。

（2）传感器在开始使用时，应先将传感器内缓慢地充满液体，然后再开启出口阀门，严禁传感器处于无液体状态时受到高速流体的冲击。

（3）传感器的维护周期一般为半年。检修清洗时注意不要损伤测量腔内的零件，特别是叶轮，装配时注意导向件及叶轮的位置关系。

（4）传感器不用时，应清理内部液体，在传感器两端加上防护套，置于干燥处保存。配用的过滤器也应定期清洗，加防尘套干燥保存。

任务实施

一、控制方案设计

在这套过程控制实验装置中，要实现对温度、压力、液位、流量等过程参数的检测和控制，需要根据控制要求组建控制系统、选择测量传感器及其他硬件，并设计控制算法和控制程序。

本课题设计的流量控制系统组成如图 8—5 所示。模拟锅炉中的液位、出水温度、进水压力、流量等参数经过四种传感器的测量、变换后送入 PLC 的模拟量输入端口，PLC 对这些数据进行处理、运算后，将控制指令经模拟量输出端口传送给执行器。采用超小型 PLC 为控制器，用上位机组态监控画面对过程控制实验系统进行操作和监控。上位计算机通过 PPI 编程电缆和 PLC 进行串口通信，实现控制程序编制、过程参数的设定、显示等。

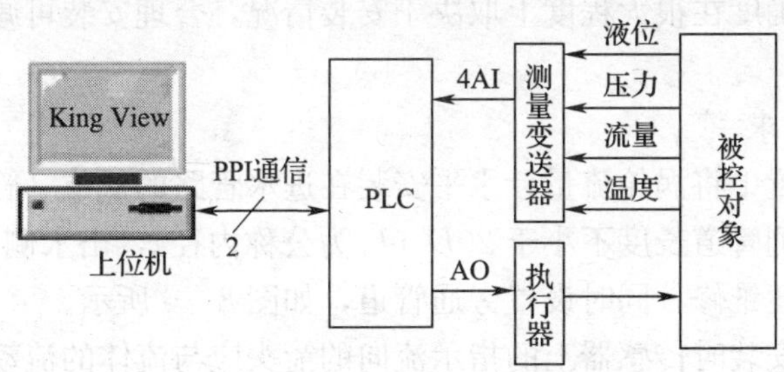

图 8—5　过程控制系统组成框图

二、测量仪表选型

1. 流量传感器选型

在本任务中优先选择精度高、重复性好、结构简单、维修方便的涡轮流量计，实验室条件下短时工作、测量介质纯净的特点恰好避开了该传感器不适合长期连续使用和测量黏度大的流体的弱点。

该实验装置的最大流量约为 0.8 L/h，为断续使用工况，因此可根据其流量的 1.3 倍计算，据此选择流量测量范围为 0.2～1.2 L/h，公称通径（口径）为 15 mm 的 LWGY－10A 型一体化智能涡轮流量计（技术参数见表 8—1），液晶显示器可同时显示 4 位瞬时流量及 8 位累积流量。

表 8—1　　涡轮流量计技术参数

仪表口径及连接方式	15 mm，螺纹连接
精度等级	±1%R
量程比	1∶10
仪表材质	316（L）不锈钢
被测介质温度（℃）	－20～＋120℃
环境条件	温度－10～＋55℃，相对湿度 5%～90%，大气压力 86～106 kPa
输出信号	DC4～20 mA 电流信号
供电电源	DC＋24 V
信号传输线	2×0.3（二线制）

2. 其他检测仪表选型

测量其他过程参数选用的仪表为：液位测量采用压力变送器，测量量程为 0～500 mm；压力的测量采用压力变送器，测量量程为 0～100 kPa；温度测量采用 PT100 热电阻温度传感器和数显温度变送仪，测量量程为 0～100℃。各类传感器的输出均为标准 4～20 mA 电流信号，在送显示仪表显示的同时，送入 PLC 的模拟量输入模块。

三、流量计的安装与使用

涡轮流量计的精确度在很大程度上取决于安装情况，合理安装可减低旋涡流对测量的影响。

1. 安装及使用要求

（1）在该实验装置中将涡轮流量计水平安装在进水管路的低位（管道倾斜在 5°以内）。

（2）流量计进水侧管道长度不小于 20*D*（*D* 为公称内径），出水侧不小于 5*D*；前后管道上均安装截止阀以方便维修，同时设置旁通管道，如图 8—6 所示。

（3）涡轮流量计安装时传感器上的指示流向的箭头应与流体的流动方向相符。

（4）流量计使用时上游的截止阀必须全开，避免上游部分的流体产生不稳流现象。

2. 接线

该涡轮流量计的接线端子在中继箱内。如图 8—7 所示，电缆从中继箱的引线口接入，电源正负极分别接中继箱的端子“＋”和“－”，流量计的输出为端子“A”和“－”，用 250 Ω 负载电阻将 4～20 mA 电流信号转换为电压信号输出。

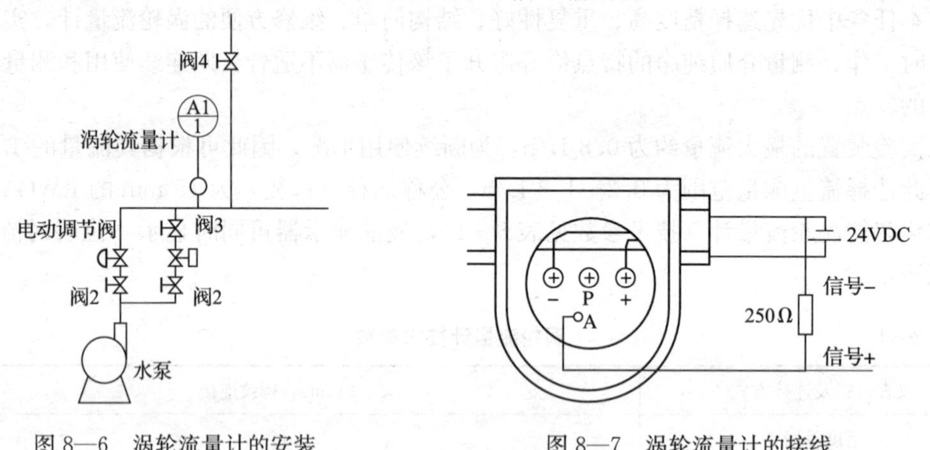

图 8—6　涡轮流量计的安装　　　　图 8—7　涡轮流量计的接线

知识链接

一、流量传感器类型

1. 流量的种类

（1）体积流量：指单位时间内流过管道或设备某横截面积的流体体积。体积流量的单位为 m^3/s（立方米/秒）、m^3/h（立方米/小时）或 m^3/d（立方米/天）。

（2）质量流量：单位时间内流过管道或设备某横截面积的流体质量，单位为 kg/s（千克/秒）。

(3) 能量流量：单位时间内流过管道或设备某横截面积的流体能量，单位为 J/s（焦耳/秒）。

各种流量计往往依据不同的工作原理和测量介质确定计量对象，如涡轮、涡街、电磁流量计等常采用体积流量计量，而科里奥利质量流量计、热式质量流量计等常采用质量流量计量。

2. 常用的流量传感器

按测量对象不同，常用的流量传感器可分为封闭管道流量传感器和明渠流量传感器；按输出信号不同，有脉冲频率型和模拟输出型流量传感器；按测量原理划分又可分为差压式流量传感器、速度式流量传感器、容积式流量传感器和质量流量传感器等。

(1) 差压式流量传感器（见图 8—8a）通过测量在安装节流件后的流体中管道不同位置间产生的压差，来间接确定流体流量的传感器。如孔板流量计、文丘里流量计、转子流量计、阿牛巴流量计（又称笛形均速管流量计或托巴管流量计）装用这种传感器。

a)

b)

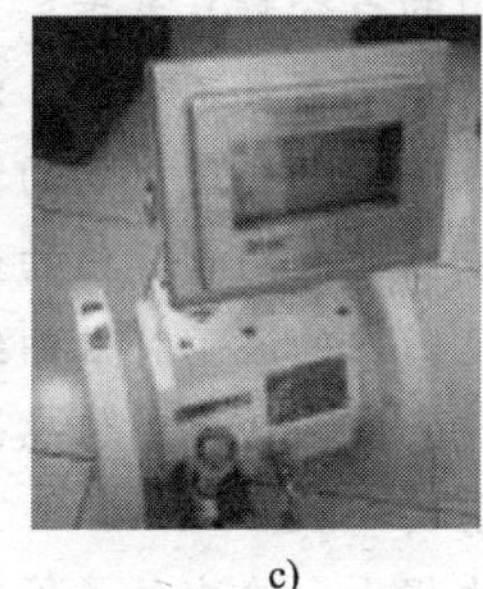
c)

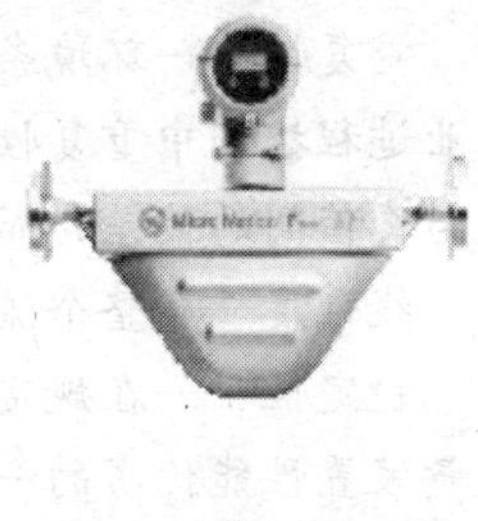
d)

图 8—8 常用的流量传感器

a) 差压式流量计 b) 速度流量计 c) 容积式流量计 d) 质量流量计

(2) 速度式流量传感器（见图 8—8b）利用测量管道内部流体速度的大小来测量流量的流量传感器的统称。特点是直接测量流体的流速，测量范围较宽、结构简单，输出为脉冲频率信号，便于总量测量和与计算机连接。如涡轮流量计、涡街流量计、超声流量计等装用这种传感器。

(3) 容积式流量传感器（见图 8—8c）利用标准小容积连续地定排量测量后，根据小容积的容积值和连续测量次数求得累积流量的传感器，特别适合对高黏度液体的流量测量。常见的椭圆齿轮流量计、刮板流量计、旋转活塞流量计等装用这种传感器。

(4) 质量流量传感器（见图 8—8d）直接或单一测量并显示质量流量的流量传感器，有直接式、间接式、补偿式三类。直接式质量流量计有热式、双孔板式、双涡轮式、科里奥利式流量计等；间接式质量流量计是通过测量流体的流速和密度，由运算器得到质量流量；补偿式质量流量计是利用流体与温度压力的关系，用补偿方式消除流体密度变化的影响，进而得到质量流量。

(5) 其他流量传感器：如电磁流量传感器、弯管流量传感器、热风速流量传感器、激光流量传感器等。

每种流量传感器产品都有特定的适用性，需要结合测量介质和工况条件才可发挥正确作用。

二、流量计选型中考虑的因素

合理选择和使用流量传感器，需要考虑传感器技术参数、流体特性、安装条件、环境条件和经济性等因素。

1. 技术参数

也称为仪表的测量特性，包括静态参数和动态参数。

静态参数主要包括：

流量范围——流量传感器可测的最大流量与最小流量的范围。正常使用条件下该范围内的测量误差不应超过允许值。流量范围也常用量程比（范围度）表示，即一定准确度范围内，最大流量与最小流量之比。

准确度（精确度）——表征测量结果与被测量真值间的吻合程度。工程测量中，常用%FS（满量程误差或引用误差，即相对误差与测量上限的百分数）和%RD（示值相对误差，即相对误差与被测量值的百分数）表示。

重复性——环境条件、介质参数不变时，对同一流量值多次测量所得结果的一致程度。工业过程控制中重复性与准确度一样是重要的指标，但二者含义并不相同，准确度是指测量值与真值间的偏差，而重复性是表明测量值的分散程度。

线性度——整个流量范围内的流量特性曲线与规定直线之间的一致程度。

稳定性——在规定工作条件内，流量传感器的某些性能随时间保持不变的能力，是评价流量装置性能优劣的一项重要参数。

此外还有灵敏度、压力损失、输出信号等特性参数。

动态参数中最典型的是：

响应时间——指输出信号随流量参数变化而反应的时间，可用于表征控制系统的快速性。

2. 流体特性

即流体的物理性质，对流量测量的准确度及流量传感器选用有较大影响。主要参数有：

流体类型——是流量测量的对象，如液体、气体、蒸汽等。有些流量传感器（如电磁式流量计）不能测气体，而插入热式流量计则不能测量液体。

黏性——流体本身阻止其质点发生相对滑移的性质，流体黏性的大小常用黏度来度量（又分为动力黏度和运动黏度），黏度随流体温度和压力的不同而变化。流体黏性大小会影响传感器的选型，如黏性大的液体宜用容积式流量传感器，不宜选用涡轮、转子、涡街等流量传感器。

温度、压力、密度等也是选择传感器时的重要参数，对于气体流量还应了解其体积流量是工作状态还是标准状态。

3. 安装条件

管道布置方向，流动方向，检测件上下游侧、直管段长度，管道口径，维修空间，电源，接地条件，辅助设备（过滤器、消气器），安装，脉动情况等。

4．环境条件

环境温度、湿度、电磁干扰、安全性、防爆、管道振动、腐蚀、结垢、脏污等。环境恶劣的应用条件，不宜选用有转动件及检测件的传感器，即使对于超声、电磁式流量传感器，也会因管道腐蚀带来误差。

5．经济因素

仪表购置费、安装费、运行费、校验费、维修费、仪表使用寿命、备品备件等。

思考与练习

1．涡轮流量计通常用在什么场合？对测量介质（流体）和工作性质有什么要求？

2．选型时如何确定涡轮流量计的公称内径？

3．简述涡轮流量计的安装要求。常用的一体化流量计应该如何接线？

课题二　超声波流量计

◆ 教学目标

- 了解超声波流量计的主要类型
- 了解超声波流量计的工作原理
- 掌握超声波流量计的选择和使用方法

任务提出

管道运输因经济、便捷、安全，被广泛应用于石油、天然气等的运输中。但随着管线的延长，发生管道泄漏事故的风险不断加大，一旦发生泄漏事故会影响生产并导致环境的污染和人员的伤亡，因此管道泄漏监测对维护管道运输安全有重要意义。目前，管道泄漏监测的有效手段是采用流量报警负压波定位综合技术。管道发生泄漏时，会使管道首末端的流量差增大，增大到设定值时，系统即报警；管道泄漏的瞬间泄漏点处会产生一个负压波，沿管道向首末两端传播，根据两端压力变送器接收到的负压波时间差，以及管道长度、压力波传递速度、油流速度等，可计算出管道泄漏的位置，如图 8—9 所示。

长输油管道的工作环境和瞬态动态测量的特点要求泄漏流量监测灵敏度好、定位准确度高。为了满足这些要求，首先需要根据使用场合选取合适的流量传感器，掌握流量计在系统中如何与其他设备连接，如何调试和进行现场监测。本课题将演示如何完成输油管道泄漏监测系统的部分设计任务，弄清上述问题是完成设计的关键。

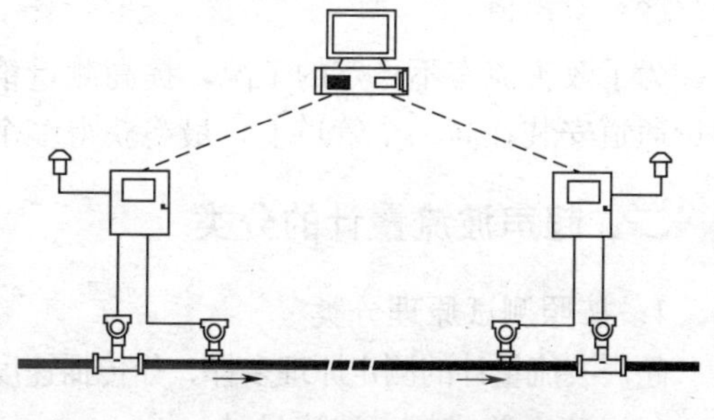

图 8—9　输油管道泄漏监测

任务分析

对长输油管道泄漏监测设备的要求主要有：准确性高，减少误报警；灵敏性高，能监测多种泄漏；实时性好，迅速监测泄漏发生；定位精度高，提供准确泄漏位置；易维护，维修调整容易。其中瞬态脉动流量的测量通常采用响应速度快的流量传感器。超声波流量计是随着集成电路技术和检测技术发展的产物，由于响应速度快、可实现非接触式检测、对流体不产生扰动和阻力，在大口径管道计量中得到广泛应用。

由此可见，完成本任务的核心是弄清如何选择并在现场安装和使用超声波流量计。

相关知识

一、超声波流量计的基本知识

1. 一般特点

超声波在流动的流体中传播时，可以反映流体流速的变化。通过接收穿过流体的超声波信号就可以检测出流体的流速，从而换算成流量。一般来说，超声流量计测量的是体积流量。相对于传统的流量计而言，超声波流量传感器具有下列主要特点：

(1) 解决了大管径、大流量及各类明渠、暗渠测量困难的问题。一般流量计随着管径的增大会带来制造和运输上的困难，有不少只适用于圆形管道，而且造价提高，能耗加大，安装不便。超声波流量计的使用提高了流量测量仪表的性能价格比。

(2) 对介质几乎无要求。超声流量计不仅可以测液体、气体，甚至可以对双相介质（应用多普勒法）的流体流量进行测量；由于利用超声测量原理可制成非接触式的测量仪表，所以不破坏流体的流场，没有压力损失，并且可测量其他类型流量计难以测量的强腐蚀性、非导电性、放射性物质量的流量。

(3) 超声流量计的流量测量准确度几乎不受被测流体温度、压力、密度、黏度等参数的影响。

(4) 超声流量计的测量范围度宽，一般可达 20∶1。

2. 基本概念

(1) 多通道

多通道支持多个独立的测量通道同时工作，可以分别测量多个不同管道内的流量，提供每个通道的信号输出。

(2) 多声道

为了改善流态不稳定的工况，提高测量精度，有些流量计提供多声道的测量方式。多个测量通道安装在同一个管道上，最终获得多个声道的平均流量。

二、超声波流量计的分类

1. 按照测试原理分类

超声波流量计的测定原理多样，如传播速度差法、波速移动法、多普勒法、流动听声法等。

(1) 速度差式超声波流量计

速度差式超声波流量计是根据超声波在流动的流体中顺流传播时间与逆流传播时间之差与被测流体的流速的关系获得流速（流量）的。按所测物理量的不同，可分为时差式、相位差式和频差式。其中时差式超声波流量计应用较广，其测量原理为：

超声波信号沿流体流动方向（顺流）传播时速度会增大，沿逆流方向的传播速度会减小，因此对于同一传播距离会有不同的传播速度和传播时间。由顺流传播时间 t_1 和逆流传播时间 t_2 可以计算出传播时间差，然后可得流体平均流速。具体表述如图 8—10 所示。

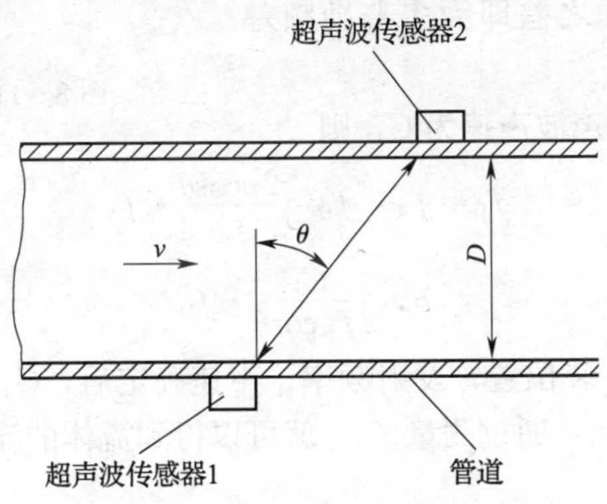

图 8—10　时差式超声流量计原理图

顺流方向超声波的传播时间为：

$$t_1=\frac{D/\cos\theta}{C+V\sin\theta}$$

而逆流方向的传播时间为：

$$t_2=\frac{D/\cos\theta}{C-V\sin\theta}$$

则

$$\Delta t=\frac{D}{\cos\theta}\cdot\frac{2V\sin\theta}{C^2-V^2\sin^2\theta}$$

由于通常 $C\gg V$，故传播时间差为：

$$\Delta t\approx\frac{D}{\cos\theta}\cdot\frac{2V\sin\theta}{C^2}$$

$$V\approx\frac{\cos\theta}{D}\cdot\frac{C^2}{2\sin\theta}\Delta t$$

流量

$$q=V\cdot S\approx\frac{\cos\theta}{D}\cdot\frac{C^2}{2\sin\theta}\Delta t\cdot S$$

式中　V——测量路径上流体的平均流速；

D——管道直径；

C——超声波声速；

θ——传播路径和流道轴线间的夹角；

S——测量处管道的截面积；

q——体积流量。

在管道条件一定、测量条件一定、声速一定时，流体的流量与传播时间差成正比，故此可以制作出基于这种原理的超声波流量传感器。

(2) 多普勒式超声波流量计

这种传感器是利用多普勒效应来测定流体的流量。如图 8—11 所示，发射换能器 A 向流体发射频率为 f_A的连续超声波信号，由流体中的悬浮物颗粒体反射到接收换能器。因为悬浮物颗粒的运动，反射过来的超声波产生多普勒频率偏移，频率变为 f_B，f_A和 f_B之差即为多普勒频差 f_D。

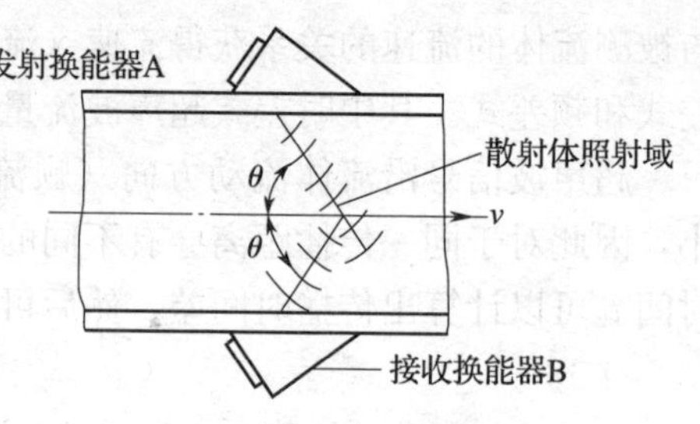

图 8—11　多普勒超声流量计

设流体的流速为 v，超声波声速为 C，则

$$f_D=f_A-f_B=\frac{2v\cos\theta}{C}\cdot f_A$$

$$v=\frac{C}{2f_A\cos\theta}\cdot f_D$$

当管道条件、换能器安装位置、发射频率、声速确定后，C、f_A、f_B、θ 即为常数。流速 v 和多普勒频移 f_D成正比，通过测量 f_D，就可以得到流体的流速，再根据管道流体的截面积，即可求得体积流量。

多普勒超声流量计的特点为：仪表精度通常在± (3～7)%FS，适用于非满管、明渠、水槽流量的测量及含悬浮物颗粒和气泡比较多的场合（如工厂未处理的污水和回流污泥等的流量计量）不宜用于洁净液体测量。

2. 按使用场合分类

根据使用场合不同，可以分为固定式超声波流量计（见图 8—12a、图 8—12b）和便携式超声波流量计（见图 8—12c、图 8—12d），其主要区别为：

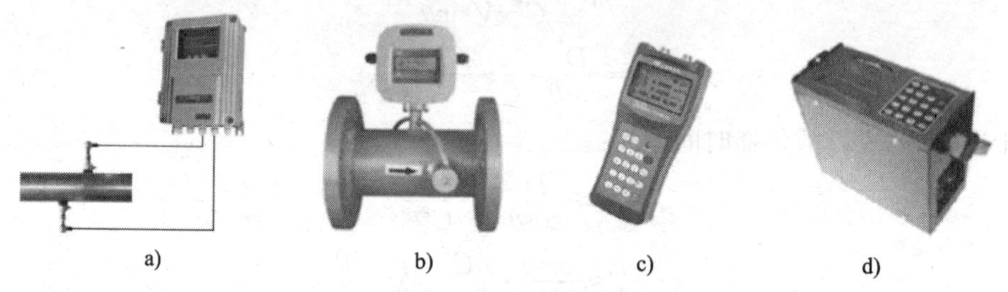

a)　b)　c)　d)

图 8—12　超声波流量计类型

a) 固定分体式　b) 固定一体式　c) 手持式　d) 便携式

(1) 适用场合不同

固定式超声波流量计用于安装在某一固定位置，对某一特定管道内流体的流量进行长期不间断的计量；便携式超声波流量计具有很大的机动性，主要用于对不同管道的流体流量作临时性测量。

(2) 供电方式不同

固定式超声波流量计要求长期连续运行，要使用 220 V 交流电源；便携式超声波流量计既可以使用现场的交流电源，也备有内置充电电池，可以连续工作 5～10 h（小时），方便于不同场合临时性流量测量的需要。

(3) 输出方式不同

固定式超声波流量计通常有4～20 mA单通道信号输出，供远端显示使用；便携式超声波流量计用于现场查看当时流量和短时间内的累计流量，一般无输出信号功能，但通常可以同时存储多个通道的参数，供随时调用。

3. 按照换能器供电方式不同分类

按照换能器的供电方式分类，可以分为外贴式、插入式、管段式超声波流量计。

(1) 外贴式

外贴式超声波流量计是生产最早、用户最熟悉且应用广泛的超声波流量计，安装换能器无须管道断流，即贴即用，安装简单，使用方便。只用一套流量计就可测量不同口径管道内液体的流量，性价比高。

(2) 管段式

管段式超声波流量计把换能器和测量管组成一体，解决了某些管道无法测量的难题。而且测量精度也比其他超声波流量计高，但牺牲了不断流安装的优点，要求切开管道来安装换能器。

(3) 插入式

插入式超声波流量计在安装时可以不断流，利用专门工具在管道上打孔，把换能器插入管道内，完成安装。由于换能器在管道内，其信号的发射、接收只经过被测介质，而不经过管壁和衬里，所以测量不受管质和管衬材料的限制。

三、超声波流量计的选用

超声波流量计类型众多，可在熟悉常用流量计的特点，掌握被测流体性质、流速分布情况、管路安装地点及对测量准确度的要求等因素的基础上进行选择。

1. 常用超声波流量计特点

(1) 多普勒式超声波流量计

这种传感器只能测量含有适量悬浮颗粒或气泡的流体，对被测介质要求较苛刻，即不能是洁净水，同时杂质含量要相对稳定，且不同厂家的仪表性能和要求也不完全一样。选择此类流量计时既要对被测介质心中有数，也要对所选流量计的性能、精度和对介质的要求有深入了解。

(2) 便携式超声波流量计

适用于临时性测量，主要用于校对管道上已安装的其他流量仪表的运行状态、进行某区域内的流体状况测试、检查管道的当时流量等。此时选用便携式超声波流量计既方便又经济。

(3) 时差式超声波流量计

它主要用来测量洁净流体和杂质含量不高（杂质含量小于10 g/L，粒径小于1 mm）的均匀流体，如纯净水、污水等流量的计量，精度可达±1.5%*FS*。

(4) 管道式超声波流量计

精度最高，可达到±0.5%*FS*，而且不受管道材质、衬里的限制，适用于流量测量精度要求高的场合。但随着管径的增大，成本也会随之增加，选用中小口径的管段式超声波流量计较为经济。

(5) 固定式超声波流量计

如果有足够的安装空间，使用插入式换能器代替外贴式换能器，可彻底消除管衬、结垢及管壁对超声波信号衰减的影响，测量稳定性更高，也大大减小了维护工作量。而且，插入式换能器也可以实现不断流安装，其应用范围正在不断扩大。

2. 被测流体性质

了解介质是水还是其他流体，搞清其黏度系数和透射声波的能力，是否含气泡和固体微粒及含量多少。对于固体微粒和气泡含量大的流体，应选用多普勒型超声波流量计，否则应选用传播速度差式流量计。

3. 流道条件及其对测量精度的要求

对于管道、管渠、明渠和河流应选择对应的流量计。对于有长平直段的流道或对测量精度要求不高的场合，可选用较少声道数的流量计；明渠和大口径管道，当测量精度要求较高时，可选用多声道流量计。测量精度还与测量原理、仪器布置位置有关，传播速度差法一般比多普勒法有较高的测量精确度；管外贴装换能器由于夹装过程的不确定性，声耦合变化等，测量精度会降低，若安装调试过程不细致，会使测量精度更差。

4. 流量计的使用目的和功能要求

用于固定流量监测或收费计量场合，要具有确切的测量精度、不因停电而消失的累积流量记录功能和连续运行能力，一般选用平行多声道或带标准测量管段的单声道超声波流量计，流量计存储单元具有停电后保持测量结果的能力；对测量精度要求不高、移动使用的超声波流量计，可选用带外贴式换能器的便携式流量计；用于压力管道漏水监测的超声波流量计，只要求有较好的相对测量精度，对绝对测量精度没有要求。

四、超声波流量计的使用

1. 超声波流量计的构成

超声波流量计由超声波换能器、电子线路及流量显示和累积系统三部分组成。每只超声流量计至少有一对换能器：发射换能器和接收技能器，用于实现电能和机械能的交换；电子线路包括发射、接收、信号处理和显示电路。超声波发射换能器将电能转换为超声波能量，并将其发射到被测流体中，接收器接收到的超声波信号，经电子线路放大并转换为代表流量的电信号，供给显示和积算仪表进行显示和积算。这样就实现了流量的检测和显示。

2. 换能器（探头）

超声流量计的换能器常用压电换能器，利用的是压电材料的压电效应。发射换能器采用适当的发射电路，利用压电元件的逆压电效应，把电能加到压电元件上，使其产生超声波振动，超声波以某一角度射入流体中传播；接收换能器则是利用压电效应，通过接收超声波并将其转变为电能，实现信号检测。换能器通常由压电元件和声楔构成。压电元件一般用压电陶瓷制造，为圆形薄片，沿厚度方向振动；而声楔则起到固定压电元件，使超声波以合适的角度射入流体的作用。常把压电元件嵌入声楔中，构成换能器整体（又称探头）。

3. 超声波流量计的安装

由于工业管路和周围环境的复杂性，会使超声波流量计的可靠性和精度大打折扣。因此，根据特定的环境安装、调试超声波流量计，成为超声波流量计测量中的重要课题。时差式超声波流量计安装过程框图如图 8—13 所示。

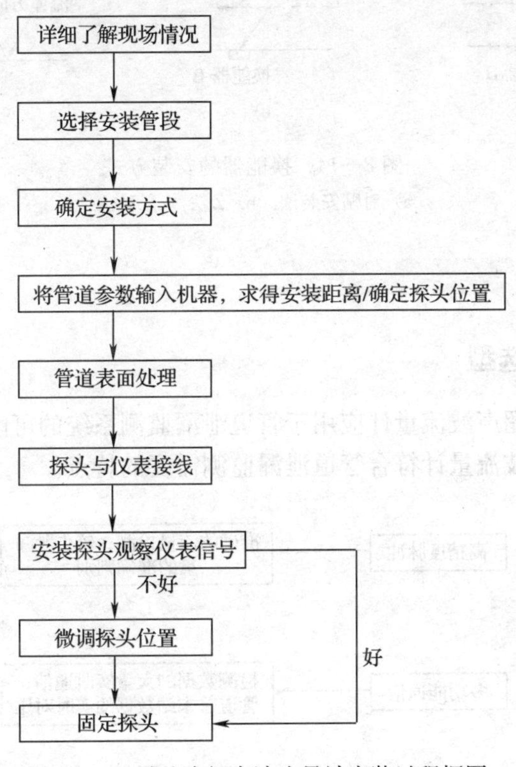

图 8—13　时差式超声波流量计安装过程框图

其中了解现场情况需要观察安装管道是否满足直管段前 10*D*、管段后 5*D* 及离泵 30*D* 距离的要求（*D* 为管道内径），辨别所用的流体介质及是否满管，了解管道和衬里材质、管道壁厚（考虑管道内壁结垢厚度）及管道的预计使用年限。在此基础上选择安装管段，确认换能器（探头）的类型和安装方式。向流量计表体输入参数确定安装距离，精确测量安装距离（外贴式选择安装传感器大概距离，然后不断调试活动传感器以达到最好匹配；插入式流量计要用专用工具测量管道上安装点距离，进行多次测量求得较高精度）。完成以上工作后，就可以实施安装、调试信号、固定探头、做防水等。

4. 换能器的安装

在安装方式上，主要有对贴安装法、Z 法（直射式，一组换能器安装在管道的对侧）和 V 法（反射式，一组换能器安装在管道的同侧，借助对面管道壁的反射工作），如图 8—14 所示。流量计在分析管道数据和流体数据输入后，会推荐安装方式。通常，多普勒式超声波流量计采用对贴法安装，时差式超声波流量计采用 V 法和 Z 法。管径小于 300 mm 时，可采用 V 法安装；管径大于 200 mm 时，可采用 Z 法安装。Z 法安装的超声波信号强度较高，管道和液体的声导性能差时，要考虑这种安装，塑料管道则必须采用直射式安装；V 法安装简单，可以克服不好的流态影响，安装时不需要停止流体，条件允许的情况下，推荐使用这种安装方式。

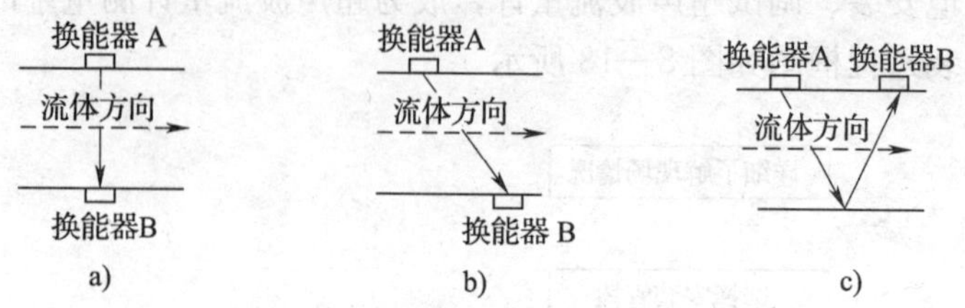

图 8—14　换能器的安装方式

a）对贴安装法　b）Z 法　c）V 法

任务实施

一、流量传感器选型

在任务分析中提出超声波流量计应用于管道泄漏监测系统的可能性。下面用图 8—15 所示的方式简单归纳超声波流量计符合管道泄漏监测需要的特点。

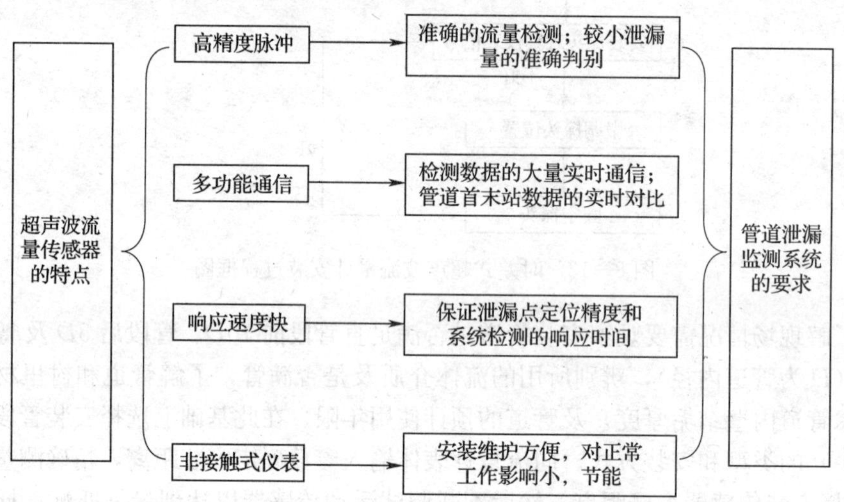

图 8—15　超声波流量传感器与泄漏检测系统关系

由图 8—15 可以看出，超声波流量计的特点较好地满足了输油管道泄漏检测与定位系统的开发与应用，并充分发挥了超声波流量计的性能特点。因此，在本任务中选择这类流量传感器。

根据现场管道特点和测量要求，可以选择两种方案。

方案一：采用外贴式超声波流量计组建监测系统。优点是系统安装简单、工程量小、校准简便；因为不需要断流安装，对管道正常运行的影响小，投资较少；可以充分利用管道流量计量原有的流量计资源，只需换装或新增若干台超声波流量计及 1 台中央控制计算机就可以进行检测，具有较高的性价比。缺点是对安装调试的要求高，管道严重锈蚀和结垢对测量准确度的影响较大。

方案二：采用插入式超声波流量计组建监测系统。优点是工程量不很大、也可以实现不断流安装，测量准确度高。运行时间在 10 年以上的管道最好采用插入式安装。

二、管道泄漏监测

1．监测方案设计

使用流量报警负压波定位综合技术，根据原油管道泄漏检测与定位原理，确定在管道首末端安装智能超声波流量计，实时检测原油瞬态和累计流量。通过通信接口和微波设备将数据送到调度分析中心，最后进行数据的处理与分析，以完成泄漏检测和定位功能等，如图 8—16 所示。

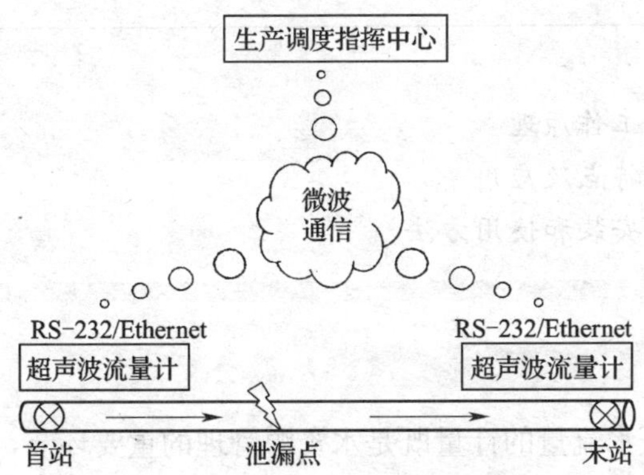

图 8—16　管道泄漏监测方案示意图

流量监测是泄漏点监测的有效手段之一。原油在管道中运行时，流体压力与流量间存在一定的关系。泄漏发生时，流体迅速流失，泄漏点两边的液体由于存在压差而向泄漏点补充，形成向上下游依次传递的负压力波，并导致管道首末端瞬态流量的变化。准确监测这一脉动流量，可辅助判断管道泄漏发生并进行漏点定位。

2．监测系统组成

在管道首、末端的监测系统组成如图 8—17 所示，将温度、流量、压力等传感器检测的信号送入控制计算机，采集数据并通过通信模块传送到生产调度中心，从而实现管道首末端流量差的计算，发出报警信号。

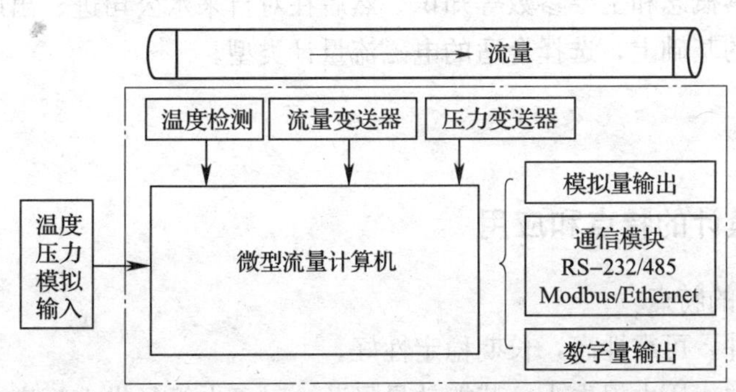

图 8—17　智能超声波流量传感器结构框图

思考与练习

1. 超声波流量计的主要类型有哪些？各类超声波流量计的使用场合有哪些？

2. 在管道泄漏监测中为什么要使用超声波流量计？超声波流量计在管道泄漏监测中能发挥怎样的作用？

课题三　电磁流量计

◆ **教学目标**

¤ 了解电磁流量计的工作原理

¤ 了解电磁流量计的特点及应用

¤ 掌握电磁流量计的安装和使用方法

任务提出

自来水公司进、出厂水流量的计量既是水资源管理的重要环节，也是供水行业生存发展的关键。目前，我国城镇供水行业主要使用以电磁流量计为主的流量计进行流量计量（见图8—18），这类流量计有一系列优良特性，可以解决其他流量计不易应用的脏污流、腐蚀流的测量，因此各地自来水公司大量使用电磁流量计，且大量更新为智能化、高精度、多功能的流量仪表。

在自来水厂进、出水流量计量中如何选择合适的电磁流量计？应该如何安装和使用？

图 8—18　电磁流量计计量供水

任务分析

要完成自来水公司进、出厂水流量的计量，应首先掌握电磁流量计的基本概念和主要参数等知识，然后在对自来水公司进、出厂水流量计量的特点和要求进行分析的基础上，选择合适的电磁流量计类型。

相关知识

一、电磁流量计的特点和应用

1. 电磁流量计的特点

（1）无可动部件，可靠性高，长期稳定性好。

（2）无附加阻力，压力损失小，节能效果显著，对于大管径供水管道尤为适合。

（3）测量精确度高。典型产品在 1 m/s 时，准确度可达±0.3%R。

（4）测量范围度大。保证准确度的范围度一般可达 40∶1。

（5）测量管道是一段无阻流检测件的光滑直管，不易阻塞，适用于测量含有固体颗粒或纤维的流体，如纸浆、煤水浆、矿浆、泥浆和污水等。

（6）电磁流量计所测得的是体积流量，受流体密度、黏度、温度、压力和电导率（只要保证在某阈值之上）变化的影响不显著。

（7）对直管段要求低。一般要求前 $5D$、后 $3D$（D 为流量计公称内径），适合对大口径管路测量。

（8）很多产品为双向测量系统，可进行正、反向总量和差值总量的测量。

（9）可应用于腐蚀性流体的测量。

这类流量计的主要缺点有：

（1）不能测量电导率很低的液体，如石油制品和有机溶剂等。不能测量气体、蒸汽和含有较多较大气泡的液体。

（2）通用型电磁流量计由于衬里材料和电气绝缘材料限制，不能用于对较高温度的液体测量。在测量远低于室温的液体时可能因测量管外凝露（或霜）而破坏绝缘。

2．电磁流量计的应用

电磁流量计在多个行业都获得广泛应用，主要用于对封闭管道中的导电液体和浆液的体积流量的测量。严格地说，除了高温流体之外，只要电导率大于 5 μ/cm 的任何流体都可以选用相应的电磁流量计，不导电的气体、油类、丙酮等物质不能选用电磁流量计来测量流量。

大口径电磁流量计多应用于给排水工程；中小口径常用于钢铁厂高炉冷却水控制、造纸厂纸浆液检测等高要求、难测量的场合；小口径、微小口径的流量计常用于医药、食品等有卫生要求的场所。

二、电磁流量计工作原理和结构

1．基本原理

电磁流量计是根据电磁感应定律制成的一种测量导电性液体的仪表，即导体在磁场中切割磁力线运动时在其两端会产生感应电动势。

如图 8—19 所示，导电性液体在垂直于磁场的非磁性测量管道内流动，与流动方向垂直的方向上会产生与流量成正比例的感应电动势，该电动势的方向按“右手定则”判断，大小按下式计算：

$$E=KBVD$$

式中 K——仪表常数；

B——磁感应强度，T；

V——测量管道截面内的平均流速，m/s；

D——测量管道截面的内径，m。

其感应电压信号由两个或两个以上与液体直接接触的电极检出，并通过电缆送至转换器，通过处理后送显示仪表显示，并转换成 4～20 mA 的标准电流或 0～1 kHz 的频率信号输出。

2. 电磁流量计的结构

电磁流量计由流量传感器和转换器两大部分组成。这类流量计的典型结构示意图如图8—20所示。测量管上下装有励磁线圈，通入励磁电流后会产生穿过测量管的磁场。将一对电极安装在测量管的内壁上，与液体相接触，以便引出感应电动势，送到转换器中。产生励磁电流的电源也是由转换器来提供。

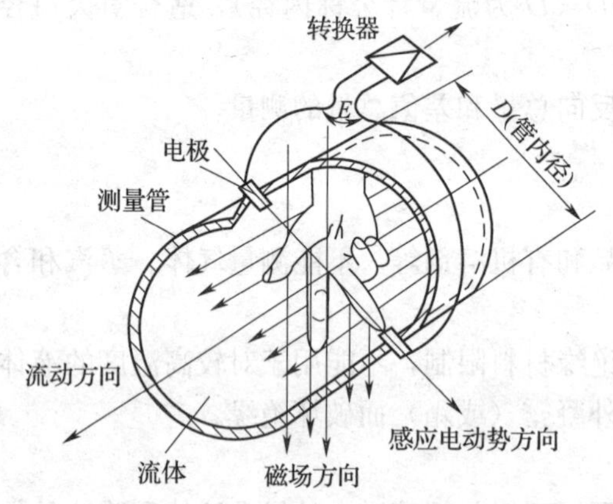

图 8—19　电磁流量计的工作原理

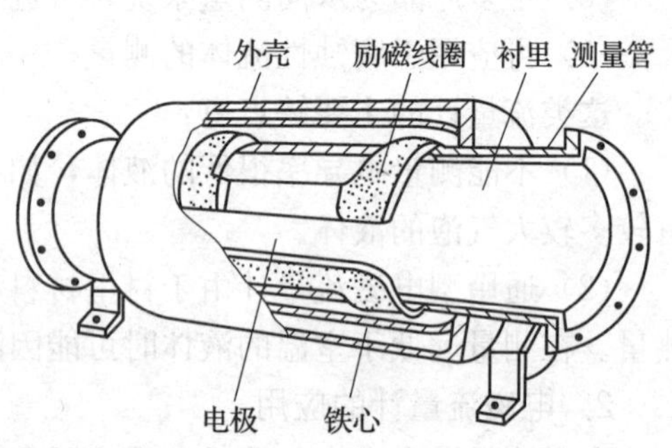

图 8—20　电磁流量计的结构

三、电磁流量计的安装和使用

1. 使用和安装要求

通常电磁流量传感器对安装场所有以下要求：

(1) 测量混合流体时，选择不会引起流体分离的场所；测量双组分液体时，避免装在混合尚未均匀的下游。

(2) 尽可能避免测量管内变成负压。

(3) 选择震动小的场所，特别是对一体型的仪表。

(4) 避免附近有大电动机、大变压器等，以免引起电磁场干扰。

(5) 选择易于实现传感器单独接地的场所。

(6) 尽可能避开周围环境有高浓度腐蚀性气体。

2. 直管段长度要求

为获得正常测量精确度，电磁流量计上游也要有一定长度的直管段，但与大部分其他流量计相比，其对长度的要求较低。安装在90°弯头、T形管、同心异径管、全开闸阀后面时，通常只需留有流量计电极中心线直径D的5倍长度（$5D$）的直管段，装在某些阀后面时则需$10D$的直管段，下游直管段长度一般为（2～3）D或无要求。

3. 安装位置和流动方向

传感器安装方向水平、垂直或倾斜均可，不受限制。但测量固、液混合流体时最好垂直安装，自下而上流动，以避免水平安装时衬里下半部局部磨损严重，低流速时固体沉淀等缺点。

水平安装时要使电极轴线平行于地平线，不要垂直于地平线，因为处于底部的电极易被沉积物覆盖，顶部电极易被液体中的气泡遮住电极表面，使输出信号波动。如图8—21所示的管系中，c、d为适宜位置，a、b、e为不宜位置。b处可能液体不充满，a、e处易积聚气体，且e处传感器后管段过短。

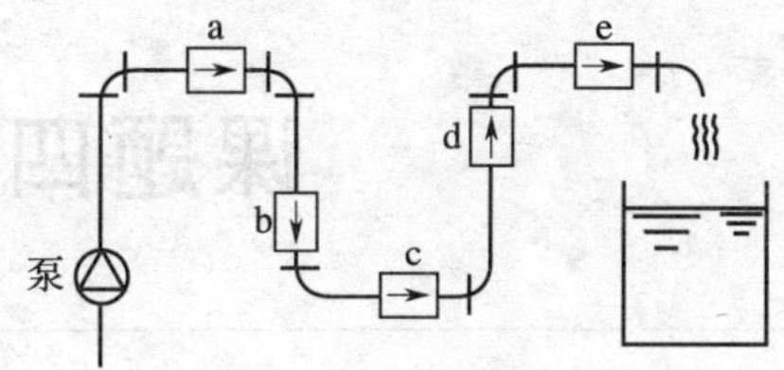

图8—21　传感器安装位置
a、b、e—不良　c、d—良好

4. 接地

电磁流量计的信号比较微弱，在满量程时，只有2.5～8 mV；流量很小时，输出仅有几微伏，外界略有干扰就能影响测量的精度。因此，传感器应与变送器的外壳、屏蔽线、测量导管都要接地。并要求单独设置接地点。

任务实施

一、供水计量对流量计的要求

自来水厂进、出水厂水计量所使用的流量计与其他领域相比具有其特殊的要求：

1. 流量计的口径比较大，一般大于DN1 000 mm，国内使用的最大口径达到DN 3 000 mm。

2. 水的流量较大，一般为每小时数千到几万平方米。

3. 为保证满足供水损失率的要求，对流量计的计量准确度要求高，一般应优于±0.5%R，甚至达到±0.3%R。

4. 因为空间所限，流量计的安装位置对直管段的要求不能过高。

5. 还要尽量具备高度的智能化和网络化的特点。

针对这些要求，结合电磁流量计的特点，认为电磁流量计符合进、出水计量的要求。

二、供水行业电磁流量计的选型

在供水行业选用什么种类的电磁流量计，应根据流体的性质来决定，要使所选流量计的通径、流量范围、衬里材料、电极材料和输出电流等，适应流体的性质和流量的要求。

1. 流量计口径的确定

流量计使用流速最好在0.3～15 m/s范围内，此时流量计口径可选择与用户管道口径一致。使用流速低于0.3 m/s时，最好在仪表部位局部提高流速，如采用缩管方式，异径管的中心锥角不大于15°时，可将其视为直管段的一部分。

2. 一体型或分离型的选择

供水流量测量中，在现场环境较好的情况下一般都选用一体型（见图8—22），即传感器和转换器组装成一体，以方便使用。

图8—22　一体型电磁流量计

思考与练习

1. 电磁流量计的是基于什么物理规律工作的？其工作原理是什么？

2. 电磁流量计的应用场合有哪些？什么情况下不能使用这类流量计测流量？

3. 供水测量中，对电磁流量计安装位置的要求有哪些？

课题四　差压式流量计

◆ 教学目标

☒ 了解差压式流量计的主要类型

☒ 了解差压式流量计的工作原理

☒ 掌握差压式流量计的选择和使用方法

任务提出

焦炉煤气是焦炭生产的副产物，在瑞典 SSAB 公司被用作轧钢厂窑炉煤气燃烧器（见图 8—23）的燃料。焦炉煤气中含有的萘、铵水合物和焦油等组分在传输过程中会从气体中分离出来，在管道内壁和其他构件上凝结，使焦炉煤气的流量监测变得困难。

图 8—23　窑炉煤气燃烧器

气体流量测量中最常用的差压式流量计因结构简单，性能稳定，使用期限长，是恶劣环境下流量监测的首选。在焦炉煤气流量测量中应该采用何种结构形式？有害气体凝结会对选用的流量计造成何种影响？这些需要在学习相关知识、了解常用差压式流量计后进行分析。

任务分析

实现在高炉煤气流量计量中选择差压式流量计的任务，与前面做过的任务类似，也应首先了解差压式流量计的典型形式和应用领域、应用效果等基本知识，然后分析高炉煤气流量计量的特点，从而选择和安装符合要求的流量计。

相关知识

一、差压式流量计概述

差压式流量计是根据安装于管道中流量检测件两端产生的压力差、已知的流体条件和检测件与管道的几何尺寸来测量流量的仪表，如图 8—24 所示。差压式流量计由一次装置（检测件）和二次装置（差压转换和流量显示仪表）组成。这种测量方法以能量守恒定律和流动连续性定律为基准，用于测量封闭管道中单相稳定流体（液体、气体、蒸汽）的体积流量或质量流量。

传统的差压式流量计由节流装置、差压计、压力计和温度计等部分组成。各部分的安装位置可用如图 8—25 所示的孔板式差压流量计组成示意图表示。

二、差压式流量计工作原理

1. 基本原理

当充满管道的流体流经管道内的节流件时，流速将在节流件处形成局部收缩，因而流速增加，静压力降低，于是在节流件前后产生差压，流体流量越大，产生的差压越大。找到流量和差压的关系式，就可以用压差衡量流量的大小。

在这种测量方法下，压差大小除与流量密切相关外，还与其他许多因素有关。例如当节流装置形式或管道内流体的物理性质（密度、黏度）不同时，在同样大小的流量下产生的差压也是不同的。因此，流量和差压的关系式是在一定条件下，针对某种节流装置得到的。为了避免对每款流量计进行实验标定，相关标准对常用流量计的节流件及其取压方式、管道条件、测量范围、流量计算方法等设定了条件，如果这些条件均满足要求，流量与差压之间便有确定的数值关系，不必再进行实验标定。

图 8—24　差压式流量计

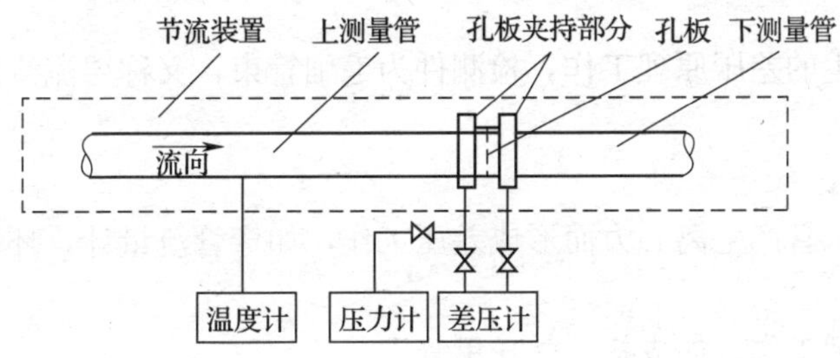

图 8—25　差压式流量计的组成示意图

2. 主要特点

(1) 差压式流量计应用范围广泛。全部单相流体，包括液、气、蒸汽皆可测量，部分混相流，如气固、气液、液固等亦可应用，一般管径、工作状态（压力，温度）皆有产品可供选用。

(2) 该流量计的检测件与差压显示仪表可分开由不同生产厂生产，便于专业化形成规模经济，它们的结合非常灵活方便。

(3) 检测件（特别是标准型的）全世界通用，并得到国际标准组织的认可。

三、差压式流量计的结构类型

差压式流量计的分类见表 8—2。

表 8—2　差压式流量计的分类

分类原则	具体类型
按产生差压的作用原理分类	1）节流式；2）动压头式；3）水力阻力式；4）离心式；5）动压增益式；6）射流式
按结构形式分类	1）标准孔板；2）标准喷嘴；3）经典文丘里管；4）文丘里喷嘴；5）锥形入口孔板；6）1/4 圆孔板；7）圆缺孔板；8）偏心孔板等
按用途分类	1）标准节流装置；2）低雷诺数节流装置；3）脏污流节流装置；4）低压损节流装置；5）小管径节流装置；6）宽范围度节流装置；7）临界流节流装置

1. 按产生差压的作用原理分类

从表 8—2 差压式流量计分类表中可看出，该型流量计按产生差压的作用原理可分成：

（1）节流式

依据流体通过节流件使部分压力能转变为动能而产生差压的原理工作，其检测件称为节流装置，是差压式流量计的主要品种。

（2）动压头式

依据动压转变为静压的原理工作，如均速管流量计。

（3）水力阻力式

依据流体阻力产生的差压原理工作，检测件为毛细管束，又称层流流量计，一般用于微小流量测量。

（4）离心式

依据弯曲管或环状管产生离心力而形成差压工作，如弯管流量计，环形管流量计等。

（5）动压增益式

依据动压放大原理工作，如皮托一文丘里管。

（6）射流式

依据流体射流撞击产生压差的原理工作，如射流式差压流量计。

2. 按结构形式分类

按结构形式分类有：

（1）标准孔板

又称同心直角边缘孔板，其外形如图 8—26 所示。孔板是一块加工成同心圆形的薄板，启开孔的上游侧边缘是锐利的直角。

图 8—26　标准孔板

（2）标准喷嘴

有两种结构形式：ISA 1932 喷嘴和长径喷嘴。

（3）经典文丘里管（见图 8—27）

由入口圆筒段、圆锥收缩段、圆筒形喉部和圆锥扩散段组成。

（4）V 型内锥式流量计（见图 8—28）

V 型内锥式流量计是 20 世纪 80 年提出的一种差压式流量计，它仍是一种通过节流取差压以反映流量大小的节流装置。节流件为一个悬挂在管道中央的锥形体，高压 P_1 取自锥体前流体未扰动的管壁（未形成节流，流体未加速）；低压 P_2 取自后锥体中央，并通过引压管引至管外，其差压 ΔP 的平方根与流量成正比，计算方式与孔板、喷嘴等类似。由于 V 型圆锥节流体具有独特的整流和自清洁功能，使得内锥式流量计具有前后安装直管段更短、自清洁（导压管不易堵塞）、压损小等优点。

图 8—27　经典文丘里管

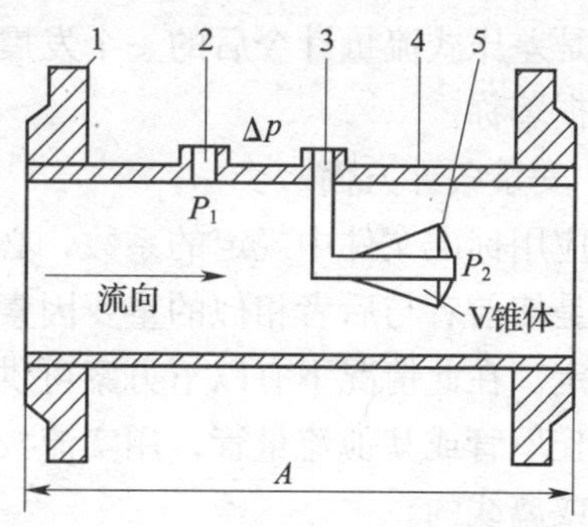

图 8—28　V 型锥流量传感器结构

1—法兰　2—高压取压口　3—低压取压口　4—管道　5—V 型锥体式流量计

除以上介绍的几种差压式流量计外，一体化、智能化的差压式流量计正得到越来越广泛的使用（见图 8—29）。一体化的差压式流量计是由标准孔板、标准喷嘴等差压类流量计与差压变送器和流量计算机组成。此流量计除具有传统节流装置的特点外，还具有可实现高精度、宽范围的流量测量；现场安装方便，可用电缆直接远传或就地指示，减少了管路过长或安装不准确带来的误差；具有方便的网络通信功能等优点。

图 8—29　一体化差压流量计

四、差压式流量计的选型要点

差压式流量计选用时考虑的因素主要有五个方面，即仪表性能、流体特性、安装条件、环境条件和经济因素。

1. 仪表性能方面

主要性能指标有：精确度、重复性、线性度、流量范围和范围度。

标准节流装置规定有严格的使用范围，包括管径、节流件孔径、直径比、雷诺数范围、管壁粗糙度等，非标准节流装置的使用范围及其计算式应以实流校准为好。差压式流量计的精确度在很大程度上取决于现场的使用条件，除节流装置制造质量外，影响因素主要为流体的物性参数、流体流动特性是否符合标准。整套流量计的精确度还取决于差压变送器和流量显示仪的精确度，其他参数精确度不高而单单采用高精度差压变送器并不起多大作用，应作全面估计以选择最佳方案。

差压式流量计的重复性与其他流量计相比要低，其输出信号为模拟值，易受干扰，尤其是引压管线易使信号产生干扰波动，会影响其精确度。

差压式流量计的输出信号与流量成平方关系，是非线性仪表，这造成其测量范围度窄。采用两种（或多种）量程的差压变送器可以拓宽其范围度（大于 10∶1）。

2. 压力损失

差压式流量计的压力损失大是它的一个弱点，但不同结构间亦有差别。在同样的流量时喷嘴的压损只为孔板压损的 30%～50%。各种流量管（文丘里管、道尔管、罗洛斯管、通用文丘里管等）都是低压损的节流装置，它们的压损仅为孔板的 20%。这些节流装置的开发应用是差压式流量计今后的一个发展方向。动压头式差压式流量计（均速管流量计）更是以低压损著称。

3. 安装条件方面

要应用标准文件中规定的系数，必须令使用的节流装置与标准节流装置相似，现场的安装条件是使前者与后者相似的重要因素。在安装条件中，节流件前后的必要直管段长度往往难以确定。在此情况下有以下方案可供选择：采用直管段长度要求较短的节流装置，例如，经典文丘里管或其他流量管；用实流校验方法确定现场条件下的流出系数，实流校验可以是在线的或离线的。

4. 环境条件方面

差压式流量计的差压变送器和流量显示仪两部分都有微处理器和电子元器件，它们对环境条件的要求与一般电子仪表相同。

5. 经济因素方面

经济因素包括购置费、安装费、运行费、校验费、维护费和备品备件的费用。

五、差压式流量计使用注意事项

一台差压式流量计能否可靠地运行并达到设计精确度要求，正确的使用是很重要的。以下列举出应注意的使用问题。

差压式流量计标准规定的工作条件在现场完全满足比较困难，偏离标准规定是难免的，重要的是估计偏离的程度。建议进行适当的补偿（修正），否则会加大估计的测量误差。

差压式流量计检测件节流装置安装于严酷的工作场所，长期运行后，管道或节流装置都会发生某些变化，如堵塞、结垢、磨损、腐蚀等。检测件依靠结构形状及尺寸保持信号的准确度，因此几何形状及尺寸的变化会带来附加误差。而且，测量误差的变化并不能从信号中觉察到，因此定期检查检测件十分必要。可以根据测量介质的情况确定检查周期，周期长短应根据具体情况确定。

任务实施

任务导入中提到焦炉煤气管道内壁会产生严重的积结，这势必会使得文丘利管、孔板和圆缺孔板等差压式流量计的节流装置不能进行有效、准确的流量测量；文丘利管或孔板的取压孔也可能被堵塞，从而使得差压的测量变得困难，甚至无法测量。

对此选用 V 型内锥式差压流量计，如直径为 150 mm、满刻度差压为 110 mm 水柱的流量计。由于内锥式流量计具有独特的锥形体元件（见图 8—30），锥形体与流体相互作用，使在锥形体上游的速度分布重新整形，不但创造了最佳的速度分布，而且产生出一个压力区间，阻止污染物的形成与积结。同时高压测量孔也位于此压力区间，因此高压测量孔能保持清洁而不被污染物堵塞；由于锥形体能在其周围及下游产生受控制的紊流区，在此区域能始终保持清洁而不被污染物积结，从而使低压测量（取压）孔始终保持干净。

内锥式差压流量计的安装方式如图 8—31 所示，通过 3 个月的试运行，发现流量计性能良好，锥形体表面没有发现磨损迹象。虽然气体是被严重污染的脏污气体，但这种流量计保证了焦炉煤气流量数据的精确性。

图 8—30　内锥式流量计外形

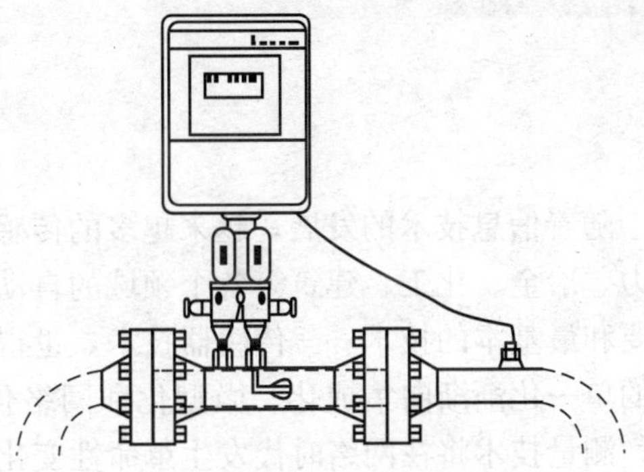

图 8—31　内锥式流量计典型安装

思考与练习

1. 按照产生差压的作用原理对差压式流量计应如何分类？其中最常用的型式是哪几种？
2. 差压式流量计选型过程中需要考虑哪些因素？
3. 差压式流量计的组成及使用注意事项。
4. 模仿任务导入的形式，列举差压式流量计的应用实例，说明该型流量计的使用及安装方法。

现代检测技术

随着信息技术的发展，越来越多的传感器智能检测系统、物联网系统开始应用于交通、电力、冶金、化工、建筑等各个领域的自动化设备及自动化生产过程中。而作为信息获取最重要和最基本的技术——传感器技术，也得到了极大的发展。传感器信息获取技术已经从过去的单一化渐渐向集成化、微型化和网络化方向发展，这也促进了现代测量技术手段的发展，测量技术将在网络时代发生革命性变化。

课题一　图像传感器

◆ **教学目标**

- 了解图像检测的基本知识
- 了解固态图形传感器的基本工作原理
- 了解固态图形传感器的主要技术参数

任务提出

人类依靠视觉获取的信息占人类所能获得信息总量的80%以上，作为视觉的延伸，图像检测在工业、农业和日常生活中的作用越来越重要（见图9—1）。数码技术、半导体制造

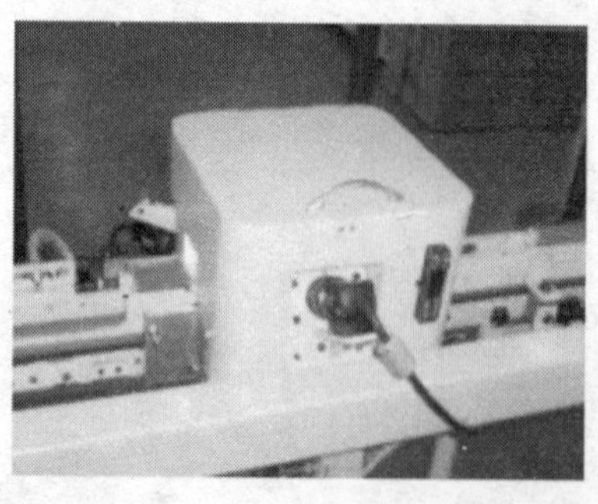

a)

b)

图9—1　图像检测

a）小包装外观质量在线检测　b）数码相机

技术及网络技术的迅猛发展，使得以图像传感器为核心的图像检测技术日新月异，并通过与跨平台的视频、影音、通信技术整合，为人类未来生活勾勒出美好的前景。

如图 9—2 所示为售价 40 元左右的计算机用摄像头，请通过对实物或资料的研究，分析其工作原理和内部基本结构。

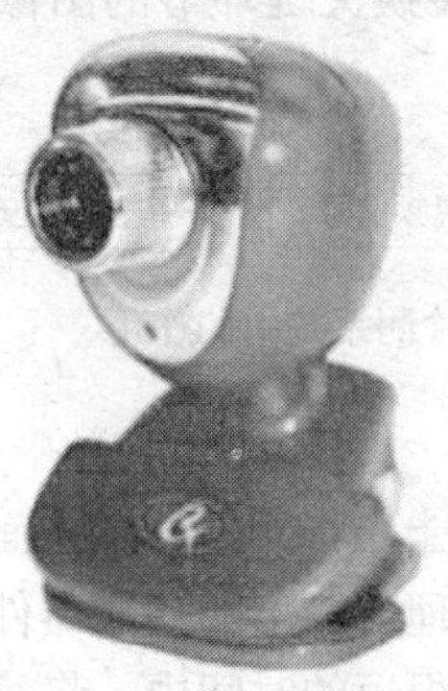

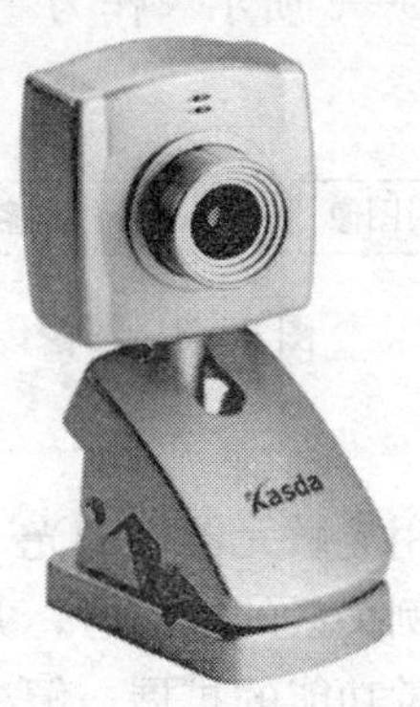

图 9—2　数码摄像头

任务分析

数码相机、摄像机以其高质量的拍摄效果和方便的图像处理功能将人们带入了电子相册时代。每个数码相机、摄像机都是一套完整的图像检测系统，都能够感受外界图像传递过来的光线，利用转换电路将其转化成数字信号，经加工处理后得到清晰的数字图像。其中作为感官的图像传感器起到至关重要的作用。为什么相机、摄像机的价格千差万别，不同价位的相机、摄像机使用何种功能、何种型号的传感器？下面将在介绍图像检测基本概念的基础上，对数码产品中使用的图像传感器作详细阐述。

相关知识

一、图像检测基础知识

1. 光电效应

光电传感器的理论基础是光电效应。用光照射某一物体，可以看作物体受到一连串具有能量的光子的轰击，组成这物体的材料吸收光子能量而发生相应的物理现象称为光电效应。一般说来，金属（铁、铝）、金属氧化物（氧化铁、三氧化二铝）、半导体（硅、锗）的光电效应较强。

光电效应又可以分成内光电效应、外光电效应和光生伏特效应。内光电效应是吸收外部光线中能量后的带电微粒仍在物体内部运动，使得物体的导电性发生较大变化的现象，基于内光电效应的光电元件有光敏电阻、光敏二极管、光敏三极管及光敏晶闸管等，半导体图像传感器就是基于内光电效应；外光电效应则是受外来光线中能量激发的微粒逃逸出物体表面，形成空间中的众多自由粒子的现象，基于外光电效应的光电元件有真空摄像管、图像增强器等元器件；光生伏特效应是指受外来光线作用下，物体内部产生一定方向的电动势的现象，基于光生伏特效应的光电元件有光电池等。

2．图像检测系统组成

图像检测系统是采用图像传感器摄取图像，利用转换电路将其转化为数字信号，再用计算机软硬件对信号进行处理，得到需要的最终图像或通过识别、计算后获取进一步信息的检测系统，其组成如图 9—3 所示。作为“光→电”转换关键环节的图像传感器，在其中扮演着重要角色。

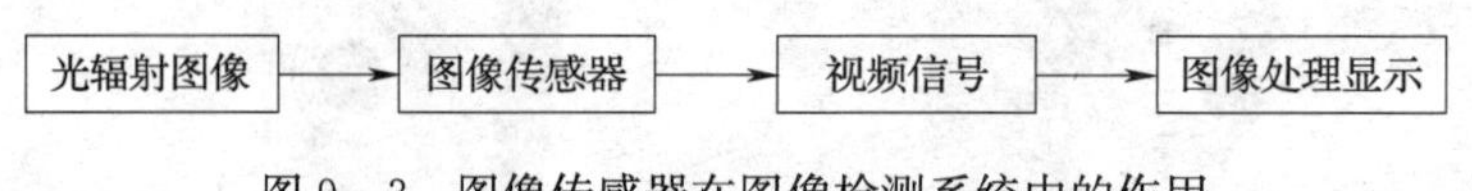

图 9—3　图像传感器在图像检测系统中的作用

3．图像传感器

图像传感器是利用光敏元器件的光一电转换功能，将元器件感光面上感受到的光线图像转换为与之成一定比例关系的电信号，并作相应处理后输出的功能器件，它能够实现图像信息的获取、转换和视觉功能的扩展。解决了如何在很短的时间内，将每一个点上因为光照而产生改变的大量电信号采集并且辨别出来的问题，采用一种高感光度的半导体材料，将光线照射导致的电信号变化转换成数字信号，使得其高效存储、编辑、传输都成为可能。随着图像检测对图像传感器要求的增强和专门化，图像传感器的结构和功能呈现出较大差别。既有结构简单、芯片级的固态图像传感器，也有功能完善、应用级的光纤图像、红外线图像传感器以及机器视觉传感器等。

二、固态图像传感器

固态图像传感器是数码相机、数码摄像机的关键零件，因常用于摄像领域，又被称为摄像管。它在工业测控、字符阅读、图像识别、医疗仪器等方面得到广泛应用。

固态图像传感器要求具有两个基本功能：一是具有把光信号转换为电信号的作用；二是具有对平面图像上的像素进行点阵取样，并将其按时间取出的扫描作用。目前主要分为三类：即电荷耦合式图像传感器（CCD）、CMOS 图像传感器和接触式影像传感器（CIS），前两种类型是市场的主流。

1．CCD 图像传感器

CCD 图像传感器由光电耦合器件构成，于 1969 年在美国贝尔试验室研制成功，发展历程已近 40 多年，以其成熟稳定的技术、清晰的图像在高端数码产品中具有优势。这种传感器可分为线型（Linear）与面型（Area）两种，是由矩阵状的多个光电二极管和 CCD 集成在一起构成的光电传感器，如图 9—4 所示。前者应用于影像扫描器及传真机，后者则主要应用于数码相机、摄录影机、监视摄影机等影像输入产品。

（1）CCD 图像传感器原理

电荷耦合器件是一种在大规模集成电路技术发展的基础上产生的，具有存储、转移并读出信号电荷功能的半导体功能器件。CCD 是 Charge Couple Device 的简写。

CCD 图像传感器是在 P 型半导体基片上制成的，包括光电二极管、CCD 信号控制电路。光电二极管结构感受入射光并将其转换为电信号（电荷），CCD 将该电荷发送到信号检测电

图 9—4　CCD 图像传感器
a）线型图像传感器　b）面型图像传感器

路中，将电荷变换为电压信号。在 CCD 传感器中，每一个感光元件都不对电荷信号作进一步的处理，而是将它直接输出到下一个感光元件的存储单元，结合该元件生成的模拟信号后再输出给第三个感光元件，依次类推，直到结合最后一个感光元件的信号才能形成统一的输出，如图 9—5 所示。

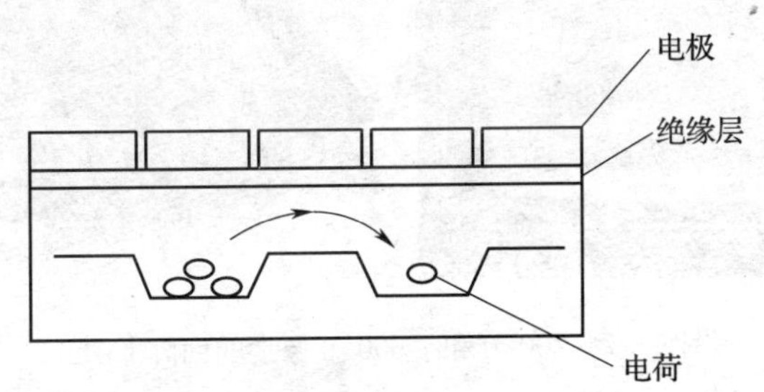

图 9—5　CCD 的电荷传输方法

由于感光元件生成的电信号实在太微弱了，无法直接进行模数转换工作，因此这些输出数据必须做统一的放大处理。在 CCD 传感器中有放大器专门负责此项任务，经放大器处理之后，每个像点的电信号强度都获得同样幅度的增大。由于 CCD 本身无法将模拟信号直接转换为数字信号，还需要一个专门的模/数转换芯片进行处理，最终以二进制数字图像矩阵的形式输出给专门的 DSP 处理芯片。CCD 图像传感器是一种将光电二极管内产生的面系列电荷依次传送并转换成时钟脉冲的器件，其基本组成部分是 MOS 电极和读出移位寄存器。

每个感光元件对应图像传感器中的一个像点，称为像素。一般在半导体硅片上制有几百、上千个相互独立的感光元件，如图 9—6 所示。它们按线阵或面阵有规则地排列。如果照射在这些感光元件上的是一幅明暗起伏的图像，则在这些元件上就会感应出与光照强度相对应的光生电荷，这就是电荷耦合器件光电效应的基本原理。

CCD 图像传感器经过 40 多年的发展，目前已经成熟并实现了商品化。CCD 图像传感器从最初简单的 8 像素移位寄存器发展至今，已具有数百万至上千万像素，如图 9—7 所示。

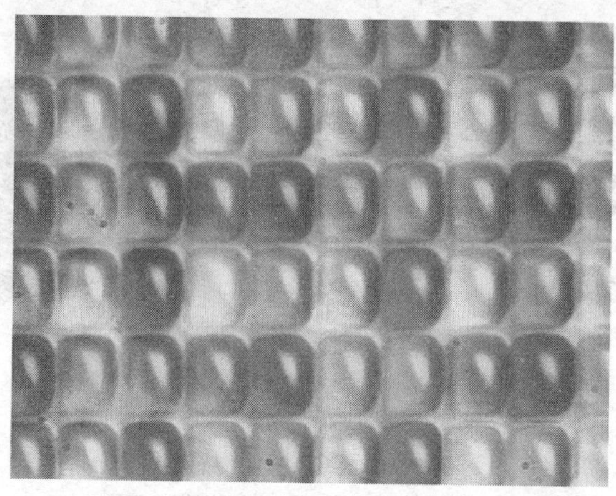

图 9—6　CCD 显微照片（放大 7 000 倍）

图 9—7　200 万和 1 600 万像素的面阵 CCD

按照扫描方式的不同可以将固态图像传感器分为线阵固态图像传感器（一维 CCD）和面阵固态图像传感器（二维 CCD)。前者可以直接将接收到的一维光信号转换为时序的电信号输出，获得一维的图像信号，它对匀速运动物体进行扫描成像非常方便，扫描仪、传真机等均采用这种传感器。面阵固态图像传感器则可以将二维图像直接转变为视频信号输出，它是由若干行线阵 CCD 排列在一起组成，有行转移、帧转移和行间转移方式等多种类型。

(2) CCD 图像传感器的主要技术参数

1）采样频率的选择。根据采样定理，若已知图像的最大空间频率 k（线数/mm)，则采样频率应大于 $2k$。

例如，已知 $k=40$ 线/mm，则采样频率 >80 线/mm，即采样尺寸 $=1/80$ mm $=12.5$ μm (分辨率)。

2）合理选择动态特性，保证转换后图像不失真。

若 CCD 的动态响应截止频率为 f，则所测量的图像光强随时间变化的频率不能大于 $2f$。

2．CMOS 图像传感器

由于 CCD 存在一些技术上无法克服的缺点，且随着 CMOS 工艺和大规模集成电路的发展，CMOS 图像传感器逐渐成为图像显示领域的研究热点。

（1）CMOS 图像传感器原理

CCD 和 CMOS 使用相同的光敏材料，受光后产生电子的原理相同，并且具有相同的灵敏度和光谱特性。但是，CMOS 传感器中每一个感光元件都直接整合了放大器和模数转换逻辑。当感光二极管接收光照，产生模拟的电信号之后，电信号首先被该感光元件中的放大器放大，然后直接转换成对应的数字信号，不通过移位寄存器读出，而是立即被 MOS 电容中的放大器所检测，通过直接寻址方式读出信号。它的主要优势是低成本、低功耗、数字接口简单，通过系统集成可实现小型化和智能化。

CMOS 图像传感器芯片的结构一般由光敏像素阵列、行选通译码器、列选通译码器、定时控制电路、模拟信号处理电路、模/数转换器（ADC）、存储器与读出译码器等构成（见图 9—8）。

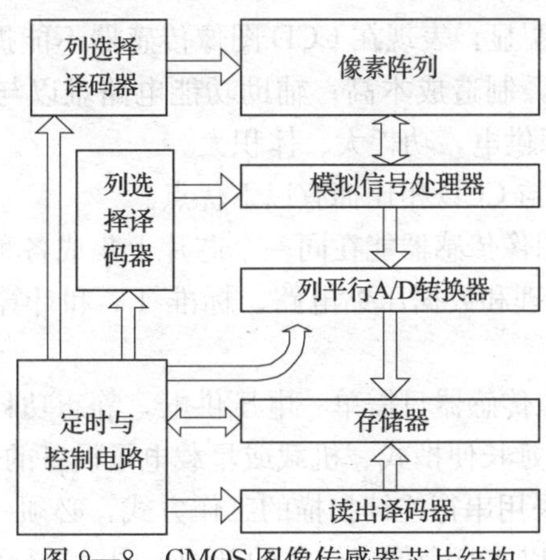

图 9—8　CMOS 图像传感器芯片结构

（2）CMOS 图像传感器的主要技术参数

CMOS 图像传感器的暂态读噪声、固定模式噪声和传感器的 ISO 速度对图像质量有严重影响，因而也影响图像输出显示和打印的效果。

暂态读噪声是与时间无关的信号电平随机波动，它由基本噪声和电路噪声源产生。固定模式噪声（FPN）是指非暂态空间噪声，产生原因包括像素和色彩滤波器之间的不匹配、列放大器的波动、PGA 和 ADC 之间的不匹配等。CMOS 传感器的 ISO 速度是由满足给定的信噪比图像质量所需要的曝光等级值估计得到的。

3. 固态图像传感器的比较

CCD 和 CMOS 使用相同的光敏材料，受光后产生电子的原理相同，具有相同的灵敏度和光谱特性，但是电荷读取的过程不同，如图 9—9 所示。

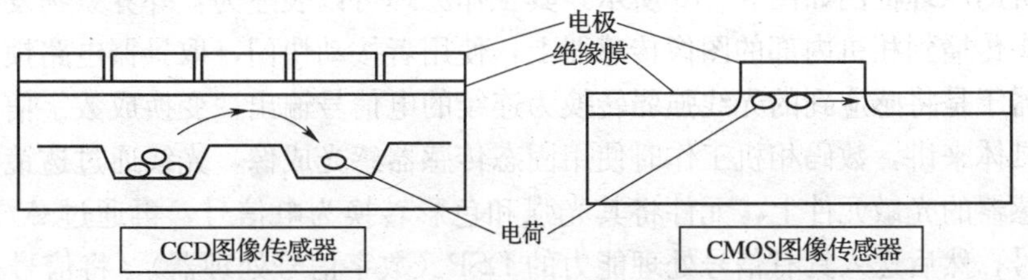

图 9—9　CCD 图像传感器和 CMOS 图像传感器的动作比较

(1) CCD传感器一般被认为具有以下优点。

1) 高分辨率：像素大小为微米（μm）级，可感测及识别精细物体，提高影像品质。

2) 高灵敏度：CCD具有很低的读出噪声和暗电流噪声，信噪比高，从而具有高灵敏度。

3) 动态范围广：同时感知及分辨强光和弱光，提高系统环境的使用范围。

4) 线性良好：入射光源强度和输出信号大小成良好的正比关系，降低了信号补偿处理的成本。

5) 大面积感光：利用半导体技术已可制造大面积的CCD晶片。

6) 低影像失真：使用CCD感测器，其影像处理不会有失真的情形，忠实反映原始图像。

这种传感器的缺点也很明显，表现在CCD图像传感器不能提供随机访问，影响了成像速度；需要复杂的时钟芯片，制造成本高；辅助功能电路难以与CCD集成到一块芯片上，造成CCD大多需要三种电源供电，功耗大、体积大。

(2) CMOS图像传感器与CCD相比拥有以下优点。

1) 系统集成：CMOS图像传感器能在同一个芯片上集成各种信号和图像处理模块，如运放器、A/D转换、彩色处理和数据压缩电路、标准TV和计算机I/O接口等，形成单片数字成像系统。

2) 低功耗：CMOS图像传感器只需单一电压供电，静态功耗几乎为零，其功耗仅相当于CCD功耗的1/8，有利于延长便携式、机载或星载电子设备的使用时间。

3) 成像速度快：CCD采用串行连续扫描的工作方式，必须一次性读出整行或整列的像素值，CMOS图像传感器可以在每个像素扫描的基础上同时进行信号放大。

4) 响应范围宽：CMOS图像传感芯片除了可见光外，对红外等非可见光波也有反应。在890～980 nm范围内其灵敏度比CCD图像传感芯片的灵敏度要高出许多，并随波长增加而衰减的梯度也慢一些。对1～3 μm都敏感的CMOS图像传感芯片，可广泛用于各种夜间监控系统。

5) 抗辐射性强：由于CCD的像素由MOS电容构成，电荷激发的量子效应易受辐射线的影响，而CMOS图像传感器的像素由光电二极管或光栅构成，抗辐射能力比CCD强十多倍。

6) 成本低：CMOS制造成本低，结构简单，成品率高。

任务实施

数码相机的原理框图如图9—10所示，其工作原理可以表述为：外界景物发射或反射的光线通过镜头传播到相机内部的图像传感器上，使用者按动快门，取景器电路锁定信号，彩色图像传感器于是将感应到的光线强弱转换为连续的电信号输出，变换成数字信号后存储到存储卡中。具体来讲，数码相机工作时使用固态传感器感光成像，光线通过透镜系统和滤色器投射到传感器的光敏元件上，元件将其光强和色彩转换为电信号，再通过A/D转换器转换为数字信号，然后送入具有信号处理能力的DSP（数字信号处理器），将信号进一步送给离散余弦变换部件DCT进行JPEG压缩，然后通过接口电路记录到存储器（存储卡）中。

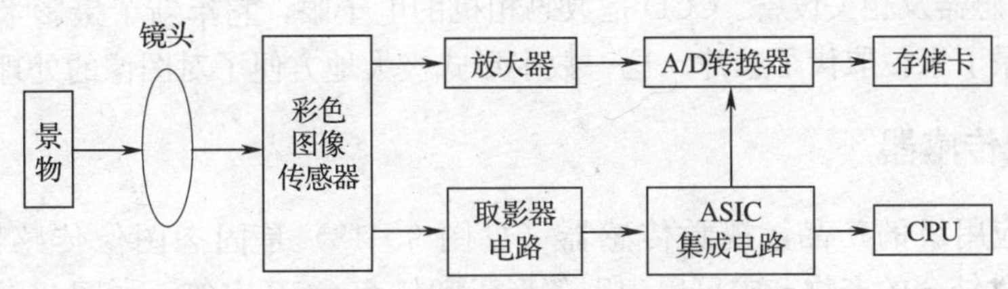

图 9—10　数码相机基本结构框图

拆开图 9—2 所示摄像头底座即可看到摄像头内部结构，如图 9—11 所示。轻轻拔掉插座，摄像头的线路板清晰可辨，它的视频芯片是三洋（SANYO）的 LC99052。该摄像头的线路板分为上下两部分，仅靠两排插针连接，轻轻地将这两块线路板分离，可见到上部分线路板的正反两面。该线路板由四层组成，摄像头的视频编码全都在此线路板上。下部分线路板的镜头下面即是 CCD 图像传感器。CCD 图像传感器的下部分线路板有正反两面。图中左半部分标出的器件即是 CCD 图像传感器，它的大小为 1/2 in，像素为 320×240。右边线路板上的器件为 CCD 图像传感器的解读器件，它将解读后的信号通过两排插针传给上部分线路板进行视频编码，再通过视频接口传输出去。

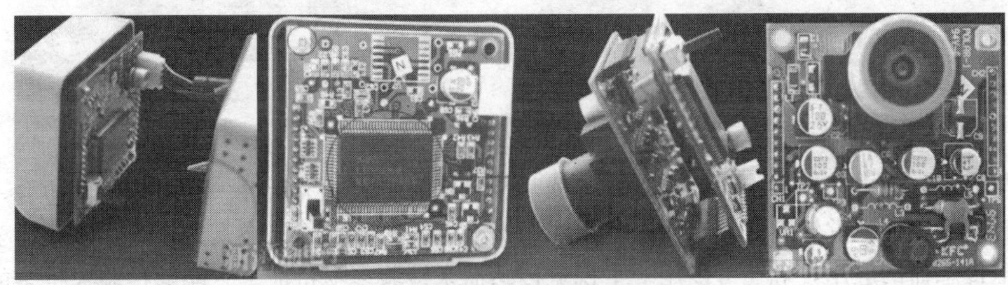

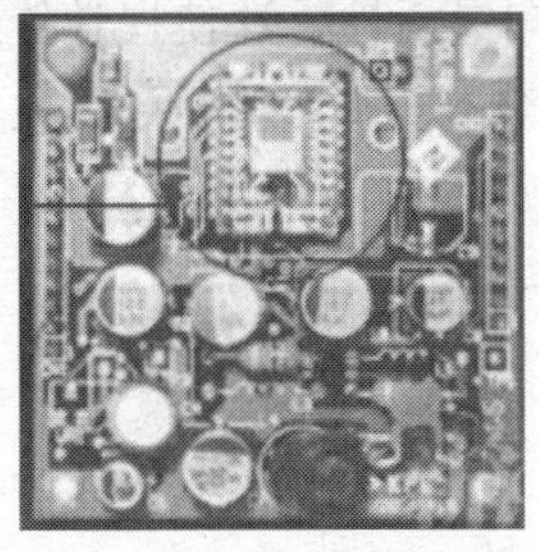

图 9—11　摄像头内部结构

数码相机中使用的图像芯片要求分辨率高、功耗低、尺寸小、寿命长，不易损坏。目前市场上仍有很多厂家选择 CCD 芯片生产数码相机，但由于 CMOS 易于实现单片集成、视频速率下读出噪声小，静态功耗低，高性能的 CMOS 图像传感器正逐步取代 CCD 图像芯片。

知识链接

图像传感器除了大规模应用于数码相机外，还广泛应用于摄像机、扫描仪以及工业领域等。此外，在医学中为诊断疾病或进行显微手术等而对人体内部进行的拍摄中，也大量应用了 CCD 图像传感器及相关设备。CCD 是数码相机的电子眼，它革新了摄影术，现在光可以被电子化地记录下来，取代了胶片。这一数字形式极大地方便了对图像的处理和发送。

一、视觉传感器

作为一种应用级的产品，视觉传感器（见图 9—12）是固态图像传感器成像技术和 Framework 软件结合的产物，它可以识别条形码和任意 OCR 字符，如图 9—13 所示。作为一个独立的视觉系统，它不需要任何计算机或分离型处理器，可选配集成光源和独立的镜头结构，便于安装在狭小的空间，而且能够覆盖大范围的检测。因为具有 35 万～130 万像素的高分辨率，无论距离远近，传感器都能“看到”细腻的目标图像。捕获图像后，视觉传感器能将其与内存中存储的基准图像比较并做出分析判断。

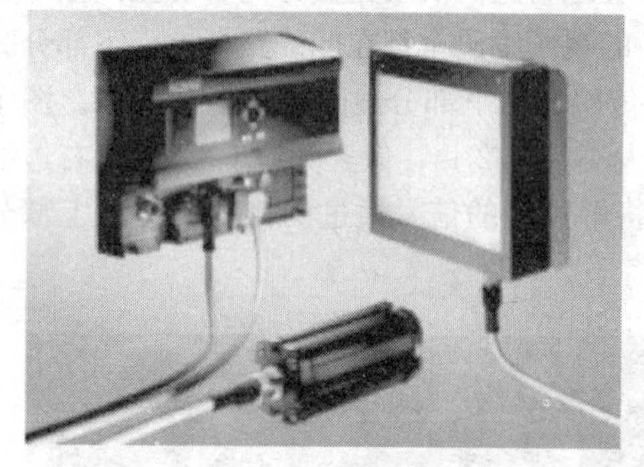

图 9—12　视觉传感器

图 9—13　线阵 CCD 用于字符识别

与传统的光电传感器相比，视觉传感器赋予设计者更大的灵活性。光电传感器包含一个光传感元件，而视觉传感器具有从一整幅图像捕获光线的数以千计像素的能力。以往需要多个光电传感器的应用，现在可以用一个视觉传感器来检验多项特征。它能够检验大得多的面积，并实现了更佳的目标位置和方向灵活性。这使视觉传感器在某些只有依靠光电传感器才能解决的应用中受到广泛欢迎。如图 9—14 为烟草包装生产线，它的自动化程度很高，机器包装好的烟盒以每 500 盒/min 的速度经传送带输出。

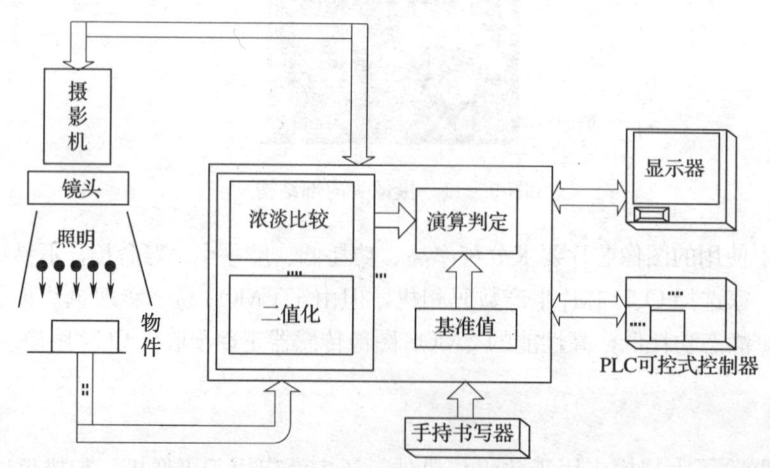

图 9—14　视觉传感器在烟草包装线上的应用

该参测系统中选用了欧姆龙公司的 F150 视觉传感器。主要性能指标是，像素为 512×480，可以记录 16 个不同物件的标准画面，存储 23 个画面不合格物件图像，即可以确定 23 种不合格的情况，便于在生产中做出比较和回馈。数据及图像的存储通过 RS232 接口与 PC 机相连。摄影机部分为 1/3 in CCD 个体摄像元件，带智能照明，脉冲发光（即频闪），电子快门有 1/100 s，1/500 s，1/2 000 s，1/10 000 s 的多种选择。检测范围为 50 mm×50 mm，设定距离 16.5～26.5 mm。在生产线上，如果用视觉传感器取代人工筛选包装进行在线检测，不仅可以减轻工人劳动强度，而且能减少次品，大大提高生产效率。

二、计算机视觉检测（AVI）

计算机视觉检测技术是建立在计算机视觉研究基础上的一门新兴检测技术，如图 9—15 所示。它利用计算机视觉研究成果，采用图像传感器来实现对被测物体的尺寸及空间位置的三维测量，所得数据通过计算机对标准和故障图像进行比对或直接从图像中提取信息，并根据判别结果控制设备动作。这种方式常作为计算机辅助质量（CAQ）系统的信息来源，或者和其他控制系统集成，能较好地满足现代制造业的发展需求。这种基于视觉传感器的智能检测系统具有抗干扰能力强，效率高，组成简单等优点，非常适合生产现场的在线、非接触检测及监控。

目前这种检测技术的应用领域主要是质量检测、医学辅助诊断、机器人的手眼系统、精确制导、三维形状分析与识别等。与一般图像检测相比，计算机视觉检测技术更强调精度和速度，以及工业现场环境下的可靠性。利用计算机视觉技术来检测产品的质量，能够代替人眼在高速、大批量、连续自动化生产流水线上进行在线检测，具有测量过程非接触，迅速方便，可视化，自动识别，结果量化，定位准确，自动化程度高等特点，典型应用如邮政自动分拣系统。

机器人视觉一般指与机器人配合使用的工业视觉系统，结构如图 9—16 所示。把视觉系统引入机器人以后，可以极大地提高机器人的性能，帮助机器人在完成指定任务的过程中，具有更大的适应性。机器人视觉除要求价格经济外，还具有对目标有好的辨别能力、实时

图 9—15　计算机视觉检测系统

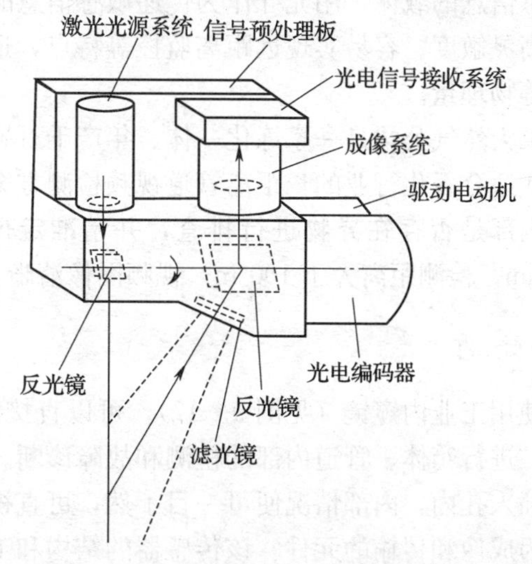

图 9—16　机器人视觉检测结构

性、可靠性等方面的要求。视觉传感器是视觉系统的核心，既要容纳进行轮廓测量的各种光学、机械、电子、敏感器等各方面的元器件，又要体积小、重量轻。视觉传感器通常包括激光器、扫描电动机及扫描机构、角度传感器、线性图像传感器及其驱动板和各种光学组件。可以看出：机器人视觉传感器是图像传感器和机电、光学设备的综合部件。

机器人视觉传感器是非接触型的，它是电视摄像机等技术的综合，是机器人众多传感器中最稳定的传感器。

思考与练习

1. 什么是光电效应？它是如何分类的？为什么说光电效应是图像检测的基础？
2. 常用固态图像传感器的类型有哪些？其特点是什么？
3. 对于常用的 30 万像素的拍照手机，30 万像素的含义是什么？

课题二　光纤传感器

◆ **教学目标**

- 了解光纤传感器的基本原理
- 了解光纤传感器的分类
- 掌握光纤传感器的应用

任务提出

光纤传感器是 20 世纪 70 年代中期发展起来的一种基于光导纤维的新型传感器。它是光纤和光通信技术迅速发展的产物，与以电为基础的传感器有着本质区别。光纤传感器用光作为敏感信息的载体，用光纤作为传递敏感信息的媒介，具有电绝缘性能好、抗电磁干扰能力强、高灵敏度、容易实现远距离监控等特点，适于测量位移、速度、加速度、液位、应变、压力等物理量。

某天然气公司是一家炼化一体、年产千万吨的大型综合企业，为保证成品正常输送，需要寻找适合石化行业的长距离管道视频检测方案，用以对管线内部的焊接质量进行监察，对管道内部是否存在异物进行排查，并精准定位以便割口取出。要求监测管道直径 100～800 mm，检测距离大于 100 m，视频图像清晰，且可以精准定位。

任务分析

使用工业内窥镜（见图 9—17），可以直接观察到设备内部的肉眼不易直接观察的隐蔽地方，进行箱体、管道内部的检测和故障诊断。既不需设备解体，也不需另外照明，只要将窥头插入孔内，内部情况便可一目了然，可直视，也可侧视。这种工业内窥镜采用何种传感器作为成像和传输的元件？该传感器的结构和工作原理是什么？以上问题就是本课题研究的中心内容。

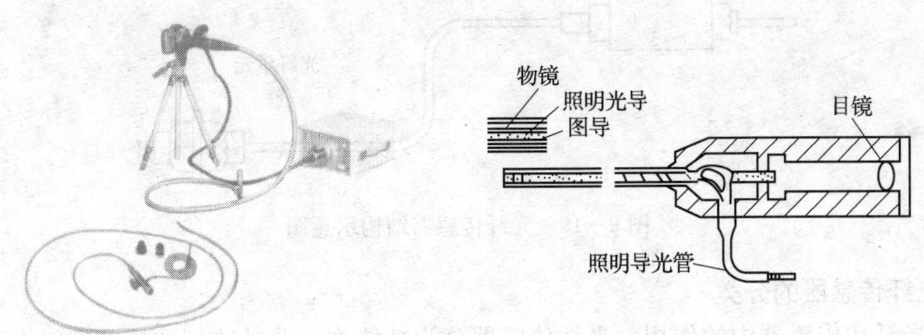

图 9—17 工业内窥镜的外形与结构

相关知识

一、光纤传递的基本知识

光纤是光导纤维的简写，是一种利用光在玻璃或塑料制成的纤维中的全反射原理而制成的光传导工具。光纤结构如图 9—18 所示。光纤呈圆柱形，它由玻璃纤维芯（纤芯）和玻璃包皮（包层）两个同心圆柱的双层结构组成。纤芯位于光纤的中心部位，光主要在此传输。包层材料一般为 SiO_2，可以是单层结构，也可以是多层结构，取决于光纤的应用场所，但总直径控制在 100～200 μm 范围内。双层结构间形成良好的光学界面。

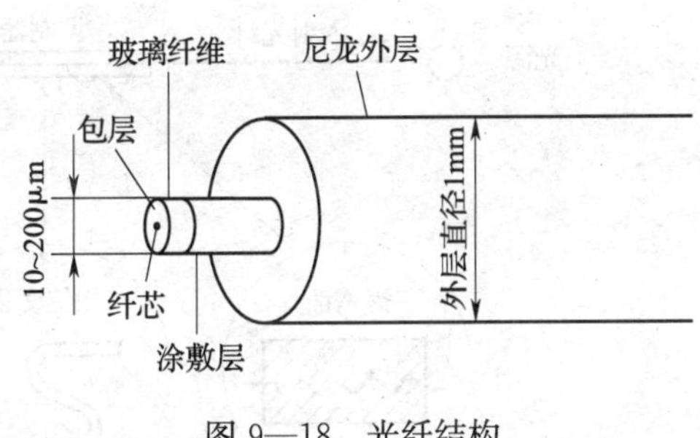

图 9—18 光纤结构

对于多模光纤，可以用几何光学的方法分析光波的传播现象。此时，光线是在两层结构之间的界面上靠全反射进行传播。由于光线基本上全部在纤芯区进行传播，没有跑到包层中去，所以可以大大降低光纤的衰耗。由于光在光导纤维的传导损耗比电在电线传导的损耗低得多，现在长距离的信息传输多使用光缆取代传统的电缆。光缆由多根光纤组成，光纤间填入阻水油膏以保证传光性能，主要用于光纤通信。

二、光纤传感器工作原理及分类

1. 光纤传感器结构

光纤传感器是一种把不易测量的某种物理量转变为可测的光信号的装置，其结构示意图如图 9—19 所示。它由光发送器、敏感元件（光纤或非光纤的）、光接收器、信号处理系统以及光纤构成，由光发送器发出的光经源光纤引导至敏感元件。这时，光的某一性质受到被测量的调制，经接收光纤耦合到光接收器，将光信号变为电信号后，经信号处理得到期望的被测量。与以电为基础的传统传感器相比，光纤传感器在测量原理上有本质的差别。它是以光学测量为基础，其前端感光元件大多仍是使用前文所述的固态图像传感器。

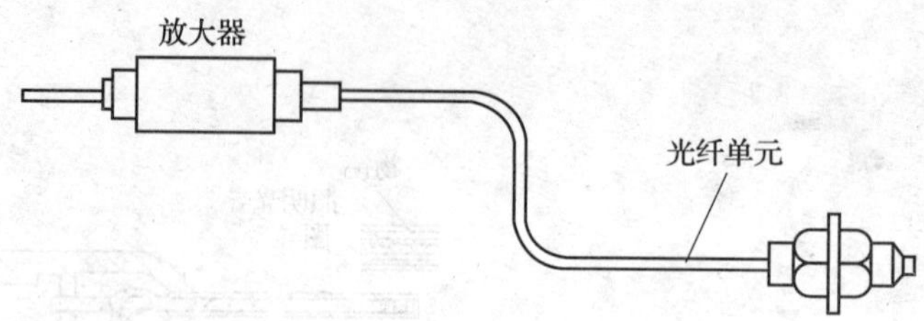

图 9—19　光纤传感器结构示意图

2. 光纤传感器的分类

根据光纤在传感器中的作用，光纤传感器分为功能型、非功能型和拾光型三大类。

(1) 功能型（全光纤型）光纤传感器

如图 9—20 所示。它是将对外界信息具有敏感能力和检测能力的光纤（或特殊光纤）作传感元件，将“传”和“感”合为一体的传感器。光纤不仅起传光作用，而且还利用光纤在外界因素（弯曲、相变）的作用下，其光学特性的变化来实现“传”和“感”的功能。因此，传感器中的光纤是连续的，增加其长度可提高灵敏度。

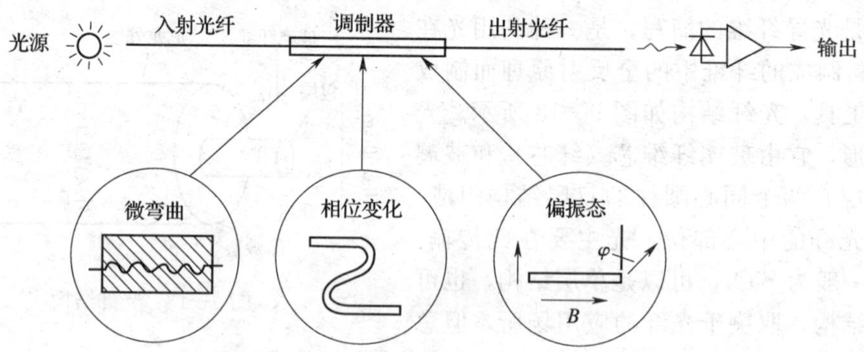

图 9—20　功能型光纤传感器

(2) 非功能型（传光型）光纤传感器

如图 9—21 所示。光纤仅起导光作用，只“传”不“感”，对外界信息的“感觉”功能依靠其他物理性质的功能元件完成，光纤不连续。此类光纤传感器无需特殊光纤及其他特殊技术，比较容易实现，成本低；但灵敏度也较低，用于对灵敏度要求不太高的场合。

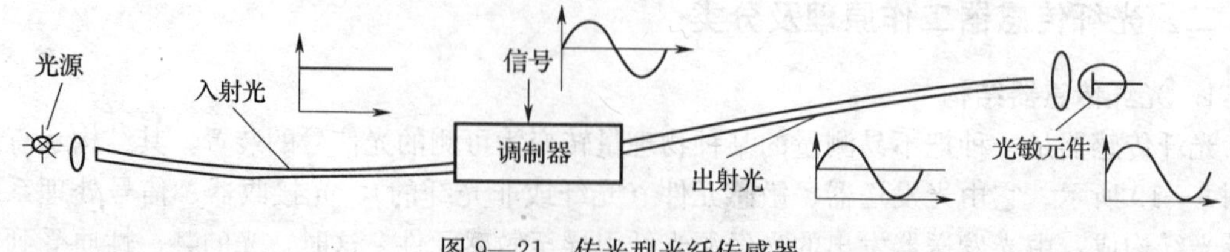

图 9—21　传光型光纤传感器

(3) 拾光型光纤传感器

用光纤作为探头，接收由被测对象辐射的光或被其反射、散射的光。其典型例子如光纤激光多普勒速度计、辐射式光纤温度传感器等。

根据光受被测对象的调制形式，光纤图像传感器又可分为强度调制型、偏振调制、频率调制、相位调制等几种类型。

三、光纤传感器的应用

光纤传感器是一种新型传感器，它用光信号传感和传递被测量，具有动态范围大，频响宽等优点。由于光纤可被拉至距测量点几十米以外，能使信号处理的电子线路远离干扰源，减少其受到的空间电磁干扰。光纤传感器均为可控有源传感器，这使得在硬件和软件设计中可采用一些特殊手段来完成某些较复杂的功能。光纤传感器具有其他光纤传感器无法比拟的优点，目前已广泛应用于医疗、机械、机电一体化、化工、电器、能源、环保、生物等领域。

1．光纤位移传感器

光纤位移传感器是一种传输型光纤传感器，其原理如图 9—22 所示。光纤采用 Y 型结构，两束光纤一端合并在一起组成光纤探头，另一端分为两支，分别作为光源光纤和接收光纤。光从光源耦合到光源光纤，通过光纤传输，射向反射片，再被反射到接收光纤，最后由光电转换器接收。转换器接收到的光源与反射体表面性质、反射体到光纤探头的距离有关。当反射表面位置确定后，接收到的反射光光强随光纤探头到反射距离的变化而变化。显然，当光纤探头紧贴反射片时，接收器接收到的光强为零。随着光纤探头离反射面距离的增加，接收到的光强逐渐增加，到达最大值点后又随两者的距离增加而减小。如图 9—23 所示的是反射式光纤位移传感器的输出特性曲线，利用这条特性曲线可以通过对光强的检测得到位移量。反射式光纤位移传感器是一种非接触式测量，具有探头小，响应速度快，测量线性化（在小位移范围内）等优点，可在小位移范围内进行高速位移检测。

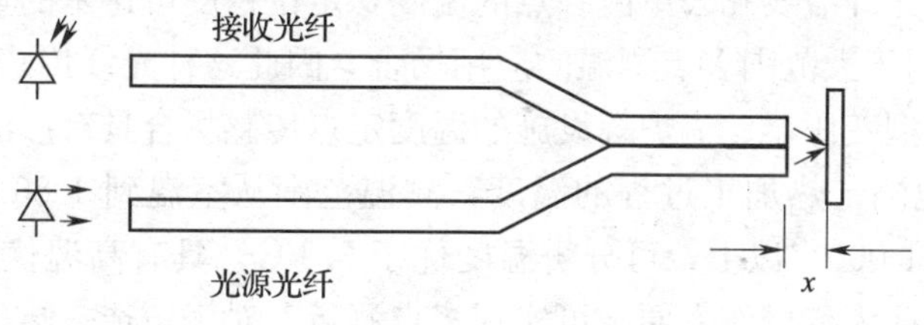

图 9—22　光纤位移传感器原理

2．光纤温度传感器

光纤温度传感器采用的是半导体吸收式光纤温度传感技术，该传感器使用半导体材料砷化镓（GaAs）作为温度敏感元件。在实际工程中，当要检测的点温度发生变化，材料反射波长就会随之改变，通过检测波长的变化就可以计算出该点的温度变化，进而可以对被检测物体的安全状况做出判断。

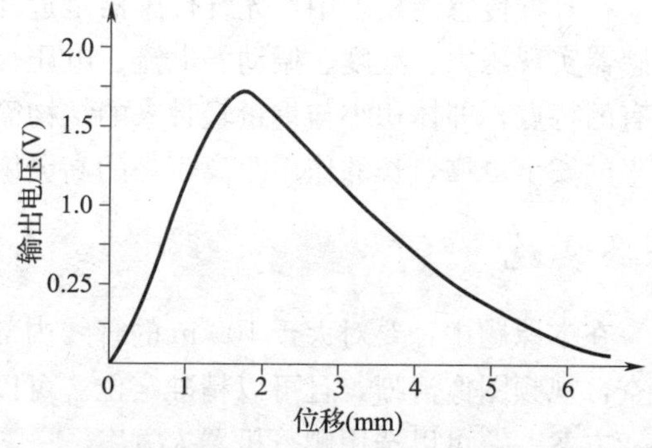

图 9—23　光纤位移传感器的输出特性

图 9—24 为光纤温度传感器的装置简图。将一根切断的光导纤维装在细钢管内，光纤

两端面间夹有一块半导体感温薄片（如 GaAs），这种半导体感温薄片透射光强随被测温度而变化。因此，当光纤一端输入一恒定光强的光时，由于半导体感温薄片透射能力随温度变化，光纤另一端接收元件所接收的光强也随被测温度而改变。于是通过测量光探测器输出的电量，便能遥测到处的温度，如图 9—25 所示。

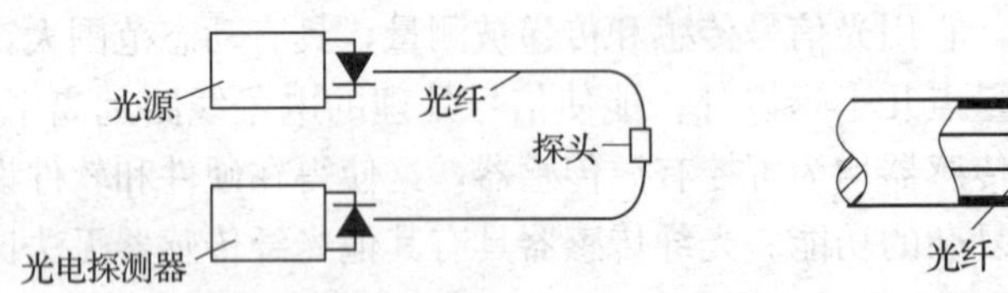

图 9—24　光纤温度传感器装置简图　　图 9—25　光纤温度传感器感温探头

探头中，半导体材料的透过率与温度的特性曲线如图 9—26 所示，当温度升高时，其透过率曲线向长波长方向移动。显然，半导体材料的吸收率与其禁带宽度 E_g 有关，禁带宽度又随温度而变化，多数半导体材料的禁带宽度 E_g 随温度 T 的升高几乎线性地减小，对应于半导体的透过率特性曲线边沿的波长 λ_g 随温度升高向长波方向位移。当一个辐射光谱与和 λ_g 相一致的光源发出的光通过此半导体时，其透射光的强度随温度 T 的升高而减少。

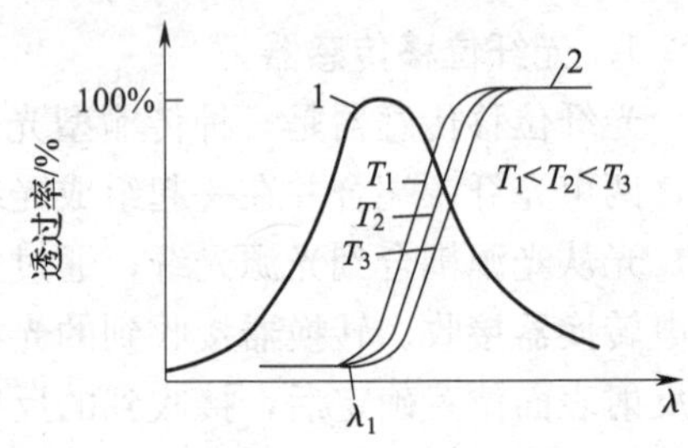

图 9—26　半导体的光透过率特性曲线

光纤温度传感系统便是这样一种用于实时测量空间温度场分布的高新技术产品，它不仅具有普通光纤传感器的优点，还具有对光纤沿线各点的温度的分布式传感能力。利用这种特点可以连续实时测量光纤沿线几公里内各点的温度，定位精度可达米的量级，测温精度可达 1℃的水平，非常适用于大范围多点测温的应用场合。因此这种光纤传感器在高压电力电缆、大型发电机定子、大型变压器、锅炉等设施的温度定点传感场合具有广泛的应用。光纤高温传感器可以大范围地测定热加工过程的温度，测温范围从室温到 1 800℃。在 800℃以上，灵敏度优于 1℃，在 1 000℃以上，可分辨温度优于 0.1℃，具有高温优越性。而且响应快、抗电磁干扰、工作温区大、操作方便、可实现多点测量。对于铸造、热处理的工艺和质量控制具有积极的意义。

在各种传感器技术中，光纤传感器是近几年得到迅速发展的技术，目前已经能够用光纤传感器实现压力、温度、振动、电流、电压、磁场等物理量的检测，这些应用都归功于光纤固有的特点，即体积小与重量轻带来的结构简单、使用方便。耐高压、耐高温和抗电磁干扰带来的安全可靠，长的作用距离带来的高灵敏度。

任务实施

在本课题中，要对大于 100 m 的管线内部情况进行监测，对管道内部是否存在异物进行排查，视频图像清晰，且可以精准定位。可以选择以下两种方案。

方案一：可以选用爬行机器人方案。

爬行机器人可以自主爬行，省时省力。爬行机器人的图像传感器可以将所到之处的管道内全部情况传回到监视器上，图像清晰，定位准确。但爬行机器人仅适用于水平管道，对于弯曲起伏的管道，爬行机器人极易发生倾翻事故。此外，爬行机器人比较笨重，携带不方便。

方案二：可以选用光纤工业内窥镜方案。

经过相关知识的学习，工业内窥镜一般可选用光纤图像传感器作为敏感元件。这种传感器利用光敏元件作为光电转换器件，用光纤作为传输介质，实现将不便观察的远方图像传递到观测点的目的。

现在，国内生产的工业内窥镜大体有三种：

(1) 光导纤维内窥镜。它是通过目镜来观察发动机内部情况的，维修工用眼睛目视观察，工作易疲劳。

(2) 光导纤维内窥镜＋专用接口＋数码照相机。它能直接在数码照相机的显示屏上看发动机内部的状况，并能拍下当时的观察结果，而且其价格也非常合理。

(3) 视频电子内窥镜。它采用数字式彩色 CCD 成像器件，具有图像清晰、性能稳定、操作方便、适用范围广等特点。但是价格偏高，一般用于汽车和飞机制造等。

本课题推荐使用第二种内窥镜，可以在 25～800 mm 的管线进行内部视频检测，采用 120 m 超长超硬检测线，不仅可以在水平方向检测，还可以在垂直方向将检测镜头送到理想的位置。主机可以配备适合高空作业的 5.6 m 便携式主机和可实时显示检测距离的大屏幕工业手提箱式主机，图像成像效果极佳，便于发现管道内部缺陷或管道异物时精准定位。

思考与练习

1. 简述光纤的结构和用途。
2. 简述光纤传感器的结构和工作原理。
3. 简述三种光纤传感器的区别。工业内窥镜应采用何种结构的光纤传感器？

课题三　智能传感器

◆ **教学目标**

¤ 了解智能传感器的基本原理

¤ 了解智能传感器的主要功能

¤ 了解智能传感器的适用场合

任务提出

自动化领域所取得的一项最大进展就是智能传感器的发展与广泛使用。一个良好的智能传感器是由微处理器驱动的传感器与仪表套装，且应具有通信与板载诊断等功能，为监控系统和/或操作员提供相关信息，以提高工作效率及减少维护成本。智能传感器的功能是通过模拟人的感官和大脑的协调动作，结合长期以来测试技术的研究和实际经验进行工作，是一个相对独立的智能单元。

图 9—27 所示的远程轮胎压力监测智能传感器，主要用于汽车行驶过程中实时监测轮胎气压，并对轮胎漏气和低气压进行报警，预防爆胎，以保障行车安全。轮胎压力监测系统的核心就是用智能压力传感器，本课题的任务就是结合轮胎压力监视系统分析轮胎压力监测的智能检测方法。

图 9—27　远程轮胎压力监测传感器

任务分析

据调查统计表明，每年有 26 万起交通事故是由于轮胎故障引起的，而 75％的轮胎故障是由轮胎气压不足或渗漏造成的，爆胎造成的经济损失巨大。因此，多数新型汽车都要安装轮胎压力监视系统。什么是智能传感器？智能传感器如何来实现自动监测？智能传感器有哪些功能？本课题的任务就是学习智能传感器。

相关知识

一、智能传感器

所谓智能传感器就是一种带有微处理机的，兼有信息检测、信息处理、信息记忆、逻辑思维与判断功能，并具备了某些人工智能的传感器。它是机械系统及结构、电子产品和信息技术完美结合，与传统的功能单一、体积大、功耗高的传感器相比，技术性能有了本质性的提高，并已得到广泛的应用。应注意的是，智能传感器必须具备通信功能。不具备通信功能就不能称之为智能传感器。

智能传感器主要由四部分构成：电源、敏感元件、信号处理单元和通信接口，其原理框图如图 9—28 所示。敏感元件将被测物理量转换为电信号，通过放大、A/D 转换，变成数字信号后，再经过微处理器进行数据处理（校准、补偿、滤波），最后通过通信接口，与网络数据进行交换，完成测量与控制功能。

美国通用公司于 2004 年开始批量生产的智能传感器 NPXII 是一种比较先进的远程轮胎压力监测传感器，其外形如图 9—29 所示。NPXII 传感器集成了一个硅压力传感器、加速度传感器、温度传感器、电压传感器和低功耗 8 位微处理器，以及一个低频触发输入级，以灵活满足客户的特殊解决方案和降低成本的需要。其内部各元件的功能详见表 9—1。

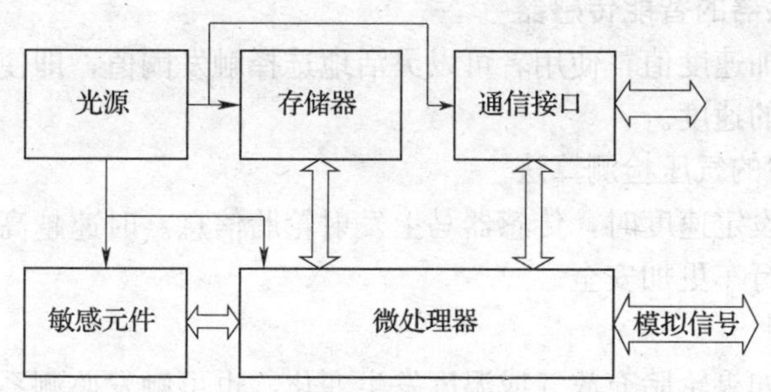

图 9—28　智能传感器原理框图

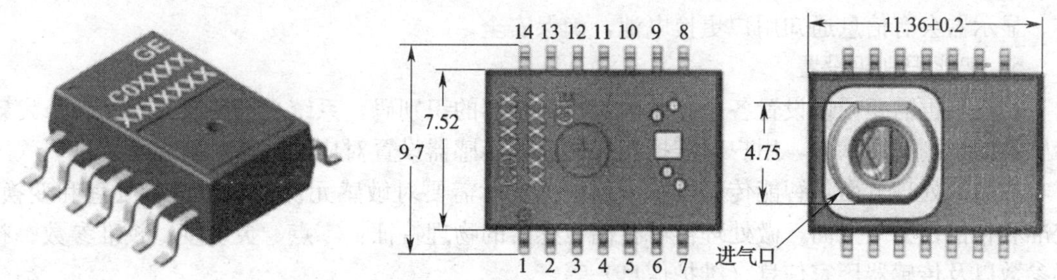

图 9—29　NPXII 智能传感器

表 9—1　　智能传感器 NPXII 内部元件功能分配表

内部元件	功　能
电源	提供所有电路需要的电能
压力传感器	用于监测轮胎内部压力
温度传感器	用于监测轮胎内部温度
加速度传感器	用于车辆移动检测，提供触发模块工作信号
微处理器	用于管理所有外围设备，进行压力、温度、加速度和电池电压的测量、补偿、校准等工作，以及 RF 发射控制和电源管理
RF 射频发射电路	将检测的压力、温度、加速度和电池电压等数据信息，用 RF 射频信号发射出去
LF（低频）天线	接收中央监视器发来的 LF 开关信号，并可实现与中央监视器的双向通信功能

轮胎压力监测传感器是安装在汽车的四个轮胎中的高灵敏的智能传感器，在汽车行驶状态下实时、动态地监测轮胎温度和压力，然后将数据通过无线数字信号发射到主机（接收器）进行处理，并在主机液晶显示屏上以数字加图案的形式同时显示出四个轮胎中的温度和气压值，驾驶者可以直观地了解各个轮胎的温度气压状况。当出现轮胎气压过低、过高、漏气或温度过高等异常情况时，系统都能够自动报警，从而使驾驶员及时发现问题，避免轮胎非正常损伤，有效预防爆胎，保障行车安全。

智能传感器 NPXII 体现了传统压力传感器与微处理器数字电路的完美结合，具有适合轮胎监测应用的独特优势：

1. 带加速度传感器的智能传感器

能够输出连续的加速度值，使用者可以灵活地选择触发阈值，即使用者可以任意设定启动监测轮胎压力系统的速度。

2. 更加安全智慧的气压检测算法

当车辆时速超过设定速度时，传感器马上发射轮胎信息。时速越高，检测次数也会随之增加，高度智能，使行车更加安全。

3. 静态智能检测

当车辆静止时，如果轮胎充放气或温度发生变化，也可触发监测系统，监测轮胎压力。

4. 发射传感器电池容量监测

对发射传感器电池容量直接进行监测，如电池容量消耗到不能支持发射传感器的正常工作，显示器会有信息通知用户更换电池，确保安全。

5. 智能识别码设置

用户不再需要慢慢设置各个轮胎的发射传感器的识别码，系统自动接收并显示各个发射传感器的识别码和状态，用户只需把相应的发射传感器设置对应的轮胎位置即可。

在数据处理方面，智能传感器一方面根据实际需要对敏感元件的输出进行处理和变换，校准和补偿；另一方面，微处理器可存储传感器的物理特征：零点、灵敏度、校准参数、补偿参数以及传感器厂家信息（维护信息）等。

例如，传感器的线性度会直接影响传感器的精度，通过对采样数据进行处理可以消除非线性，一般可采用查表法和插值法。查表法是将采样数据与被测物理量的对应关系编制成表格，存放在存储器内，对应每一个输入，可查表相应得到一个输出。插值法是将所得数据曲线分段线性化，在分段区间内，得到相应数据与被测物理量的对应关系。这样可以大大节约存储器空间。

智能传感器NPXII中固化了压力传感器的测量、补偿和校准程序。每一个芯片在生产时，由工厂在不同温度点（25℃和75℃）、不同压力点（满量程的0%、50%、100%）和不同电池电压点（2.3 V、3.1 V）采集12组数据，经校准公式计算，将补偿和校准参数保存在存储器中。在测量时，由固化的压力补偿校准程序自动地对测量的数据进行计算，获得一个准确的测量值。在生产过程中，每一个传感器还将在25℃和125℃下进行验证测试，以保证可靠性。

二、智能传感器的功能

智能传感器与传统的传感器相比，最突出的特征是数字化、智能化、阵列化、微小型化和微系统化。它应具有以下功能：

1. 复合敏感功能

智能传感器具有复合功能，能够同时测量多种物理量和化学量，给出能够较全面反映物质运动规律的信息。如美国加利弗尼亚大学研制的复合液体传感器，可同时测量介质的温度、流速、压力和密度。美国EG&GIC Sensors公司研制的复合力学传感器，可同时测量物体某一点的三维振动加速度、速度、位移等。

2. 自动补偿，自动适应的功能

智能传感器模块利用A/D转换值的缓变可以实现报警点基准值的自动跟踪，从而实现自动补偿和自动适应。智能传感器具有一定的仿生能力，如模糊逻辑运算，能够主动鉴别环境、自动调整、自动补偿，以适应环境，能够自诊断、自维护。

3．数据计算和实时监控功能

智能传感器能够迅速计算处理、传输采集的数据信号，实现实时监控功能。这种设备的主要应用就是在无人控制的环境中进行数据（如自然储备、地震地质结构数据）采集。对于比较恶劣的环境和人不宜到达的场所非常适用，如荒岛上的环境和生态监控，原始森林的防火和动物活动情况监测，污染区域以及地震和火灾等突发灾难现场的监控。

4．信息存储和传输功能

随着全智能集散控制系统的飞速发展，要求智能单元具备通信功能，利用通信网络以数字形式进行双向通信，这也是智能传感器的关键标志之一。智能传感器通过测试数据传输或接收指令来实现各项功能，如增益的设置、补偿参数的设置、内检参数设置、测试数据输出等。

5．故障诊断与容错控制功能

传统控制技术难以在故障情况下对复杂控制系统实现有效控制，集成智能传感器的容错控制方案可以保证在传感器故障情况下，系统仍能稳定可靠地运行，增强了系统的可靠性，避免了事故的发生。

以现场总线技术为基础，以微处理器为核心，以数字化通信为传输方式的现场总线智能传感器，与一般智能传感器相比具有以下特点：共用一条总线传递信息，具有多种计算、数据处理及控制功能；采用统一的网络化协议，实现传感器与执行器之间的信息交换；系统可对之进行校验、组态、测试，从而改善系统的可靠性；接口标准化，具有即插即用特性。现场总线技术取代 4～20 mA 模拟信号传输，实现传输信号的数字化，增强信号的抗干扰能力。智能传感器与仪表联合应用，可将测量、报警、保护、控制集于一身，简化系统结构，降低系统的复杂性，提高系统的可靠性和稳定性。

三、智能传感器的适用场所

智能传感器可应用于各种领域、各种环境的自动化测试和控制系统，使用方便灵活、测试精度高，优于任何传统的数字化、自动化测控设备。特别是以下场所：

1．在分布式多点测试、集中控制采集、测试现场远离集中控制中心的场合。如果采用传统的传感器，易出现技术复杂、设备成本高、数据传输易受干扰、测量精度低、系统误差大等问题。而智能传感器便能解决上述问题，它将计算机与自动化测控技术相结合，直接将物理量变换为数字信号并传送到计算机进行数据处理。

2．安装现场受空间条件限制的场所，如埋入大型电动机的绕线内部，通风道内部，电子组合件内部等。如果采用传统的传感器，需要定期校验、检测，但是由于空间的限制很难完成，而智能传感器具有自检测、自诊断、定期自动零点复位、消除零位误差等功能。独立的内部诊断功能可避免代价高昂的拆机、校验，从而迅速收回投资。

3．在自动化程度高、规模大的自动化生产线上，如工业生产过程控制、发电厂、热电厂、大型中央空调设备用户端等。在这些场合，测量、控制点多，远距离分散，数据量大，采用人工处理不现实，而应用智能传感器即可解决这些复杂的问题，能从测量过程中收集大量的信息以提高控制质量。

4. 在经常无人看守，但需要检测的场合，如农业养殖场、温棚、温室、干燥房、粮食仓库等。属于远距离、分散式、多点测试，采用智能传感器能监视自身及周围的环境，然后再决定是否对变化进行自动补偿或对相关人员发出警告。

任务实施

轮胎压力监测可以有两种方案：

方案一：间接式轮胎压力监测，它通过汽车 ABS 的轮速传感器来比较各个轮胎之间的转速差别，以达到监视胎压的目的，其缺点是无法对两个以上轮胎同时缺气的状况和速度超过 100 km/h 的情况进行判断。

方案二：直接式轮胎压力监测，以锂离子电池为电源，利用安装在每一个轮胎里的智能压力传感器来直接测量轮胎的气压，通过无线调制发射到安装在驾驶台的监视器上。监视器随时显示各轮胎气压，驾驶者可以直观地了解各个轮胎的气压状况，当轮胎气压太低、渗漏、太高或温度太高时，系统就会自动报警。直接方式提供了更为精确的轮胎压力监视。而且采用胎压监测传感器具有体积小，安装方便的优点，如图 9—30 所示。在更换轮胎时，不需要拆除传感器，方便了用户的使用。

图 9—30　安装在轮胎内的胎压监测传感器

思考与练习

1. 什么叫智能传感器？
2. 智能传感器应具备的功能有哪些？
3. 智能传感器一般适用于哪些场所？

课题四　网络传感器

◆ 教学目标

¤ 了解现场总线技术的基本概念

¤ 了解网络传感器的主要特点

任务提出

现代汽车智能化程度越来越高，所使用的电子控制系统和通信系统也越来越多，如发动机的电控系统、自动变速器的控制系统、防抱死制动系统、自动巡航系统和车载多媒体系统等。这些系统之间、系统和各种测量传感器之间，系统和汽车故障诊断系统之间需要进行实时数据交换。如此巨大的数据交换量，如仍然采用传统数据交换的方法，即用导线进行点对点的连接的传输方式将是很难实现的。

1986 年德国电气商博世（BOSCH）公司开发出面向汽车的 CAN 通信协议。所有参加现场总线（CAN 总线）的测量单元都可以通过现场总线接口进行数据发送和接收，数据在串联总线上可以一个接一个的传送，如图 9—31 所示，当某一单元出现故障时不会影响其他单元的工作。本课题的任务就是通过对资料的研究，分析 CAN 总线系统的组成及其对传感器的要求。

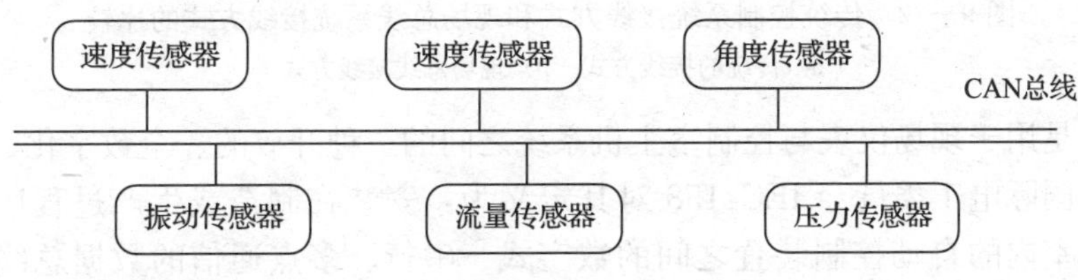

图 9—31 汽车 CAN 总线系统

任务分析

据统计，如果采用普通数据传输方式，一个中级轿车就需要电缆插头 300 个左右，接插件插针总数将达到 2 000 个左右，电缆总长超过 1.6 km，不但装配复杂、占用空间大，而且故障率会很高。因此，应用串行数据传输系统（即现场总线系统）就成为必然的选择。数据总线如何能实现多路传输的呢？本课题的任务就是了解现场总线技术及现场总线的基础和核心。

相关知识

一、现场总线技术

生产过程控制仪表是工业自动化中最常用且不可缺少的一部分，多数仪表输出为 4～20 mA（DC）标准信号。但是这种基于模拟信号的测量仪表有许多缺点，已不能满足现场的需要。如一台仪表，一条传输线，单向传输，一个信号的一对一结构（见图 9—32a），造成接线复杂、工程周期长、安装费用高、维护困难。由于模拟信号在传输过程中精度低且易受干扰，为改善可靠性而采取相应措施会造成成本增加。此外，基于模拟信号的测量仪表大都存在智能化程度低，参数不易调整，现场人员不易控制，互换性差等问题。

随着微处理技术的迅速发展，现场总线技术应运而生，即所有传感器都挂在一条数据线上（见图 9—32b），传感器通过这条数据线与控制仪表进行信息的传输、交流。

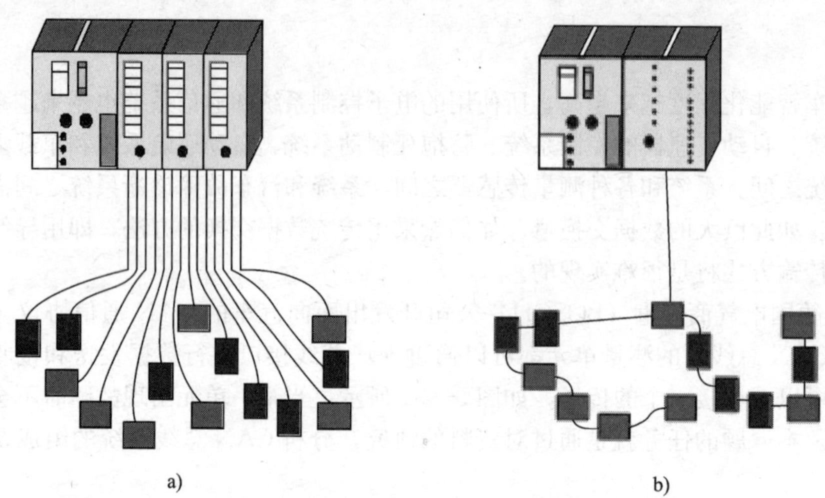

图 9—32 传统控制系统接线方式和现场总线系统接线方式的比较
a）传统的接线方式 b）现场总线接线方式

现场总线是用于现场仪表与控制室主机系统之间的一种开放的、全数字化、双向、多站的通信系统。国际电工委员会 IEC1158 对其定义为：安装在制造或生产过程区域的现场测量装置与控制室内的自动控制装置之间的数字式、串行、多点通信的数据总线称为现场总线。

现场数据总线包括三部分，即数据传输线，地址传输线，发送单元和接收单元之间的传送控制线。测量数据按 CPU 的指令以一定的模式传输到指定的地址，其传输模式由软件控制。

现场总线技术将专用的微处理器置入传统的测量传感器及仪表中，使它们各自具有数字计算和通信能力。通过普通的双绞线作为总线，把多个测量控制仪表连接成的网络系统，按公开、规范的通信协议，在位于现场的多个带有微型计算机的测量控制设备之间以及现场仪表与远程监控计算机之间，实现数据传输与信息交换，形成各种自动控制系统。简而言之，现场总线把单个分散的测量控制仪表变成网络节点，以现场总线为纽带，将这些节点连接成可以相互沟通信息、共同完成自控任务的网络通信系统与控制系统。使用现场总线技术还能给用户带来以下好处：

1. 节省硬件成本。
2. 设计组态安装调试简便。
3. 系统的安全可靠性好。
4. 减少故障停机时间。
5. 用户对系统配置设备选型有最大的自主权。
6. 系统维护、设备更换和系统扩充简单、方便。
7. 完善了企业信息系统，为实现企业综合自动化提供了基础。

现场总线与控制系统、现场测量仪表联用，组成现场总线控制系统，也可称为“通用现场通信系统”。这一种生产现场中各测量设备之间的通信方式，如机器上的传感器、执行器等设备间的通信方式，以及传感器与控制设备之间的通信方式等。其信息传输的范围已远远超出传统的 4～20 mA 信号的限制，具有高度的灵活性和适用性。

二、现场总线的核心与基础

1. 现场总线的核心—总线协议

总线协议技术是“信息时代”的高新技术，它可应用于不同的领域之中，但在各自领域中是完全独立的系统。例如，火力发电、核电、冶金、油田、石化、汽车制造、机械制造、楼宇控制，以及农田企业化、节水灌溉、水电、风力发电、酿造、轻工等，在不同的应用领域可以用不同的总线协议，即不同的总线类型。在每个应用领域中都有一种最为适用的总线协议。

对于各类总线而言，其核心是各类“总线协议”，而这些协议的本质就是数据传输的标准。各种总线协议，不论应用于什么领域，都需要一套软件、硬件来支撑，它们能够形成独立的系统，形成相应的产品。由于现场总线是众多仪表之间的接口，使用者都希望现场总线满足可互操作性的要求。对于一个开放的总线而言，总线协议，亦即各种测量仪表具有统一的数据传输标准是非常重要的。

2. 现场总线的基础—智能测量仪表

现场测量仪表包括多类工业测量装置，包括流量、压力、温度、振动、转速等传感器或变送器，包括射频发射电路和电子开关，还包括控制阀、执行器和电子马达等。用于现场总线中的现场测量装置，与以往的现场仪表有着本质上的差别，它必须符合下列要求：

(1) 无论是哪个公司生产的现场装置，必须与它所处的现场总线控制系统具有统一的总线协议，或者是必须遵守相关的通信规约。只有遵循统一的总线协议或通信规约，才能进行信息交流，做到完全开放的互操作。

(2) 用于现场总线系统的现场装置必须是多功能智能化的。这是因为现场总线的一大特点就是要增加现场的控制功能，简化系统集成，方便设计，利于维护。正是由于现场装置智能化的进步与完善，它已成为现场总线控制系统有力的硬件支撑，是现场总线控制系统的基础。

在各种应用领域采用不同的现场总线技术，产生了许多专业化的解决方案，如 CAN 总线、ASI 总线等，这些解决方案统称为“传感器/控制器总线技术”。几种应用典型、影响深远的现场总线主要有：CAN 总线、HART 总线、LON works 总线、基金会现场总线、Profibus 总线等。不同类型的现场总线在功能、性能和价格上有很大区别，各有自己的适用范围。但总线协议的基本原理都是一样的，都是以能够实现双向串行数字化通信为基本依据。

大量现场检测与控制的信息就地采集、就地处理、就地使用，许多控制功能从控制室移至现场设备，形成区域网络控制器，它给自动化领域带来更简便、更快捷的工作方式。

三、网络传感器

虽然总线式仪器、虚拟仪器等微机化仪器技术的应用使组建集中式或分布式测控系统变得更为容易，但集中测控越来越满足不了复杂的、远程（异地）的和范围较大的测控任务的需求，因此，组建网络化的测控系统非常必要。利用现有 Internet 资源而不需建立专门的拓扑网络，组建测控网络、企业内部网络并将它们与 Internet 互联，就能实现测控网络化。

网络传感器是包含数字传感器、网络接口和处理单元的新一代智能传感器，如图 9—33 所示。数字传感器首先将被测量转换成数字量，再送给微控制器作数据处理。最后将测量结果通过网络传输给控制仪表，实现了各传感器之间、传感器与执行器之间、传感器与系统之间的数据交换及资源共享，可做到“即插即用”，极大地方便了用户。

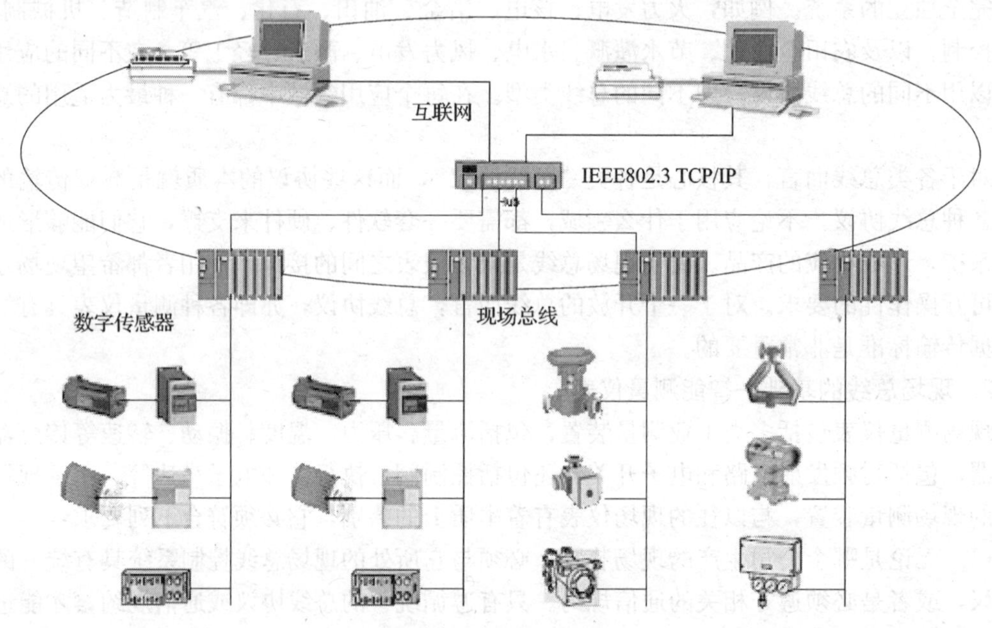

图 9—33　网络传感器

使用网络传感器，人们可以从任何地点，在任意时间获取到测量信息（或数据），与传统的仪器、测量、测试相比，这堪称是一个质的飞跃。在网络化环境下，可通过测试现场的仪器设备，将测得数据（信息）通过网络传输给异地的精密测量设备或高档次的微机化仪器去分析、处理，从而实现测量信息的共享，掌握网络节点处实时变化的信息。也可通过网络将数据传至现场的网络传感器。

目前，很多著名仪器厂商都在积极研制和开发新型网络化仪器。自动抄表系统就是网络传感器的典型应用，如图 9—34 所示。

自动抄表系统用于水、电、气不同行业的自动抄表与收费管理。在某种意义上，可以称为网络化仪器。因为自动抄表系统虽然没有通过 Internet 互联，但采用公用电话网，即管理中心与小区电话有线连接，经公用电话网对异地用电、用气等信息进行测取和监控，为管理部门提供各种信息。

采用自动抄表系统，可提高抄表的准确性；能减少因估计或誊写而可能出现的账单错误；供（电、水、燃气、热能等）管理部门及时获得准确的数据信息；用户也不再需要与抄表员预约上门抄表时间，还能迅速查询账单。采用网络测量技术、使用网络化仪器，能显著提高测量功效，有效降低监测、测控工作的人力和财力投入，缩短完成一些计量测试工作的周期，并将提高有测量需求的客户的满意程度。

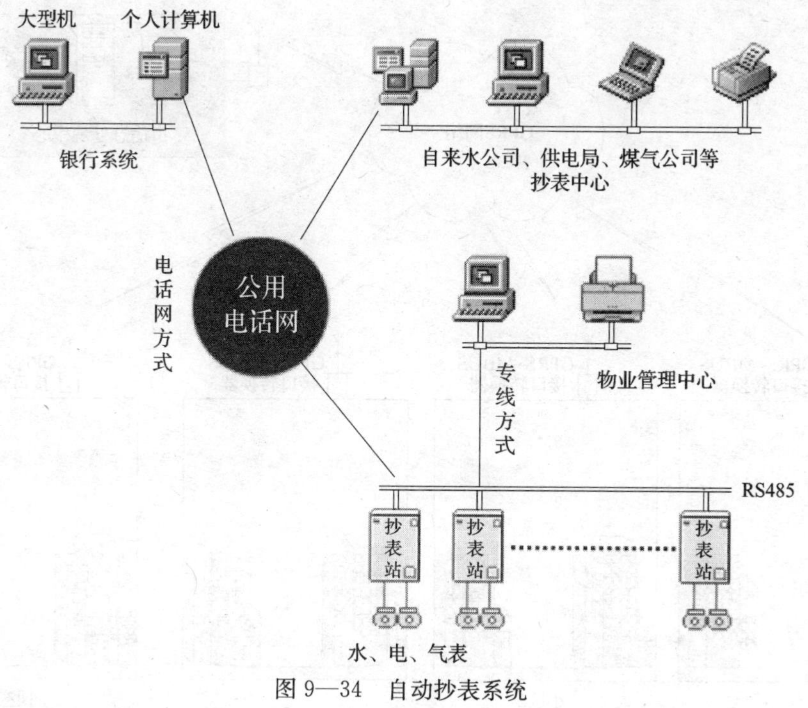

图 9—34　自动抄表系统

四、无线网络传感器

无线网络传感器是低成本、具有传感数据处理和无线通信能力的智能传感器。通过基站或移动路由器等基础通信设施，以自组织方式形成传感器网络。可以有几百甚至几千个传感器部署在监测地域。

无线网络传感器由许多个功能相同或不同的无线智能传感器组成。每个传感器除了包含智能传感器所必备的功能外，还具有无线通信功能（具有无线收发器模块），且自带供电模块。

无线网络传感器可以安装在危险工作环境，如煤矿、石油钻井、核电站等工作环境；也可以安装在野外无人看守的恶劣环境中，如自然环境的监控，野外传输管道流量监测等；还可以安装在工厂的排放口，实时检测工厂的废水、废气等污染源。把操作人员从高危环境中解放出来，提高险情的反应速度和精度，大大降低煤矿、石油化工、冶金等行业对工作人员的安全、易燃、易爆、有毒物质的监测成本。

由于传感器测试单元一般部署在环境恶劣的地方，因此无线网络传感器必须具有良好的抗毁能力。如果某一传感器测试单元损坏，可以利用其他节点完成信息采集、处理和传输。由于无线传感器网络的节点数量巨大，因此传感器的成本必须尽可能的低。同时无线网络传感器的工作环境和工作方式要求传感器必须做到体积小、功耗低、工作时间长。

自动抄表系统也可以采用无线网络传感器。该系统由营业中心管理系统、远程数据传输网络、现场抄表网络三大部分组成，如图 9—35 所示。该系统采用 GPRS 作为远程传输网络，即管理中心与小区 GPRS 无线连接。系统实时监控，可实现预收费功能和欠费控制功能。远程采用 GPRS 传输网路，施工简单，维护方便，数据传送快捷，安全可靠，总成本低。

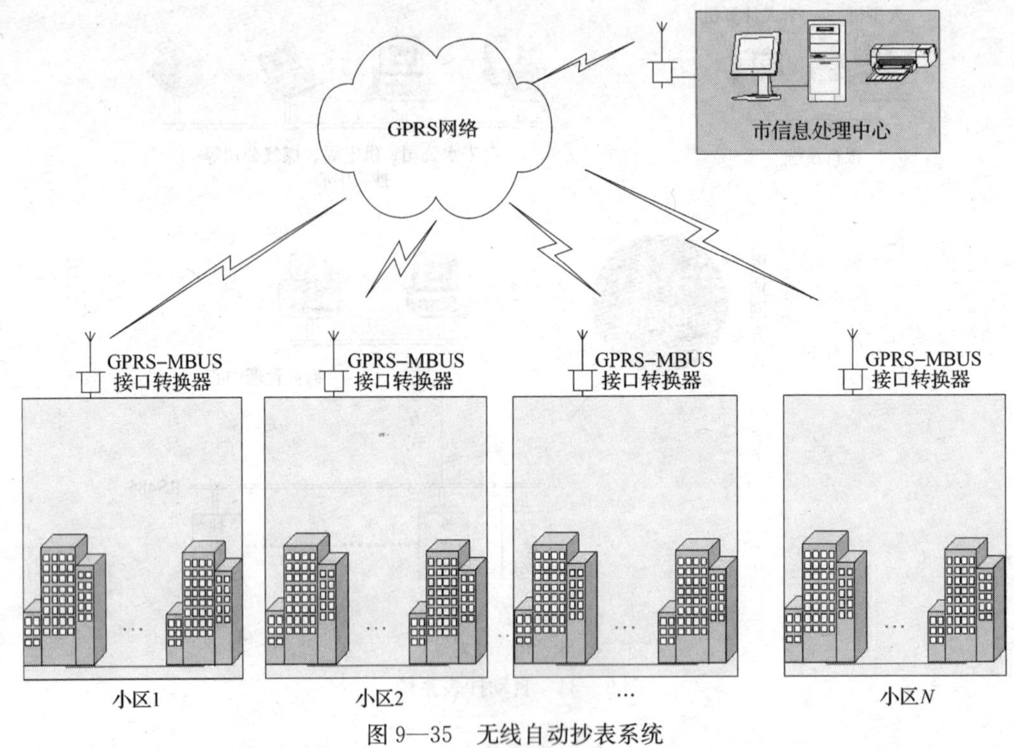

图 9—35　无线自动抄表系统

任务实施

现场总线控制系统由测量系统、控制系统、管理系统三个部分组成。

1. 现场总线的测量系统

测量系统的核心是智能传感器，具有仪表设备的状态信息，可以对处理过程进行调整。其特点为多变量高性能的测量，使测量仪表具有计算能力等更多功能，由于采用数字信号，具有高分辨率，准确性高，抗干扰、抗畸变能力强。

2. 现场总线的控制系统

控制系统的重要组成部分是软件，有组态软件、维护软件、仿真软件、设备软件和监控软件等。首先选择开发组态软件、控制操作人机接口软件（MMI)。通过组态软件，完成功能块之间的连接，选定功能块参数，进行网络组态。在网络运行过程中对实时采集系统数据，进行数据处理、计算。优化控制及逻辑控制报警、监视、显示、报表等。数据库能有组织地、动态地存储大量有关数据与应用程序，实现数据的充分共享、交叉访问，具有高度独立性。

3. 现场总线的设备管理系统

设备管理系统可以提供设备自身及过程的诊断信息、管理信息、设备运行状态信息（包括智能仪表)、厂商提供的设备制造信息。它可以安装在主计算机内，由它完成管理功能，可以构成一个现场设备的综合管理系统信息库，在此基础上实现设备的可靠性分析以及预测性维护。在现场服务器上支撑模块化、功能丰富的应用软件，为用户提供一个图形化界面。网络系统硬件有：系统管理主机、服务器、网关、协议变换器、集线器、用户计算机等及底层智能化仪表。

在组成总线式测量系统时，要根据测量参数及功能选择智能传感器。在不同领域的现场总线系统结构中，选择传感器时所考虑的因素不同：

1. 模拟连续信号测量系统

（1）要求传感器具有本安防爆功能。

（2）基本测控对象如流量、料位、温度、压力的变化是缓慢的，还有滞后效应，因此不要求传感器的响应时间，但要求复杂的模拟量处理能力，应做到技术上合理、经济上有利。

（3）流量、料位，温度、压力传感器的测量的物理原理是古典的，但要求传感器是智能传感器，具有通信功能。

（4）在模拟连续工业过程控制类的现场总线中，数据传输速率要求不高，一般为 30 kbit/s。

2. 数字式动作控制系统

（1）对传感器的响应时间要求较高。如汽车制造机器人流水线，某一个机器人的某一个动作有差错，如不及时发现并快速纠正，整个流水线都会出问题，因此需要传感器能快速响应，同时要求测量系统有快速的巡回检测与快速控制的能力。

（2）现场总线系统在进行数据传输时，不能用时间表轮询制，要用减少排队或等待时间的其他方式，采用总线仲裁技术，优先级高的节点优先传输数据，而优先级低的节点则主动让行，避免总线冲突。

（3）传感器的工作原理是基于各种物理效应，输出为模拟量，但在现场总线系统中最终要数字化，且要高速传输，一般为 12 Mbit/s。

不同的应用领域采用不同的仪器仪表，不同的总线。在安装时，应注意：总线电缆最好采用屏蔽双绞线，增加总线的抗干扰能力。总线的两根信号线分别接到标有正、负的两个接线端子上，屏蔽线接到标有大地符号的端子上。注意不要接反，反接不会损坏变送器，但变送器不能工作。

发生故障，可按下列方法检查：

1. 不能上线，应检查总线电源是否供电及是否工作正常

检查总线电缆连接。

检查终端匹配器。

2. 读数有误差，应首先检查安装方法是否正确

检查是否正确校准。

检查量程是否正确设置。

如果传感器发生故障，不能正常工作，需及时更换传感器，返厂维修。

总线式仪器、虚拟仪器等微机化仪器技术的应用，使组建集中和分布式测控系统变得更为容易。

思考与练习

1. 什么叫现场总线？
2. 现场总线的核心与基础是什么？
3. 什么叫网络传感器？其功能是什么？

附　录

附表 1　Cu50 铜电阻、Pt100 铂热电阻分度表

工作端温度/℃	电阻值/Ω		工作端温度/℃	电阻值/Ω	工作端温度/℃	电阻值/Ω
	Cu50	Pt100		Pt100		Pt100
−200		18.52	190	172.17	580	307.25
−190		22.83	200	175.86	590	310.49
−180		27.10	210	179.53	600	313.71
−170		31.34	220	183.19	610	316.92
−160		35.54	230	186.84	620	320.12
−150		39.72	240	190.47	630	323.30
−140		43.88	250：	194.10	640	326.48
−130		48.00	260	197.71	650	329.64
−120		52.11	270	201.31	660	332.79
−110		56.19	280	204.90	670	335.93
−100		60.26	290	208.48	680	339.06
−90		64.30	300	212.05	690	342.18
−80		68.33	310	215.61	700	345.28
−70		72.33	320	219.15	710	348.38
−60		76.33	330	222.68	720	351.46
−50	39.24	80.31	340	226.21	730	345.53
−40	41.40	84.27	350	229.72	740	357.59
−30	43.55	88.22	360	233.21	750	360.64
−20	45.70	92.16	370	236.70	760	363.67
−10	47.85	96.06	380	240.18	770	366.70
0	50.00	100.00	390	243.64	780	369.71
10	52.14	103.90	400	247.09	790	372.71
20	54.28	107.79	410	250.53	800	375.70
30	56.42	111.67	420	253.96	810	378.68
40	58.56	115.54	430	257.38	820	381.65
50	60.70	119.40	440	260.78	830	384.60
60	62.84	123.24	450	264.18	840	387.55
70	64.98	127.08	460	267.56	850	390.48
80	67.12	139.90	470	270.93		
90	69.26	134.71	480	274.29		
100	71.40	138.51	490	277.64		
110	73.54	142.29	500	280.98		
120	75.68	146.07	510	284.30		
130	77.83	149.83	520	287.62		
140	79.98	153.58	530	290.92		
150	82.13	157.33	540	294.21		
160		161.05	550	297.49		
170		164.77	560	300.75		
180		168.48	570	304.01		

附表 2　镍铬－镍硅（K 型）热电偶分度表（参考端温度为：0℃）

温度/℃	热电动势/mV	温度/℃	热电动势/mV	温度/℃	热电动势/mV	温度/℃	热电动势/mV	温度/℃	热电动势/mV
-270	-6.458	110	4.508	490	20.214	870	36.121	1 250	50.633
-260	-6.441	120	4.919	500	20.640	880	36.524	1 260	50.990
-250	-6.404	130	5.327	510	21.066	890	36.925	1 270	51.344
-240	-6.344	140	5.733	520	21.493	900	37.325	1 280	51.697
-230	-6.262	150	6.137	530	21.919	910	37.724	1 290	52.049
-220	-6.158	160	6.539	540	22.346	920	38.122	1 300	52.398
-210	-6.035	170	6.939	550	22.772	930	38.519	1 310	52.747
-200	-5.891	180	7.338	560	23.198	940	38.915	1 320	53.093
-190	-5.730	190	7.737	570	23.624	950	39.310	1 330	53.439
-180	-5.550	200	8.137	580	24.050	960	39.703	1 340	53.782
-170	-5.354	210	8.537	590	24.476	970	40.096	1 350	54.125
-160	-5.141	220	8.938	600	24.902	980	40.488	1 360	54.466
-150	-4.912	230	9.341	610	25.327	990	40.879	1 370	54.807
-140	-4.669	240	9.745	620	25.751	1 000	41.269		
-130	-4.410	250	10.151	630	26.176	1 010	41.657		
-120	-4.138	260	10.560	640	26.599	1 020	42.045		
-110	-3.852	270	10.969	650	27.022	1 030	42.432		
-100	-3.553	280	11.381	660	27.445	1 040	42.817		
-90	-3.242	290	11.793	670	27.867	1 050	43.202		
-80	-2.920	300	12.207	680	28.288	1 060	43.585		
-70	-2.586	310	12.623	690	28.709	1 070	43.968		
-60	-2.243	320	13.039	700	29.128	1 080	44.349		
-50	-1.889	330	13.456	710	29.547	1 090	44.729		
-40	-1.527	340	13.874	720	29.965	1 100	45.108		
-30	-1.156	350	14.292	730	30.383	1 110	45.486		
-20	-0.777	360	14.712	740	30.799	1 120	45.863		
-10	-0.392	370	15.132	750	31.214	1 130	46.238		
0	0.000	380	15.552	760	31.629	1 140	46.612		
10	0.397	390	15.974	770	32.042	1 150	46.985		
20	0.798	400	16.395	780	32.455	1 160	47.356		
30	1.203	410	16.818	790	32.866	1 170	47.726		
40	1.611	420	17.241	800	33.277	1 180	48.095		
50	2.022	430	17.664	810	33.686	1 190	48.462		
60	2.436	440	18.088	820	34.095	1 200	48.828		
70	2.850	450	18.513	830	34.502	1 210	49.192		
80	3.266	460	18.938	840	34.909	1 220	49.555		
90	3.681	470	19.363	850	35.314	1 230	49.916		
100	4.095	480	19.788	860	35.718	1 240	50.276		